八甲田山　新たな真実

発見された「佐藤書簡」と「倉石手記」

伊藤 薫

山と溪谷社

八甲田山　新たな真実

発見された「佐藤書簡」と「倉石手記」

八甲田山　新たな真実

発見された「佐藤書簡」と「倉石手記」

目次

＊カバー写真は、「佐藤中尉（右から3人目）らと田代新湯の長内文次郎夫妻との記念写真」

＊なお綴じ込みの地図は、表面が青森第五連隊、裏面が弘前三十一連隊の行軍行程（遭難）図で、地図を広げたまま読めるようにしました。

人物相関図

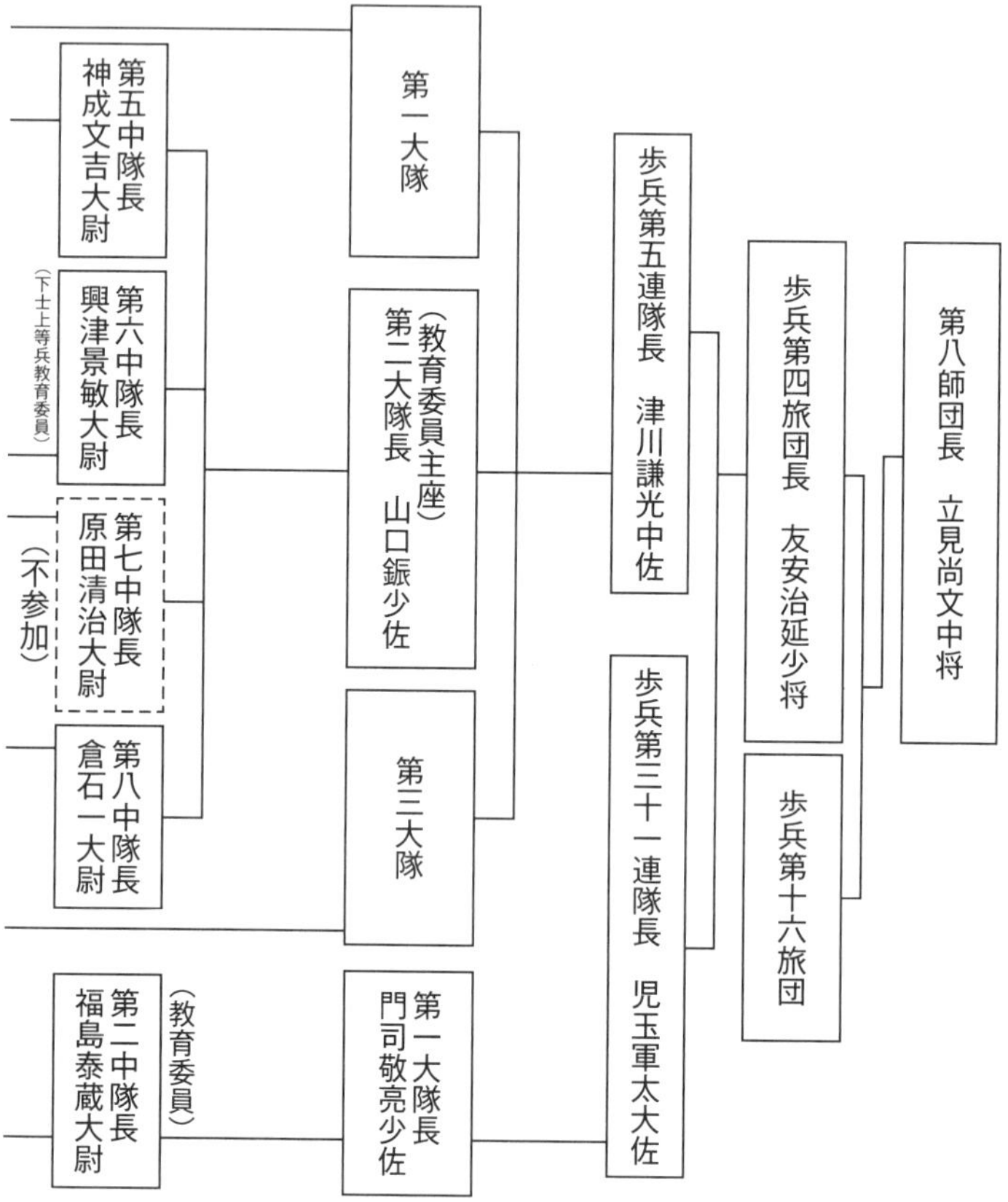

第八師団長　立見尚文中将
歩兵第四旅団長　友安治延少将
歩兵第十六旅団
歩兵第五連隊長　津川謙光中佐
歩兵第三十一連隊長　児玉軍太大佐
第一大隊
（教育委員主座）
第二大隊長　山口鋠少佐
第三大隊
第一大隊長　門司敬亮少佐
第五中隊長　神成文吉大尉
第六中隊長　興津景敏大尉
（下士上等兵教育委員）
第七中隊長　原田清治大尉
（不参加）
第八中隊長　倉石一大尉
第二中隊長　福島泰蔵大尉
（教育委員）

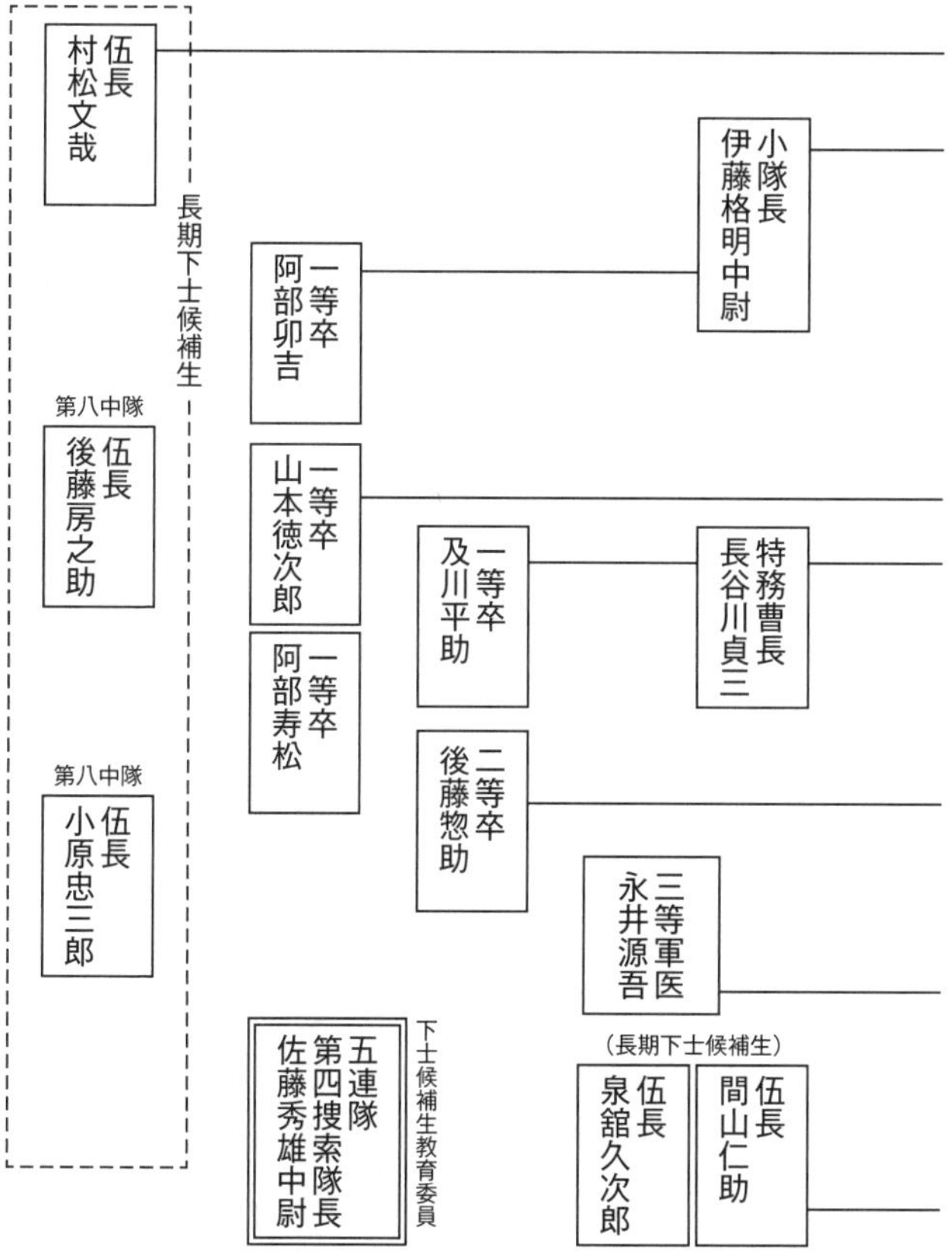
伍長 村松文哉
長期下士候補生
第八中隊
伍長 後藤房之助
第八中隊
伍長 小原忠三郎
一等卒 阿部卯吉
一等卒 山本徳次郎
一等卒 阿部寿松
五連隊 第四捜索隊長 佐藤秀雄中尉
下士候補生教育委員
一等卒 及川平助
二等卒 後藤惣助
小隊長 伊藤格明中尉
特務曹長 長谷川貞三
三等軍医 永井源吾
（長期下士候補生）
伍長 間山仁助
伍長 泉舘久次郎

明治陸軍の編制・階級・職責について

主な部隊編制を規模の大きさ順に表わすと、師団、旅団、連隊、大隊、中隊、小隊となる。師団（人員約一万人）は、旅団二、騎兵連隊一、砲兵連隊一などから成る。旅団は歩兵連隊二、歩兵連隊は歩兵大隊（人員約六五〇人）三、歩兵大隊は歩兵中隊四、歩兵中隊は小隊三から成る。

階級は上から大将、中将、少将、大佐、中佐、少佐、大尉、中尉、少尉、特務曹長（准尉）、曹長、軍曹、伍長、上等兵、一等卒、二等卒となっていた。少尉以上は士官（将校）、特務曹長は准士官、曹長から伍長までが下士、上等兵以下が兵卒といった区分になる。

連隊長（大佐または中佐）は、連隊の教育訓練について全責任を有する。また将校の学識と人格の指導養成に努めなければならない。

大隊長（少佐）は、中隊の指導監督の立場にあるが、中隊長の能力を阻碍しないよう注意しなければならない。

中隊長（大尉）は、強固な団結を以て部下を教育訓練して管理し、それら一切について全責任を負う。

下士候補生には「長期」と「短期」があって、長期は民間、または兵卒の志願者から、短期は上等兵から選抜される。長期下士候補生は教育訓練を経たのち、三年目に伍長に昇進する。

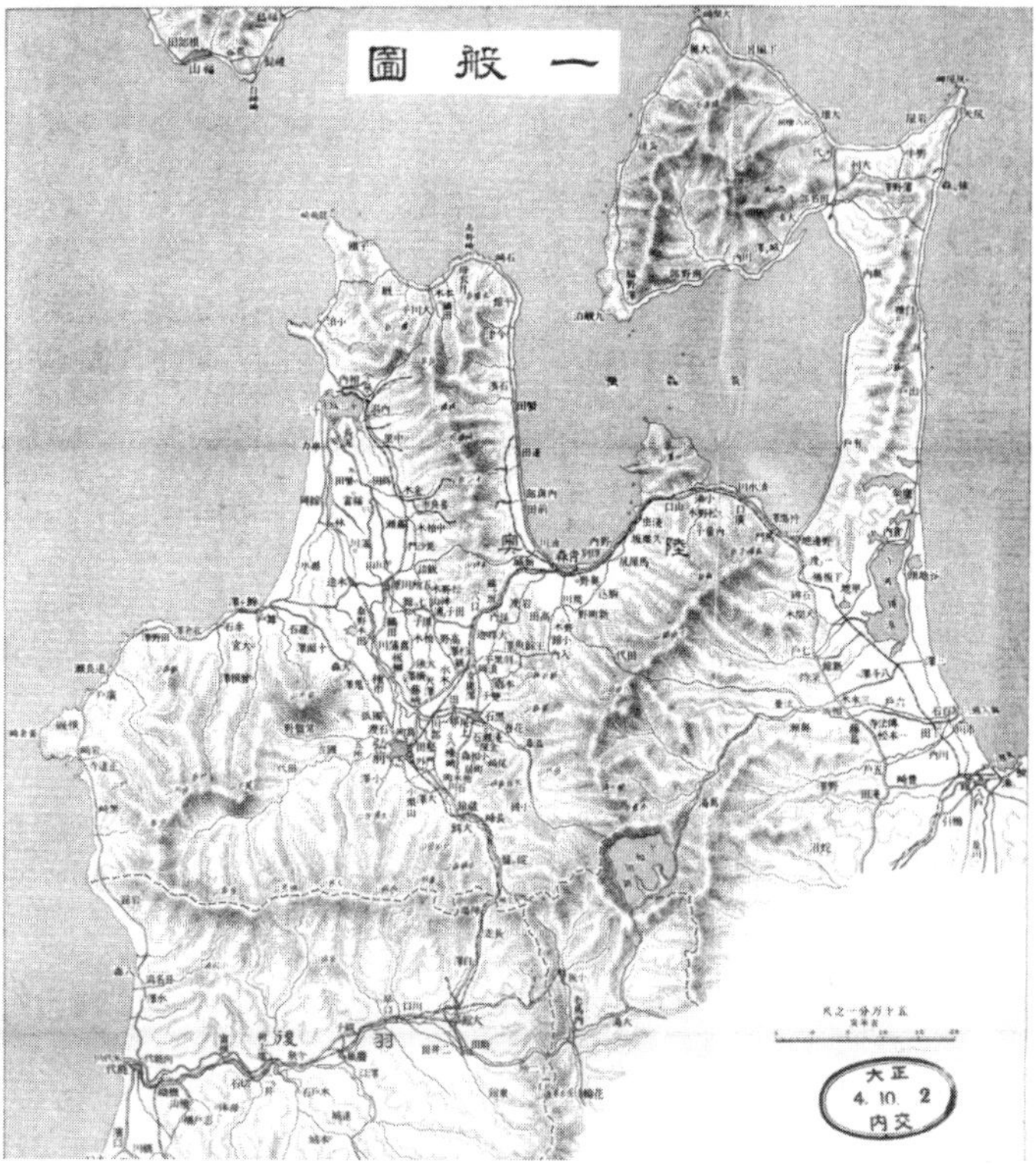

大正４年特別大演習地図　陸地測量部著　1915年版

はじめに

明治三十五（一九〇二）年一月、八甲田山の中腹で雪中行軍訓練中の歩兵第五連隊第二大隊が遭難し、一九九名もの死者を出すという大事故が発生している。

急遽計画された一泊二日の行軍は準備不十分な状態で行なわれた。上空には強烈な大寒波が来襲し、猛吹雪と厳しい寒さに苦しめられる。部隊は真夜中に帰隊すると決し、帰路不明ながらも歩みを進め、ついには彷徨してしまう。生存者は全体のわずか五パーセントとなる十一名だった。この未曾有の大惨事を陸軍は不慮の災害としてピリオドを打っている。

そのライバルである歩兵第三十一連隊の教育隊は、ひと足先に雪中行軍を始めていた。十泊十一日の行軍はそのほとんどを嚮導《きょうどう》（道案内）に頼り、宿泊と食事も民家に依存している。大寒波に見舞われた田代（八甲田山）で遭難しかけていたものの、嚮導に助けられてどうにか踏破している。ただその嚮導は山中に置き去りにされていたのだった。

八甲田雪中行軍の悲劇といえば、多くの人々が新田次郎の『八甲田山死の彷徨』やそれを原作とした映画『八甲田山』を思い浮かべるに違いない。本の帯には、「白い地獄にたちむかう人間たちを描いて秘められた惨劇の真相を迫真の筆に明かす！」とあった。そして世間に知れわたった映画のキャッチコピーは指揮官の悲痛な叫び、「天は……天は我々を見放した」だった。八甲田山ブームを巻き起こした小説や映画は、それらの内容が本当の出来事であると人々を錯覚させてしまう。

ちょうど私が陸上自衛隊第五普通科連隊（青森）に入隊した昭和五十二（一九七七）年に映画『八甲田山』が封切られている。入隊したばかりの青二才は何も考えることなく、ただただ娯楽気分で映画を観ていた。だから翌年二月の「八甲田演習」に際しても、全く映画と結びついていなかったのである。

厳寒の八甲田山に行くということで、部隊ではいつもの訓練（演習）よりも入念な準備が行なわれた。新兵の私は未知なる冬の八甲田山に少しばかり怖さを感じつつも、慌ただしく準備に追われていて、映画を思い出すこともなかった。

演習は歩兵第五連隊の遭難者を慰霊する行事でもあったが、その事故に関する教育はほとんどなく、隊員の間で話題になることもなかった。後年になって先の小説や映画の内容をもとに教育が行なわれている。

ただ第五普通科連隊（以下「五普連」という）は、小説が発行される六年あまり前の昭和四十（一九六五）年に、内容はともかく五連隊遭難事故の経緯・教訓、三十一連隊の行軍状況、現在の八甲田演習の成果などを編纂した冊子『陸奥の吹雪』を隊員に配布している。

新田次郎は小説を書くうえで『遭難始末』（歩兵第五連隊発行）と『陸奥の吹雪』が最も有力な資料になったとしているのだからおもしろい。

私が五普連で小隊長だったころ、執務室の書庫に八甲田雪中行軍を題材とした『吹雪の惨劇』第一部（小笠原孤酒著）があるのを見つけ、特に意識することもなく目を通した。それが映画館で見た内容と異なることが気になり、先の小説にも目を通すと違和感は深まるばかりだった。例えば八甲田山で行軍を実施するよう命じたのは、『八甲田山死の彷徨』では実質的に師団・旅団（長）としており、小笠原の本では連隊長としているのだった。

五連隊が編纂した『遭難始末』を読んでも核心的なことは何もわからない。その理由は都合の悪いことは何も記述されていないからなのだろう。つまり事実を明らかにしていないのだ。

当時の新聞、書籍などの資料を手当たり次第に調べるとすぐに、事実と思っていた小説や映画の内容が史実の混じったフィクションであったと知る。五普連に長く所属していて一体何をやっていたんだと自分が腹立たしかった。そこでどうだったのかを本格的に調べようと決意したのである。

疑問が堰を切ったように溢れ出てきた。「突発的に訓練が実施されたのはなぜか」「どうしたら二〇〇名あまりの大部隊が遭難するのか」「捜索が帰隊予定日から二日後に始まったのはなぜか」「そもそも訓練場所が八甲田山になったのはなぜか」等々。

防衛研究所や国会図書館などに赴き資料を探し出し、入念に読み込んだ。また生存者らの証言や手記等を重視して分析を続けた。自衛隊を定年退職した後に、その集大成のつもりで書いたのが、『八甲田山　消された真実』である。

その発行から三年あまり経った令和三（二〇二一）年十月、編集者を介して一通の手紙が届く。これがもう一度、「八甲田山……」を書こうと決意させることになる。

手紙には、遭難当時捜索にあたっていた佐藤秀雄中尉が父親に宛てた手紙（以下「佐藤書簡」という）が添付されていた。それには五連隊が遭難する前後の状況や捜索状況などが記されていて、これまで明らかになっていない驚愕の真実もあった。当然のように、このまま埋もれさせてはならないという思いが募る。

また新たな決意を押し上げる思いもあった。

八甲田山ブーム以来、この遭難事故を題材とした書籍が雨後の筍のごとく出版されている。

それらに記された遭難原因は、自らが考察したものと異なり、違和感を持っていた。

平成三十一（二〇一九）年に、遭難から生還した最上位者の倉石一大尉が遺した遭難原因の記された手記（以下「倉石手記」という）を国会図書館で見つけ出し、溜飲を下げるような思いだった。

早速、二作目の『生かされなかった八甲田山の悲劇』にその原因を著わしたものの、その真実が行間に埋もれてしまったようで、悔いが残っていた。そこで、しっかりとクローズアップさせて書き記すつもりである。

こうして今回、長い間埋もれていた「佐藤書簡」から遭難事故を再検証することができた。

一方の歩兵第三十一連隊に関しては、行軍開始の一月二十日から帰隊した三十一日までにおける日々の状況を歩兵第五連隊と対比して表わすことにした。その骨子は軍関係の雑誌に投稿された「実施報告」とし、それに行軍に参加した隊員の手記、従軍記者の新聞記事、嚮導の証言（手記）などを勘案して実態を明らかにしている。

かつて大ヒットしたある映画のセリフに、「事件は現場で起きているんだ」といったものがあった。この遭難事故に関する資料は様々あるが、生還した将兵と捜索者らの証言や手記などは、それら資料と重みが異なる。

事実はフィクションをはるかに超え、全く予期しないことが起こっていたのである。

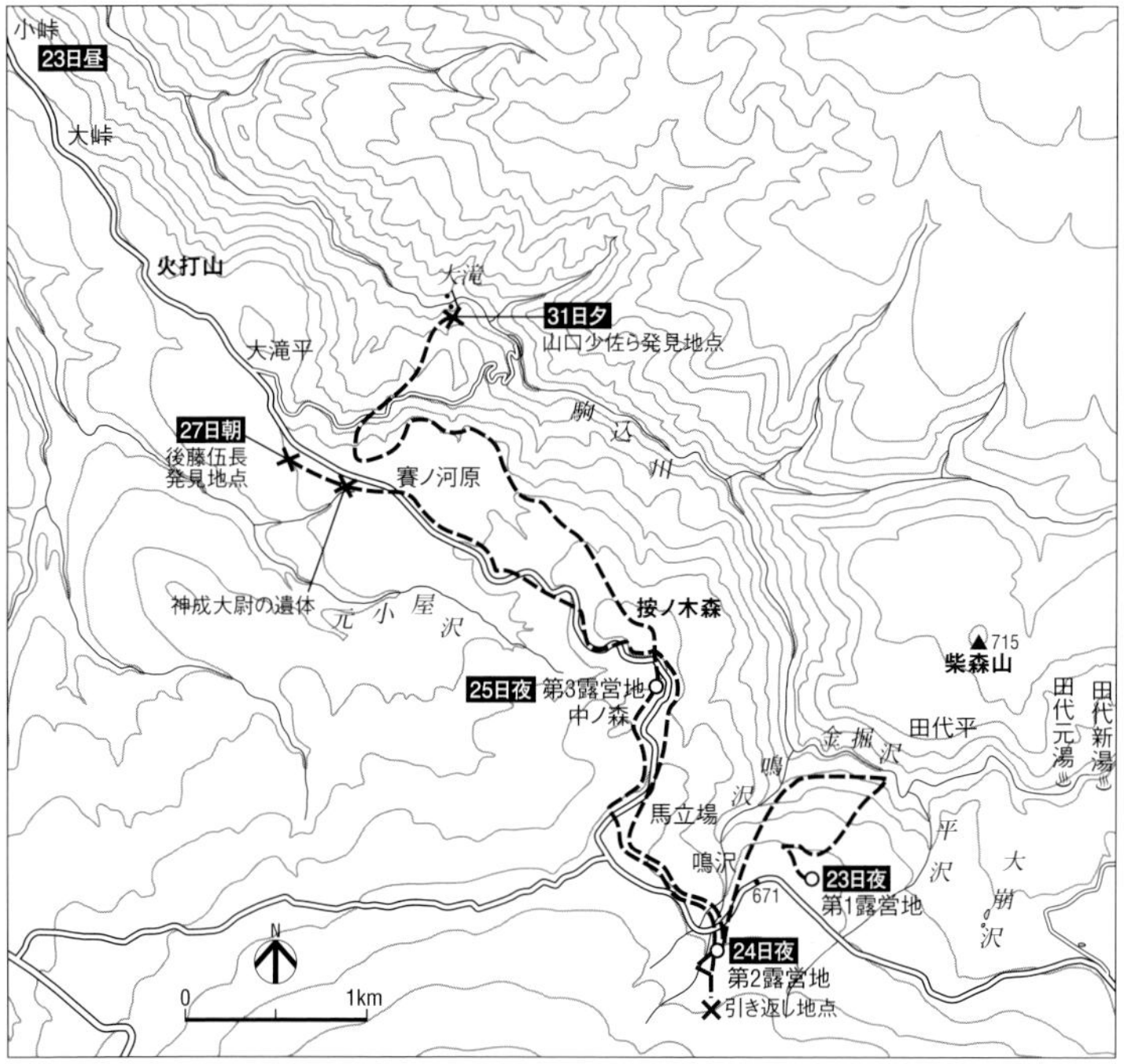

青森五連隊雪中行軍遭難図（第１露営地～発見地点）

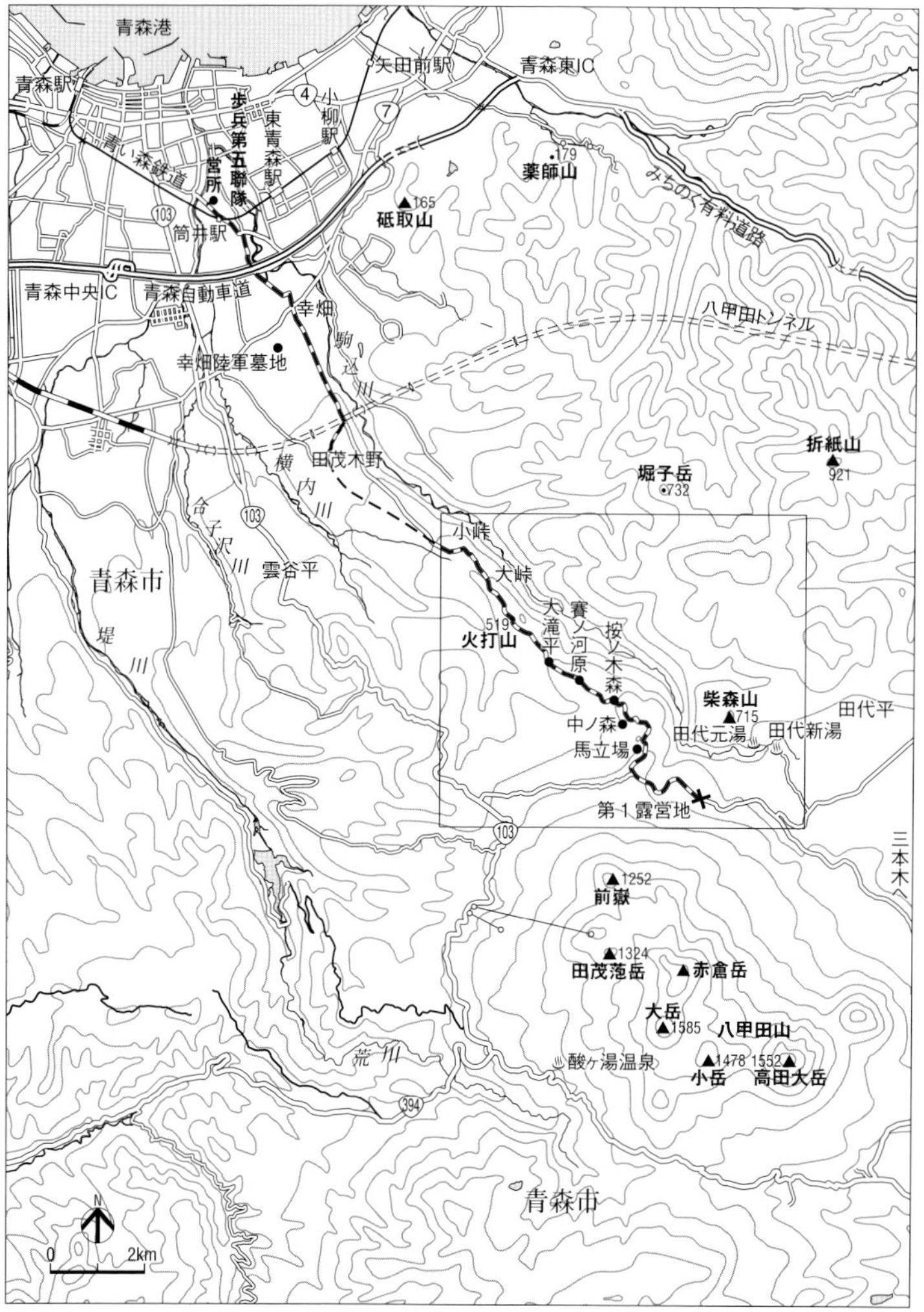

青森五連隊雪中行軍ルート図（第１露営地まで）

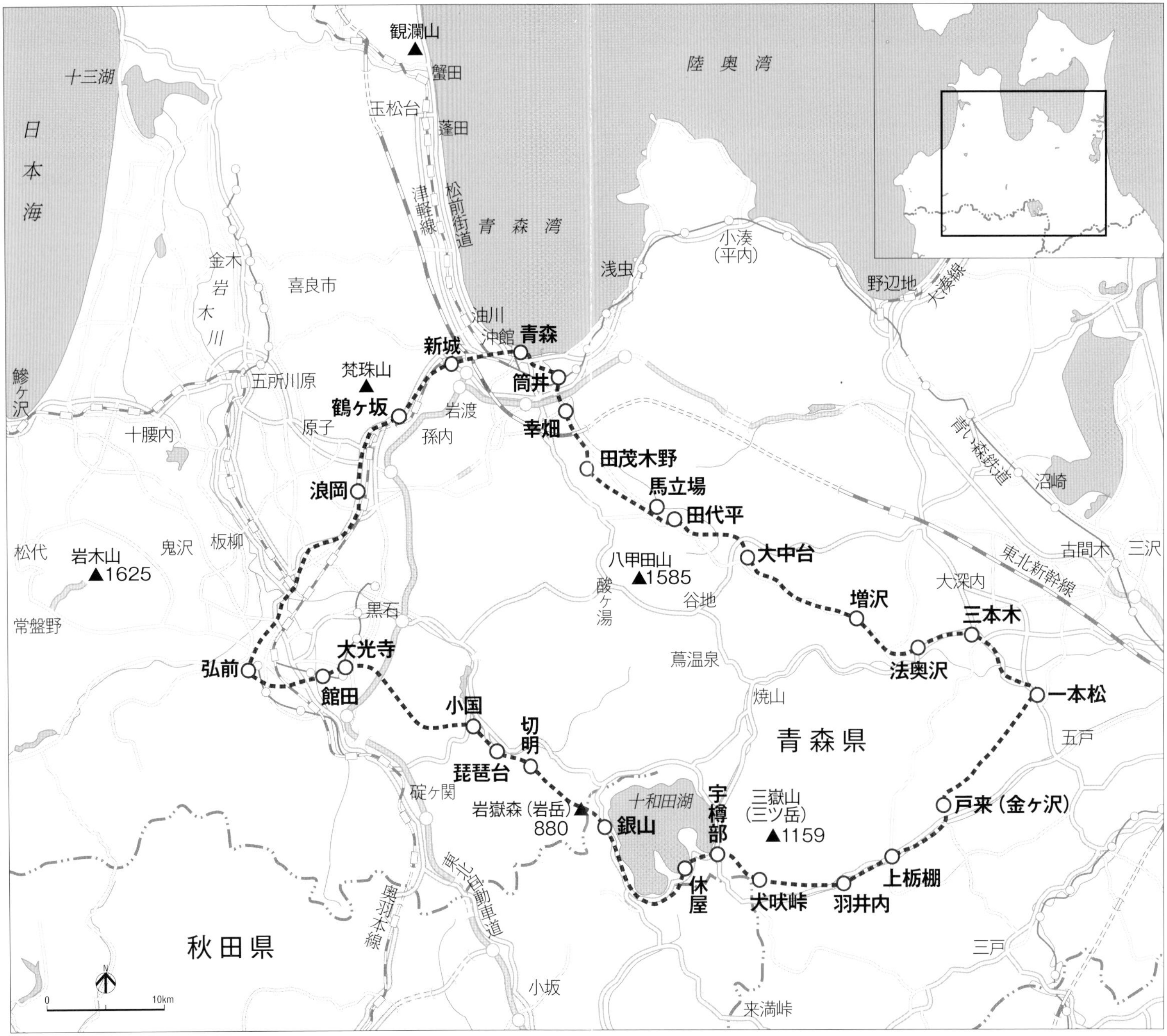

弘前三十一連隊雪中行軍行程図（現代の地図をベースにしました）

第一章

虚構と真実

津軽

古くからそこは外ヶ浜と呼ばれていた。現在の津軽半島最北端竜飛崎《たっぴざき》から青森市を経て、夏泊半島東側までの海沿い地域である。陸奥湾をなすこの地域が外ヶ浜とされた所以は、日本海航路沿岸の鰺ヶ沢《あじがさわ》、深浦《ふかうら》などがある西海岸が内浜とされたからだった。西海岸からみれば陸奥湾岸は外になるのだという。

竜飛崎から油川（現・青森市）に至る海沿いには集落が点在し、街道が連絡している。松前藩主が参勤交代でその道を往復していたことから、いつしか松前街道と呼ばれるようになった。

近世に外ヶ浜を支配していたのは弘前（津軽）藩である。その初代藩主の津軽為信が、今の青森県西部地域になる津軽を統一している。為信はもともと南部の一族であったが、反旗を翻して津軽にいたほかの南部一族やその配下にある豪族らを攻め落とし、所領としたのである。そして南部の支配から独立して戦国大名に上りつめたのだった。

津軽平野はコメの大生産地である。それに比して太平洋側の南部領はヤマセ（北東風）の影響でたびたび冷害が発生して飢饉が起こっていた。南部にとって津軽領は食糧庫であったともいえる。また西海岸の港は北前船の寄港地として利用され、交易も行なわれていた。特に鰺ヶ沢は藩米を大阪に積み出す津軽藩の御用港として栄えた。その重要地を奪い取られた南部の恨みは根強く残る。津軽（衆）と南部（衆）の対立の発端はこうした歴史にあり、以後、数々の紛争が発生していた。四〇〇年あまり経った現在でも、その影響が残っているのである。

日露戦争が終わってしばらくした明治四十二（一九〇九）年、津軽半島で伐採した青森ヒバを輸送するための森林鉄道が竣工する。その名を津軽森林鉄道といい、幹線は喜良市《きらいち》（現・五所川原市金木町）～蟹田（現・外ヶ浜町）～沖舘（青森市）であった。

同じ年に喜良市村の北隣となる金木《かなぎ》村で津島修治が生まれている。のちの文豪太宰治である。太宰は東京帝国大学に入学するまでの二十年間を津軽で過ごした。太平洋戦争で本土空襲が激化する前の昭和十九（一九四四）年春、三十四歳になった太宰は、取材で津軽地方を旅行する。そして書き上げたのが小説『津軽』だった。

冒頭にこうある。

「津軽の雪
　　こな雪
　　つぶ雪

わた雪
みづ雪
かた雪
ざらめ雪
こほり雪　（東奥年鑑より）」

当時の東奥年鑑に「気象の常識」の項があり、そのなかに「積雪の種類の名称」が示されていた。こな雪は湿気の少ない軽い雪で息を吹きかけると粒子が容易に飛散する。つぶ雪は粒状の雪（霰《あられ》を含む）の積もったもの。わた雪は根雪初頭および最盛期の表層に最も普通に見られる綿状の積雪であまり硬くないもの。みず雪は水分の多い雪が積もったもの、または日射暖気のため積雪が水分を多く含むようになったもの。かた雪は積雪が種々の原因のもとに硬くなったもので、根雪最盛期以後下層に普通に見られるもの。ざらめ雪は雪粒子が再結晶を繰り返し、粒子が肉眼で認められる程度になったもの。こおり雪はみず雪、ざらめ雪が氷結して硬くなり氷に近い状態になったもの。そして「降雪の種類の名称」にはこな雪、つぶ雪、わた雪、みず雪があるとしている。津軽の一月や二月で寒さの厳しいときに降る雪は大概こな雪だった。

太宰が取材で青森駅に着いたのは五月十三日である。青森市郊外の東側にある名所「合浦公園」の桜は満開だった。太宰はその日のうちに蟹田に住む親友の家に向かっている。

〈青森市からバスに乗って、この東海岸を北上すると、後潟《うしろがた》、蓬田《よもぎだ》、蟹田、平舘《たいらだて》、一本木、今別《いまべつ》、等の町村を通過し、義経の伝説で名高い三厩《みんまや》に到着する〉（『津軽』）

この区間はまぎれもなく松前街道であり、のちにその多くに沿うよう国鉄の津軽線が通るのだが、敷設は太平洋戦争で中断していた。結局、竜飛岬の最寄り駅となる三厩まで開業したのは昭和三十三（一九五八）年であった。

太宰は翌十四日に親友らと蟹田の観瀾山《かんらんざん》で花見をしている。蟹田漁港近くの高さ四〇メートルほどの山で陸奥湾を見渡すことができた。

〈私たちは桜花の下の芝生にあぐらをかいて座って、重箱をひろげた。これはやはり、N君の奥さんのお料理である。他に、蟹とシャコが、大きい竹の籠に一ぱい。それから、ビール〉（同）

津軽の春は遅い。高く積もった雪が解けて地面が乾いた頃に、ようやく桜の花が咲きはじめる。春を待ちわびていた人々は、ご馳走の詰まった重箱と酒を持って花見に繰り出すのだった。それは豪雪と厳しい寒さに耐えていた人々が薄紅色の花を眺めることで生気を取り戻しているかのようでもある。

近年、地球温暖化の影響なのか、桜の開花時期が早くなっている。令和四（二〇二二）年四月二十三日、すでに合浦公園の桜は散りはじめていた。

この日、青森市の北西に位置する蓬田村の玉松台《たままつだい》という所に車で向かった。日露戦争に関して調べものをしていたときに、在郷軍人が自分の墓を準備してから出兵し、果たしてその軍人が戦死して玉松台に祀られていることを知り、どうしても確かめたくなったのである。

青森市から陸奥湾沿いに国道二八〇号を北上する。松前街道の大半は昭和四十五年に国道二八〇号となって整備され、以降要所要所にバイパスが開通していた。昔の名残を留めるものに、平舘（現・外ヶ浜町）の松並木があった。樹齢三〇〇年ほどの黒松が一キロあまり続き、その途中には津軽藩が構築した台場（砲台）の跡もある。また街道沿いにある「鍛冶屋の一本松」（蟹田）や「玉松」（蓬田）などは陸奥湾を航行する船の目印になっていたという。

二四キロほど北上すると玉松海水浴場に着く。東側は海（陸奥湾）で、西側は国道、駐車場、JR東日本の津軽線をはさんで玉松台となる。その広さはおよそ南北に一〇〇メートル、東西に四五メートルで樹齢一〇〇年以上といわれる松に囲まれており、住民の憩いの場として整備されていた。在郷軍人が墓地の建設をしたとき、付近に桜が植えられていたようだが見当たらない。入り口は南側で、中央となる石畳の通路が北にまっすぐに延び、両側は芝生になっている。正面奥には忠魂碑や戦没者の墓標などが並んであった。その左端に玉松の由来となった樹齢三〇〇年以上といわれる黒松がある。幹の上部は三股に分かれ、そのうちの二本が円を描くように交差している。例えると、人が両手を頭の上で合わせて丸印をつくっているような感じだった。忠魂碑は高さが四メートルほどで中央の通路から少し左側にずれている。

忠魂碑のすぐ左にある墓標には「故陸軍騎兵軍曹勲七等功七級久慈政吉墓」とあり、右側面には「明治卅八年一月廿五日清國黒溝臺《こっこうだい》付近ノ戦闘ニ於テ戦死」とある。この久慈軍曹こそ決死の覚悟を表明して墓地の建設を発起した人物だった。

久慈軍曹は、明治八（一八七五）年に蓬田村で生まれている。尋常中学校在学中に仏門に帰依し、布教で北海道を巡回したことがあったという。卒業後一時役場の職員になっていたが、徴兵検査で甲種合格となり明治三十二年十二月陸軍に入営する。当初仙台の騎兵第二連隊、その後、弘前に新設された第八師団の騎兵第八連隊に転属となる。三十四年十二月騎兵伍長に昇進、翌年十一月に満期除隊となり帰郷する。徴兵で伍長になれる人は少なく、久慈伍長が優秀であった証左にほかならない。

予備役であった明治三十七年六月、日露開戦で召集となり騎兵第八連隊に入隊する。応召前の五月に久慈軍曹が在郷軍人の団員を集めて話した内容の一部を表わすと、次のようなことであった。

「軍人として、一度戦場に臨《のぞ》まば、生還は固《もと》より期せざるところである。然《しか》しながら肉体はたとえ満州の土となっても、魂魄《こんぱく》は再び護国の鬼となるの覚悟がなければならない。満州の野を洗う河川も大海に入れば、やがて外ヶ浜辺の湾頭に通ずるのである。老松《おいまつ》緑こきこの玉松台は、眺望天下の粋を抜いている。吾人《ごじん》の最後は、既に決している。願わくば此所《ここ》を我等の墓地と定め未来永久に国を護ろうではないか」(吉岡龍太郎『新史蹟玉松台の墓』)

これに六十七名全員が賛同し、わずか三日間でこの玉松台に墓地を完成させたのである。生きて還らぬと誓い合った仲間だったが、日露戦争での戦死者は四名、病院で亡くなった者が二名であった。

久慈軍曹らは覚悟を決め、後顧の憂いなく戦地に向かえるよう自分の墓を準備したに違いない。そうした決意の動因はやはり使命感であり、国や家族らを想う心なのだろう。そんなことを考えながら帰ろうと歩き出したとき、ふと幸畑陸軍墓地にいるような錯覚に陥った。幸畑の墓地も一面が芝生で、正面奥に墓標があった。そして周囲は松に囲まれている。ただ錯覚の一番の原因は、久慈軍曹の墓碑に標された「清國黒溝臺付近ノ戦闘ニ於テ戦死」であったような気がしてすっきりとしなかった。

久慈軍曹が眠る玉松台。右方から陸奥湾が見渡せる。2022 年撮影

太宰らが花見をした観瀾山はそこから北に六キロほどなので、歴史探索を続けた。海沿いを進んで蟹田川を渡ると右手は蟹田漁港になる。それからガラス張りで物見やぐらを大きくしたような施設を過ぎるとすぐに赤い鳥居が左側に見える。車を近くの駐車場に止めて降り、その鳥居をくぐってコンクリートの階段を上る。途中にあった桜の花は五分ほど散っていた。太宰が、〈蟹田つてのは、風の町だね〉（『津軽』）といっていたように、もしかすると海から吹きつける風でその多くが飛ばされてしまったのかもしれない。二股に分かれる小道の右を奥まで進むと台の突端で、そこに海岸にあるような大きな岩が一つ置かれていた。刻まれた文字にこうある。

「かれは　人を喜ばせるのが　何よりも　好きであった！　正義と微笑より　佐藤春夫」

太宰治文学碑だった。そこから陸奥湾が見渡せ、右に夏泊半島、左には下北半島も見える。その眺望の良さから津軽藩はこの台の北側に砲台を築いていた。蟹田台場跡の石碑がその位置を示す。津軽半島は、北日本防衛の要所であったことが強く認識させられる。

翌日、幸畑墓苑を訪ねた。青森駅から南東七キロほどの所にあり、その東側は田代を経て十和田市（旧・三本木）に抜ける県道四〇号に接している。墓苑は史跡幸畑陸軍墓地、八甲田山雪中行軍遭難資料館、多目的広場などからなる。

苑内の桜も散りはじめていて、時おり花びらがひらひらと舞い落ちる。あちこちの桜の下で家族らが食事をしたり、くつろいだりしていた。ブランコで遊ぶ子どもや苑内を散策する大人たちもいる。

墓苑東端の正面出入り口からまっすぐ奥（西）に進む。通路沿いの桜や松などの木々が日光をさえぎり心地よい涼しさを与えてくれる。少しすると、土塁に囲まれて手入れのいきとどいた墓地が見える。明治三十五（一九〇二）年一月に八甲田山中で起こった遭難事故で亡くなった歩兵第五連隊の将兵が葬られていた。その手前を右に曲がり土塁に沿って進むと、日清・日露戦争で戦死した将兵の墓地になる。

北側となる土塁の外側奥に、日露戦争で戦死した士官の墓碑が横並びで六基あった。一番手前の墓碑正面には、「故陸軍歩兵少佐正七位勲四等功五級倉石一墓」とあり、右側面には、「明治三十八年一月二十七日於清国盛京《せいけい》省蘇麻堡《そまほ》戦死」とある。その隣の水野重三大尉、鹿討義郎大尉は黒溝台付近で戦死している。

倉石少佐（戦死で一階級昇進）は蘇麻堡で戦死しているものの、そこは黒溝台より一・五キロぐらいしか離れていない。しかも戦死した日が久慈軍曹は一月二十五日で、倉石少佐は一月二十七日と二日違いである。

久慈軍曹や倉石少佐らが戦死した場所は、黒溝台会戦といわれた激戦の真っ只中にあった。圧倒的兵力をもって攻撃してきたロシア軍を阻止するために、騎兵第八連隊の久慈軍曹は黒溝台で防御していた。だが黒溝台はあえなく奪取されてしまう。歩兵第五連隊の倉石大尉はその黒溝台を奪還するためにロシア軍を攻撃していた。そうした状況下で二人はロシア軍の猛烈な砲撃に斃れていたのだった。やはり玉松台で感じた錯覚の原因は黒溝台であったのである。

ちなみに、歩兵第五連隊と同時期に八甲田山で雪中行軍を行なった歩兵第三十一連隊（弘前）の福島泰蔵大尉も黒溝台の戦闘で一月二十八日に戦死している。福島大尉は明治三十六年に山形歩兵第三十二連隊の中隊長へ転任していたのだった。

それはそうと、倉石少佐の墓標は土塁の向こう側にもう一つあった。雪中行軍の遭難事故で亡くなった将兵が葬られている場所である。

当時大尉だった倉石少佐は、この事故で生還しているので本来ならあるはずもないのだが、遭難から六十周年となる昭和三十七（一九六二）年に、記念事業の一つとして遭難事故の生存者ですでに亡くなっている人も祀ることになり、合同墓碑が建てられたのである。遭難者の墓地に行軍参加者全員の墓標をそろえようと配慮したのだろう。その碑には十一名の氏名と階級が刻まれており、右端に「故陸軍歩兵大尉　倉石一」とあった。

土塁に囲まれ、雪中行軍遭難将兵の墓標が整然と並ぶ幸畑陸軍墓地

正面に並ぶ士官の墓標。一番手前が山口鋠少佐の墓。2022 年 4 月撮影

ついでながら最後の合同墓碑埋葬者は、事故当時伍長だった小原忠三郎さんである。〈死んだら、仲間が眠る幸畑の陸軍墓地に骨の一片なりとも埋葬して下さい。（略）あそこからなら八甲田山と駐屯地の両方が見えます。先に逝った仲間とも語り合えます〉（三上悦雄『八甲田死の雪中行軍真実を追う』）

かつて幸畑陸軍墓地といわれていたこの一帯は、雪中行軍で遭難した将兵だけが祀られているのかと思われるほど整備がそこに特化しているようであった。土塁内の広さは縦深七〇メートル、横幅九〇メートルほどである。地面は芝に覆われ、整然と墓碑が並んでいた。正面が士官十名、その前面左側に准士官・下士九十五名、右側に准士官・下士九十四名である。墓碑は階級によってその大きさが異なっていた。例えばその高さは、最上級者の少佐が約一・八メートル、下級者の兵卒が約〇・七メートルとなっている。

土塁上には、遭難将兵の埋葬式が行なわれた明治三十六年に多行松《たぎょうしょう》が植樹されていた。今その多行松は根ぎわから何本もの幹が斜上して、その高さは五メートルをはるかに超えている。

それにしても、戦場でもないのに、どうしたら一九九名もの死者を出してしまうのだろうと疑問がわく。それもほとんどが凍死なのだ。

青森県出身のプロスキーヤーで登山家の三浦雄一郎氏があるテレビ番組で、冒険の原点は八甲田山であるとし、四季を通じて楽しめる八甲田山の魅力を語っていた。その中で自然に対する教訓として、どんな登山家でも一つ間違えたら命取りになるということを話している。五連隊も何かを間違えてしまったのだろうか。

新田次郎と『吹雪の惨劇』

小説家新田次郎はその著書『八甲田山死の彷徨』で遭難原因を次のとおり記している。
〈装備不良、指揮系統の混乱、未曾有の悪天候などの原因は必ずしも真相を衝くものではなく、やはり、日露戦争を前にして軍首脳部が考え出した、寒冷地における人間実験がこの悲惨事を生み出した最大の原因であった〉

果たして本当に軍首脳部が八甲田山での雪中行軍を考え出したものなのか、しかも人間実験だったのか。

平成三十一（二〇一九）年二月に国会図書館で倉石大尉の投稿記事を偶然発見した。明治三十八（一九〇五）年一月三十日発行の「偕行社記事」（臨時第四号）に載った「下士卒凍傷予防の心得」と題する手記がそれである。

明治三十七（一九〇四）年二月に日露戦争が始まり、その十月に第八師団は遼陽《りょうよう》に増派される。満州軍の予備となった第八師団は第一線陣地の沙河《さか》から二〇キロほど後方（南）になる烟台《えんたい》付近に集結する。津川謙光大佐率いる五連隊は烟台から西へ約六キロの腰接子《ようせっし》を宿営地とした。以後、翌年一月上旬までは比較的平穏に過ごしている。警戒任務や道路構築を行なう以外は、戦闘行動、行軍、徒手体操、手旗信号等の一般的な訓練を実施していた。また冬に備えて樹木を伐採して薪や炭作りも行なっている。さらには健康診断、娯楽としての講談などもあった。

十一月上旬、宿営地において第三中隊長の倉石大尉が自中隊の下士卒に対し、凍傷予防の講話を数日にわたって行なっている。倉石大尉はこの内容に補足や修正などして「偕行社記事」に投稿したのだった。冒頭にこう記されている。

「此心得書は、本年十一月初旬我中隊下士卒の為め、小官の記憶に存じたる個人的凍傷予防に就き数日に渉り講話したる後、更に此の如く蒐集したるものなり。去る三十五年一月雪中行軍遭難生存者の義務とする此心得書が、刻下寒気と戦いつつある満州軍に補益する所あれば、聊《いささ》か百九十九人名の霊を慰むるを得んか（略）」

これに続いて「第一　凍傷に就いての覚悟」の項になる。

驚くことに倉石大尉はここであの遭難事故の原因を吐露している。それはこれまでに原因であると推測されていた悪天候、不十分な服装・装備、指揮の混乱、情報不足とは全く異なるものだった。ましてや軍首脳部の人間実験など論外である。

彷徨する部隊を指揮し、生還者の最上級者となってしまった倉石大尉がはっきりと記しているのだから、半世紀あまり後の推測などは机上の空論にすぎなかったことと知らされる。

ただこの雑誌は当時将校以外の閲覧が禁じられていたため、一般の人がその記事を目にすることはほとんどなかったはずである。はからずもその発行日は倉石大尉が戦死した三日後だった。倉石大尉はまるで自らの死期を悟って遺書を残すかのように、事故原因を投稿していたのだった。しかも遭難事故からちょうど三年後のことである。

小原元伍長の証言や新聞記事によると、倉石大尉は山中で自身が命じた斥候の派遣等について、部隊長や遺族から詰問されていたという。また生還した将校に対する連隊内の評判も悪かったとしている。思うに、たくさんの部下を死なせながらよくもおめおめと生きて還ってきたな、どうして将校だけが五体満足なのか、というようなことなのだろう。三年の歳月は生還した将校にとって、つらく苦しい日々だったようだ。

ところで、新田次郎は『八甲田山死の彷徨』の「取材ノート」の項において、五連隊遭難事故の最後の生き証人である小原元伍長が亡くなったのを新聞で知り、生前中に一度会っておけばよかったと悔いたとしている。そして、〈小原さんの死が報道されてしばらくして、青森県十和田町の小笠原孤酒さんが、この遭難事件のことを本に書いたということを聞いたので、小笠原さんに手紙を出した〉と記している。

その小笠原は本名を「広治」といい、大正十五（一九二六）年に青森県上北郡法奥沢村（のちの十和田町、現・十和田市）で生まれている。新田よりも十四歳若い。時事新報記者からフリーライターに転じ、歩兵第五連隊雪中行軍遭難事故の究明に取り組み、情熱を注いだ。そうしたなかで小原元伍長に会って取材もしている。

昭和四十五（一九七〇）年七月にその調査・研究成果の第一弾として『吹雪の惨劇』第一部を自費出版している。序文に次の一節がある。

〈小田原は風祭の国立箱根療養所に訪ね　折りからのしのつく雨に　ひらめく閃光と　窓外に轟く雷を気にしながらの劇的対面で得た貴重な特ダネ（略）〉

その序文に続いて小原元伍長が小笠原に宛てた書簡の内容が載っている。

〈今この書を読むに及んで、涙ながらに思い出されることは、行軍第三日目の一月二十五日のある時刻、猛吹雪と、酷烈の寒さの山中に迷い、進退極まって、無念の涙を浮かべて叫んだ指揮官、神成大尉の『天はわれわれを見捨てたらしいッ。俺も死ぬから、全員昨夜の露営地に還って、枕を並べて死のう！』といった、悲壮な言葉であります〉

出版本にはこうした「特ダネ」が随所にちりばめられていた。

その本文は、様式が少し変わっている。ページ（頁）の上半分に五連隊のこと、下半分に三十一連隊のことが記載されていた。

本文の始まりの上段には、

「青森歩兵第五連隊第二大隊

一月二十日

午前十時、山口少佐は副官の古閑中尉を伴い、津川連隊長を連隊長室に訪ね、去る十八日に行なわれた予行軍の結果の粗ましを報告するとともに、神成大尉が立案した本行軍実施計画について左の通り詳細に説明を行ない、その実施にあたって許可を仰いだ。（略）」

とあり、下段には、

「弘前歩兵第三十一連隊福島小隊

一月二十日

午前三時五十分、真っ暗闇に包まれた兵営内の一角にパッと燈火が点された。福島中隊長室である。兵営内の将兵は皆故郷の夢を貪っているに相違ない。火の気もないこの一室で田原中尉と高畑少尉が、福島中隊長を中心に、地図と行軍予定表を拡げながら、真剣に再検討を始めている。（略）」

とあった。

上下の日付を一致させるとともに二つの部隊の状況を対比し、わかりやすく工夫している。ただ昭和三十（一九五五）年に直木賞を受賞している新田に比べたら、発行部数は少なくほぼ無名であったといえる。

新田が遭難事故に関する取材で青森を訪ねたのは、孤酒が『吹雪の惨劇』を発行して二カ月後の九月だった。その際、孤酒は遭難現場などを案内し、自らの取材で得た当時の状況やエピソードなどを解説していた。一切の取材が終わると、新田らは八甲田山と十和田湖との中間付近にある蔦《つた》温泉に宿泊している。そのときの出来事が新田の「取材ノート」に記されている。

〈私は全身氷に覆われた兵士が次々と私の前を通って行く夢を見た。翌朝、小笠原さんにその話をすると、彼は、そんなことはしょっちゅうで、夢の中で、私はなんのなにがしでありますが、どうか私のことを正確に書き残して下さいなどと頼まれて、はっと目を覚ますことがある

と言った〉

余談になるが、歩兵第五連隊の遭難事故を調べはじめてから三十年ほどになる。その当初には八甲田演習で遭難現場の大滝平に少なくとも二、三回は宿営もしている。だが新田や孤酒が話していたような経験は全くない。

孤酒は新田の取材に協力して感謝されたことを友人らに得意げに話していたという。『八甲田死の雪中行軍真実を追う』（三上悦雄著）にこうある。

〈「じつは新田次郎を駅へ送った帰りだ」

（略）

「うん。雪中行軍を小説に書きたいのだそうだ。ぼくが自費出版したのを聞きつけたとみえて、向こうから接触してきた。きのうは遭難コースを案内してやった」

「それだけですか？」

「小原さんから聞いた話のほとんどを教えた。資料の提供も約束したし、山口少佐自殺の裏付けも教えた。とっても感謝された」〉

話を聞いていた三上悦雄は危惧の念を抱いた。孤酒が金銭的に苦労して集めた特ダネともいえる資料を無償で提供しようとしていたからだ。

〈取材行は　流石に人知れぬ辛さと苦労があった（略）こうして足しげく集めた　多くの古老たちの口述をもとに　延々一万余キロを踏破（略）〉（『吹雪の惨劇』第一部）
それを新田に書かれてしまったら、これまでの苦労や努力が水の泡になってしまうのではないか。
だが孤酒は、「その心配は無用だ。向こうは小説、こっちはノンフィクションだ。重みが違う」とあっけらかんとしていたという。
翌年『八甲田山死の彷徨』が出版され、それを手にした孤酒は本文最終ページを読んで啞然とし、すぐに憤懣やるかたない思いでいっぱいになった。新田が遭難事故の最大原因を、「軍首脳部が考え出した人間実験」と結論づけていたからだ。遭難当時の状況から軍首脳部とは師団司令部や旅団長を指していたようだ。
孤酒は『吹雪の惨劇』第一部の前書きに、
〈両部隊の結末は　指揮官の優劣もさることながら　その隊員の指揮気風等にも原因が内蔵するやもしれず（略）その演出はすべて両部隊の幹部の手に依ってなされたことはいうまでもない〉
としており、また天候の影響もあったように記していた。全般としては来たるべきロシアとの戦争に備えて訓練をした結果、遭難してしまったものと捉えており、人間実験とは思いもよらないことだったのである。

また、『八甲田山死の彷徨』が出版されてから三年後に発行された『吹雪の惨劇』第二部の序文では、

〈この事件に対しては　無責任な批判をするものがあっても（略）後世の人々が　この尊い遺訓を生かし　二度と雪中遭難を起こさぬことが　若くしてその生涯を閉じた多くの無念居士の霊を慰めることにつながる唯一の道であろうと　私は固く信じたいのである〉

として、暗に新田を批判しているかのようだった。

当初から二人には食い違いがあった。新田は実名では扱いにくい点が多いし遺族のことも考えて、「登場人物はすべて匿名にする」としていた。だが孤酒は「遺族の心情も考えれば、実名にしてほしい」としていたのだった。

普通に考えると、実名にしたら感動の物語が創作できないではないか。孤酒はそうしたことを見逃していたようだ。

「佐藤書簡」の存在

青森県の中央部に位置する八甲田山は単一の山ではなく、前嶽、田茂萢《たもやち》岳、大岳、井戸岳、赤倉岳、高田大岳などの峰々からなる連峰である。主峰は標高一五八五メートルの大岳になる。八甲田山の一帯は冬になると積雪が四メートルを超える。大陸から東側に吹く冷たい風が暖かい日本海より水蒸気を得て、それが八甲田山にぶつかって上昇し、大量の雪雲を発生させて津軽や下北に雪を降らすのだという。

大岳の西麓で標高九〇〇メートルの所に酸ヶ湯温泉がある。酸性の強い硫黄泉が豊富に湧き出ており、江戸時代から多くの湯治客が利用していた。明治三、四十年頃には旅館が三軒ほどあり、二間×三間（六坪）ぐらいの小屋掛けが十五～二十軒あった。かた雪やざらめ雪となる三月には、「すかゆ温泉」営業の広告が新聞に掲載されていた。

青森市の中心地から八甲田山に向かうと、最初に立ちはだかるのが前嶽になる。その北側の中腹となる田代平《たしろたい》で歩兵第五連隊は遭難したのだった。

田代平は古くから田代といわれていた。八甲田山の東側にある標高六〇〇メートル前後の高

大岳の中腹にある酸ヶ湯。江戸時代からの湯治場だが豪雪地でもある。昭和 12 年頃の写真

原で、周囲は二〇キロほどになる。その周辺の山々や湿原を源とした駒込川が田代平の中央を南東から北西に流れる。そして前嶽から田茂木野に下る尾根の東側沿いとなる急峻な谷底を進み、さらには青森郊外で荒川と合流し、堤川となって青森湾に流れ込む。

田代平西端の渓谷（駒込川）左岸に田代新湯、その五〇〇メートルほど下流の右岸に田代元湯があった。明治三十五（一九〇二）年に歩兵第五連隊が編纂した『遭難始末』の第一図「捜索線之図」にその二つの温泉が載っている。また陸軍参謀本部陸地測量部の『大正四年特別大演習地図』（一九一五年出版）にも載っており、その位置関係がわかる。これらは先の酸ヶ湯に比して規模が小さい。二、三の建物から成るだけで、そこに至るには入り組んだ深い沢を下ったり登ったりしなければならず、夏場でさえ往来に乏しい秘湯だった。遭難事故当時の新湯は母屋のほかに小屋、客舎、浴槽から成っていた。

田代の宿泊施設について、昭和十二（一九三七）年発行の『十和田・八甲田』（青森営林局青森林友会著）では、「客舎こそあれ、その設備は到って不備である」とし、その利用については年五〇〇人超とされていた。ちなみに酸ヶ湯の来遊者は二万人超であった。

遭難地を視察した山之内一次青森県知事がこう話している。

「田代と申す処は山腹で家は僅《わず》か一軒しかありません。而《しか》も其家は崖のような処にあって其家

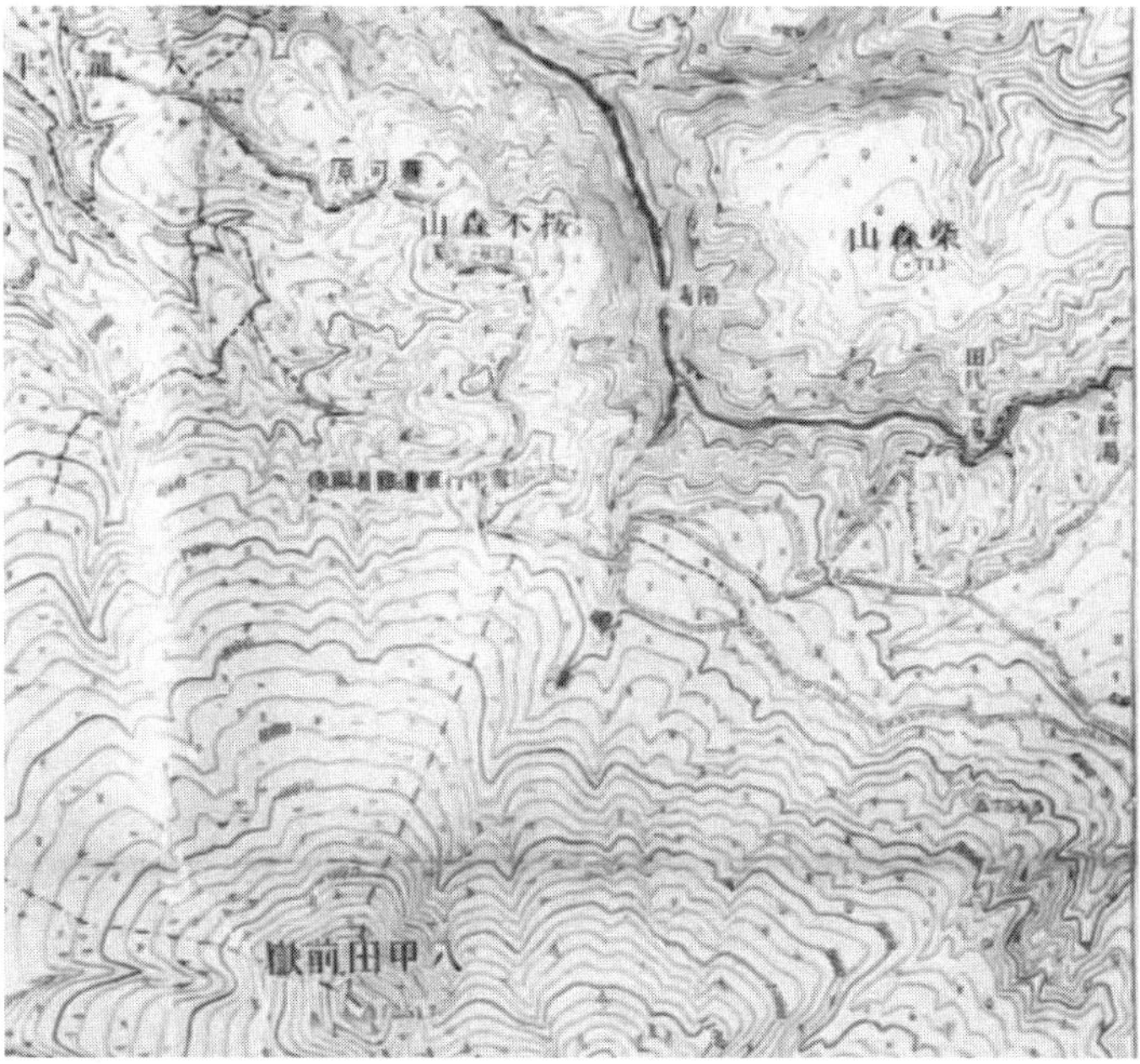

上部中央から流れる駒込川の右方に、田代元湯と田代新湯が見える。『大正4年特別大演習地図』から

に這入《はい》るのには上から滑り込まねばならぬという始末です」（二月十日、時事新報）

新湯には長内文次郎とその妻が住んでいたが、元湯は冬になると無人になる。田代にはほかにもいくつかの家屋や炭小屋があるものの、住人は長内夫妻だけだった。

田代元湯から二キロあまり真西に小高い台がある。前嶽からの稜線上にあったその台を馬立場（桂森）といった。放牧された馬が夏場そこで涼んでいたことがその名の由来らしい。馬立場から北西に青森市街や陸奥湾、東に田代平を見渡せる。ここは青森と三本木間を連絡する田代街道の道標になっていた。東側は前嶽北側の中腹あたりから流れる沢（鳴沢）で急峻になっている。街道は沢が深くなる前の前嶽側にあった。

長内夫妻が住む田代新湯に歩兵第五連隊として初めて到達したのは、佐藤秀雄中尉率いる捜索隊だったに違いない。第二大隊が遭難したとき、佐藤隊は田代新湯に向かう途中の大崩沢で四名、田代元湯で一名を救出している。遺体捜索が進捗していた二月上旬頃、佐藤中尉は自らの近況や捜索状況などを書き記した手紙（佐藤書簡）を福島にいる父親に出している。その中に青森市から田代までの一般図（要図）が描かれており、田代の補記にこうある。

「之れ行進目標なる温泉のある処にして長内文次郎なる慈善家唯一軒あるのみ」

書簡の内容には演習部隊が遭難するまでの経緯も綴られている。

目的地だった田代新湯。入り口（黒い箇所）以外は、すべて雪に埋もれている

駒込川の右岸にある田代元湯。冬季は無人になる

その詳細は状況の推移に応じて明らかにしていくが、一つ開示しておくと、当初、佐藤中尉もこの行軍に参加するよう命じられていたのである。だがあることによって不参加となったのだった。

文末には、「右は事実にて何人《なんぴと》に御見せ被下《くだされ》も差支え之《これ》れ無く候也《そうろうなり》」と記しており、その実直な人柄が推察できた。

この「佐藤書簡」を目にすることができたのは、全く思いがけないことからであった。『八甲田山消された真実』が発行されてから三年あまりして、編集者を介した手紙が届く。福島県在住の日本ヒマラヤ協会理事長である伊東満さんからのもので、五連隊の遭難事故後の捜索に従事した佐藤秀雄（中尉）の消息が不明なので、その調査方法を教えてほしいというような内容だった。それに「佐藤書簡」が添付されていたのである。郷土史の研究を行なっていたご尊父が遺した資料を伊東さんが整理していたときに、「佐藤書簡」のコピーが出てきたのだという。

書簡には現場の要図、行軍前後の状況、捜索状況等が記されていた。

早速、当時の新聞、将校名簿、歩兵第五連隊史などを調べて次のように回答した。

佐藤中尉は日露戦争前まで五連隊に所属していたが、日露戦争の出征名簿や以後の将校名簿に名前がなかったことから、病気あるいはケガで退役したのではないか。また調査は青森県の地元紙「東奥日報」（マイクロ）や福島県の地元紙になると思われる、と。

しばらくして伊東さんから佐藤中尉の消息もご尊父の資料から見つけることができたと連絡があった。それによって私も再度東奥日報を調べてみると、佐藤中尉の消息を示す記事を探し出すことができた。ただ最初に綿密に調べていれば、その消息も回答できたのである。


佐藤中尉は福島（会津）出身で、遭難事故当時二十四歳になる。明治三十（一八九七）年十二月、陸軍士官学校を終えて同期六名とともに五連隊に配置されていた。三十一年六月に少尉、三十二年に中尉へと昇任している。遭難事故が起こる前年には、第二年度下士候補生の教官になっていた。ちなみにそのとき小原元伍長は第三年度下士候補生で、教官は第二大隊第六中隊長の興津景敏大尉であった。

『遭難始末』の第五章捜索救護の計画並びに実施によると、佐藤中尉は当初第四哨所（長）、一月二十八日から二月九日までは本多哨所（第四捜索隊）に編成されていた。二月二日には佐藤小隊が田代方面に派遣され、生存者五名を発見・救出していることが記されている。

捜索後の四月に佐藤中尉は台湾守備歩兵第八大隊付となって台湾に渡っている。台湾の治安維持にあたる台湾守備隊の将兵は、内地各師団から抽出され交代で派遣されていた。また台湾守備隊での勤務期間は二年となっていたようだ。

日露開戦から約二カ月後となる明治三十七年四月に佐藤中尉は五連隊に復帰し、六月には大尉に昇任している。第八師団は六月動員、九月大阪に移動して満州出征を待った。佐藤大尉は出征部隊に入らず、補充大隊の中隊長に補職されている。つまり五連隊の営所である筒井で、補充兵の教育を担任することになったのである。出征部隊から外れたのは台湾勤務の慰労もあったが、健康状態が悪かったようだ。それは、十一月二十日の東奥日報が佐藤大尉の急逝を報じていたからである。

「予て《かね》病気保養の為め浅虫に滞養中の休職歩兵大尉佐藤秀雄氏は、十六午后七時死去したる由《よし》なるが、仝《どう》大尉は会津の人にて今年二十八才、豪毅正直《ごうきせいちょく》の人なりし。戦闘の際此の有為の士を亡《うしな》う。惜しむべし」

佐藤大尉の病状はわからないが、おそらく当時国民病といわれていた「脚気《かっけ》」であったと思われる。その頃の陸軍では戦傷者よりも脚気患者が多かった。日清戦争における入院患者十一万五四一九人の内、病傷別で一番多いのは脚気の三万〇一二六人である。続いて急性胃腸カタル一万一六三一人、赤痢一万一一六四人、マラリア一万〇五一一人となっており、銃創・砲創はわずか三〇二四人であった。

脚気になると手足のしびれや麻痺が起こり、重症化すると心不全を引き起こして死亡することもあるといわれていた。原因は白米の普及で「ビタミンＢ１」不足にあったらしい。だが当時は解明されていないので、治療法のわからない病気とされていたのだった。

佐藤中尉は武人でありながら日露戦争のさなか病床に伏し、回復することなく亡くなってしまった。さぞかし無念であったに違いない。

創作された司令部会議

昭和五十二（一九七七）年、小説『八甲田山死の彷徨』を原作とする映画「八甲田山」が封切られた。ベストセラーになった小説は、出版から六年ほど経っていた。鳴り物入りで上映された映画も大ヒットになる。その成功の一因に小原元伍長の証言があったのは間違いない。混迷する部隊の様子、将校らの言動、バタバタと倒れる兵士等の真に迫る描写は人々を圧倒する。流行語にもなった「天は我々を見放した」は、脚色されているものの小原証言に基づいている。

あの三上悦雄の危惧が現実のものとなっていた。小笠原孤酒が身銭を切って岩手、宮城、東京、小田原と取材先を回って得られた証言はすっかり使用されてしまい、それにフィクションが加えられていた。小説がノンフィクションを凌駕《りょうが》し、史実になってしまっているのだ。孤酒には耐えられないほどの屈辱であり、深い挫折感を味わうことになる。そして後悔の念にさいなまれていた。マスコミから新田の小説について問われるたびに、「あれはフィクションだから……」と答えるのみだったという。

小説の冒頭に歩兵第四旅団司令部で会議をしている場面がある。旅団長、第八師団参謀長、それに歩兵第五連隊と歩兵第三十一連隊の各連隊長、訓練担任大隊長、訓練主務中隊長の計八名が顔をそろえていた。参謀長が説明を始める。

（大意）「もし日露が戦争になった場合、ロシア艦隊は津軽海峡および陸奥湾を封鎖するだろう。そして青森と八戸の交通は艦砲射撃によって遮断され、八甲田を越える街道を利用しなければならなくなるであろう。夏季はいいとして、冬季についてはは実績がないのでその可否がわからない。これは師団参謀としての希望であるが、両部隊には中隊または小隊編成で八甲田を越えられるかどうか試してもらいたい」

参謀長の話が終わると、旅団長が二人の中隊長に、冬の八甲田を歩いてみたいと思わないかと質問する。二人からすると、ほとんど接することのない旅団長は雲の上の存在といってもいい。否定的なことなど言えるはずもなく、すぐに二人は歩いてみたいと返答する。小説では以上のような経緯によって、雪中行軍が行なわれるようになる。

果たして実際にこのような顔ぶれで会議をすることがあるのか。また参謀長が示した現況認識は正しく、ロシア軍の可能行動に妥当性はあるのか。

結論を先にすれば、組織的及び戦術的な観点から考察するとほとんどないといえる。

その理由は以下のとおり。

遭難事故当時、明らかになっていた行軍計画は三つあった。一月三十日の新聞「萬朝報《よろず》」に載った師団長の談話にこうある。

「雪中の行軍及び露営は年々行い来れる事にて此度も五連隊より一組、三十一連隊より二組を出したる事なるが、三十一連隊の一組の如《ごと》きは五連隊の分よりも長時間の予定にて一層山奥深く進みたれど（略）」

また同日の「報知新聞」に載った「立見師団長の談」には、

「今回の雪中行軍は此遭難隊計りで無く他に青森と秋田との堺なる来満峠へ向う下士候補生五六十名と、八甲田の山上を跋渉する下士百余名の二隊があった」

とあった。

注目すべきは三十一連隊で行軍予定が二組あったということである。情報が錯綜しているので正しく整理すると、一組は福島泰蔵大尉率いる教育隊（下士候補生等）、もう一組は下士一〇〇名あまりから成る混成部隊（一般部隊）となる。おそらく混成部隊は兵卒も入った一個中隊規模（約二〇〇名）だと思われる。

教育隊は八甲田（田代）越えを行なうが、一般部隊の行進目標は青森県の三戸郡と秋田県の鹿角《かづの》郡との境界に位置する来満峠で、八甲田山は通らない。遭難事故で延期された三十一連隊二組目の雪中行軍は、野戦砲兵第八連隊と輜重兵第八大隊から将校以下四十七名が加わり、計一九一名で三月二日に営所を出発する予定である旨の記事が二月二十八日の東奥日報に載っている。指揮官は三十一連隊で雪中行軍の第一人者だった馬渡英雄大尉である。往路は碇ヶ関～小坂銀山～大湯～来満峠～三戸で、復路は福岡～浄法寺～田山～花輪～十二所～白沢～大鰐～弘前となっていた。

来満峠への雪中行軍は明治三十二年にも行なわれていて、その経路はやはり八甲田山を経由していない。

「歩兵第三十一連隊の約一ヶ中隊は弘前より秋田県鹿角郡小坂、毛馬内を経、来満峠を越えて三戸郡に達する道路」（二月二十八日、東奥日報）

通常、師団あるいは旅団が隷下部隊に対して行なう訓練の指針は一般部隊が対象になる。そうであるならば、明治三十五年の雪中行軍において三十一連隊の代表となるのは当然一般部隊であって、福島大尉率いる教育隊ではないことになる。つまりあの場面に福島大尉（小説では徳島大尉）がいるのはおかしいのだ。ちなみに遭難した五連隊は一般部隊に教育部隊を加えて訓練を行なっている。

また三十一連隊の一般部隊は八甲田山を経由しない行軍であるので、師団あるいは旅団が五連隊と三十一連隊に対して八甲田山を踏破しろというような命令や指示もなかったことになる。これは重要で、遭難事故の原因を「軍首脳部の人間実験」としたのは誤りであったのを裏付けてしまう。

雪中行軍は恒常的に行なわれていた。そのなかで、三十一連隊の教育隊と五連二大隊がどうして八甲田山で行軍を実施することになったのかはのちに記す。

ところで軍隊における命令・指示等は上意下達が大原則である。あの旅団会議室の場面のように師団あるいは旅団の命令・指示等が連隊長や大隊長の意図を汲むことなく、直接中隊長に伝達されてその可否が問われるのであれば、連隊長や大隊長は必要ないということになってしまう。よってあのように奇妙な会議はないといえる。

戦術的なことでは、海上封鎖は日本が先に実施するだろうし、ロシア艦隊が陸奥湾に入ったら袋のネズミで四方から砲兵による砲撃が可能になる。外ヶ浜沿岸の所々に台場跡があったことからも明白である。そもそも青森市周辺の要地で、敵の進攻を阻止すべき五連隊がどうして山を越えて太平洋側の八戸（南部）方面に行かなければならないのか。

三十一連隊にしても西海岸で敵の進攻阻止、あるいは五連隊と共同連携して敵の南進を阻止するのが最低限の目標であるはずだった。

遭難事故の二年前となる明治三十三年二月に、第八師団は雪中行軍を主体とした演習を実施している。東奥日報が報じた記事によると、想定は弘前占領を企図する敵部隊が野辺地（下北半島の基部）・小湊（平内）に上陸し、その一部が新城（青森市の西側）の高台を占領して主力の進出を援護する。我が青森五連隊は野辺地に向かって前進中、弘前三十一連隊の混成第三大隊と野戦砲兵第八連隊の一個中隊から成る連合部隊は、新城の敵を撃破するよう命じられるというようなものだった。

実際に実施されたこの演習でも第八師団が八戸方面に下がるという想定にはなっていない。第八師団の地位・役割に敵の南進阻止があったのは疑いようもない。第八師団の部隊配備を見れば明らかなとおり、敵の南進を食い止めないと、首都「東京」が脅威にさらされてしまうのだ。

フィクションに反駁《はんばく》するのもどうかと思うのだが、あの小説や映画における数々の創作が、多くの人々に事実と錯覚させているのだから仕方がない。またその小説が社員研修の教材とされ、指揮官としての判断の良し悪しが分析されたりしている。真剣に討論していてようが、フィクションを題材として机上の空論を行なっていることに変わりはない。

ちなみに、映画における旅団司令部の場面が撮影された場所は、当時の青森営林局庁舎（青森市柳川）で、現在もその本館部分は森林博物館として残っている。県産ヒバ材を使用したルネサンス様式の木造建築物には明治の風情があった。その近くには昭和四十二（一九六七）年に廃止された津軽森林鉄道の沖舘停車場跡がある。その森林鉄道に関する資料も展示されていた。

ルネサンス様式の建物は陸上自衛隊の青森駐屯地（青森市浪館）にもある。正門を入って右手奥に見えるレンガ色をした木造二階建ての古びた建物がそれである。明治十一（一八七八）年に青森市筒井の営所（現在は青森高校が所在）に建てられた歩兵第五連隊の本部兵舎だった。先の大戦後、教員宿舎や物置として使用されていたが老朽化が進んでしまい、史跡保存のため解体して駐屯地に移築されていたのである。本部兵舎は整備されて防衛館と名付けられ、自衛隊の広報館として各種資料・物品が展示されている。

左右にある玄関はアーチになっており、円柱の土台は円座になっている。建物正面の中央屋根近くには山吹色の十六菊紋が鈍く光る。この紋章は皇室を示しており、軍隊が皇軍であるとしたのだ。左右の玄関の間には、雪国特有となるアーケードのような庇《ひさし》（雁木《がんぎ》）が設けられていた。

入館すると古い建物のにおいや床のきしみが明治へいざなう。おそらく遭難を知らせる伝令がこの本部隊舎に飛び込んできたに違いない。兵舎内は大騒動になり、将校らは慌ただしく動きまわる。時には怒号が飛び交っていたであろう。そんな様子が思い浮かぶ。

二階には雪中行軍の遭難事故で亡くなった将兵の遺品や当時の写真などが展示されている。雪中行軍実施の指揮官であった第二大隊長山口鋠少佐の拳銃、計画主務者で演習中隊長だった神成文吉大尉（第二大隊第五中隊長）の兵籍簿や軍刀、最初に助け出された後藤房之助伍長の軍衣袴（制服）などがある。

思いがけないものに、遭難事故最後の生き証人となった小原元伍長の寄せ書きが二点あった。

「日暮れて途遠し」

「友皆逝きて我一人八十六歳を迎いるは感慨無量である」

文の後にはそれぞれ、「昭和三十九年十二月二十日　八甲田雪中行軍生存者　小原忠三郎」

と記されている。

実はこの日、第五普通科連隊の幹部自衛官が箱根で療養中の小原さんを訪ね、遭難事故当時の状況を聞いていたのである。約二時間にわたる聴取はテープに録音され、同館に保管されている。おそらくその聴取時に記念として寄せ書きを求めたのだろう。

そのテープ（以下「小原証言」という）を聞くと、凄惨な状況が思い浮かぶ。また新たに知らされる事実や『遭難始末』などの事故報告と異なる内容に驚かされる。

余談になるが、私は五普連隊在任間、冬の八甲田演習には十回ほど参加しており、はからずも遭難当時の追体験をしている。退官してからしばらく経つものの、当時のつらかったことが彷彿《ほうふつ》としてよみがえってくる。

吹雪で約二メートル前を進む同僚が全く見なくなり、一人取り残されたかのような恐怖に陥ったこと。指先が痛くなる寒さに戸惑ったこと。真夜中、頭の血管が切れそうな寒さに耐えて歩哨に立ったこと。蒸れで防寒靴が濡れてしまい、足が冷たく心が折れそうになったこと。夜明け前の真っ暗な中で宿営地を撤収して行進を始めたこと等々。

だがあのときに将兵が味わった寒さ、冷たさ、困憊《こんぱい》に比べたらとるに足らないことであったというほかない。明治四十四（一九一一）年六月八日の東奥日報が、いみじくも生還者である伊藤格明大尉（遭難当時は中尉）の回顧（以下「伊藤回顧記事」という）を報じている。

「早や十年の昔となりましたか。其悲壮惨憺《そのひそうさんたん》の状堅く脳裡に深刻し常に念頭を去らざる為め斯《か》く年月を経たる様感じません。（略）日露戦役は有史以来の激戦（略）予の大隊の如きは黒溝台占領の際僅々《きんきん》合計三十五人即ち約三十分一に減少するの憐れなる状況に至れり。（略）然《しか》れども前者の悲惨に及ばざること遠し、故に予は後者の悲惨或は忘れることあるも前者の困苦は終生忘れることは出来ませぬ」

短時間で九〇〇名あまりが死傷した日露戦での戦闘は、一九九名が亡くなった遭難事故の悲惨さに遠く及ばないということなのだった。伊藤大尉は仲間の死や自ら死の危険に直面した記憶がいつもよみがえり、苦しんでいた。また生き残ったことで、罪の意識にも苛《さいな》まれていたのだろう。生還者は皆そうした問題を抱えていたに違いない。

第二章

第八師団と雪中行軍

軍備拡張と師団の創立

明治二十七（一八九四）年に始まった日清戦争の原因は、朝鮮に対する影響力の拡大に日本がこだわったからである。翌年、この戦いに勝利した日本は遼東半島、台湾、澎湖《ほうこ》諸島の割譲や多額の賠償金などを受けることになる。ところが、東アジア侵出をもくろむロシアはドイツとフランスを誘い、日本に遼東半島の領有を放棄するよう勧告してきたのだった。いわゆる三国干渉である。簡単にいえば、武力をちらつかせて日本を脅してきたのだ。三国に対抗できる軍事力は日本にない。頼みの綱としたイギリスやアメリカからは協力が得られず、ついに日本政府はこの勧告を受け入れる。

苦渋の選択を強いられた日本は、以後「臥薪嘗胆《がしんしょうたん》」をスローガンとして軍備の拡張に努める。当然対ロシア戦を想定してのことであった。俗な言い方をすると、「今に見ていろ、この借りは必ず返す」というような思いだったのである。

明治二十九（一八九六）年、陸軍団隊配備表及び陸軍管区表の改正によって、師団が六個増設となる。これは日清戦争前の二倍あまりになり、ロシア軍に対抗できる兵力となる。もちろん海軍もロシアの艦隊に対抗できるよう、その建設も行なっていた。

新設の第八師団（司令部）が津軽藩の城下だった弘前市（青森県）に置かれた。師団の編制は歩兵連隊四、騎兵連隊一、野戦砲兵連隊一、工兵大隊一、輜重大隊一で、その兵員は約一万人になる。歩兵連隊は第五が青森、第三十一が弘前、第十七が秋田、第三十二が山形に配置された。そして歩兵第五連隊と歩兵第三十一連隊から成る歩兵第四旅団が弘前、歩兵第十七連隊と歩兵第三十二連隊から成る歩兵第十六旅団が秋田に置かれる。ただ旅団は運用上の編制なので、参謀機能はなく旅団長以下五名である。ほかの部隊は師団司令部のある弘前に置かれた。

第八師団の地位・役割として、本州最北における防衛の要、敵南下阻止、雪中行動に秀でた部隊が考えられる。

改正後の徴集は、五連隊が岩手県（二戸郡、南九戸郡及び北九戸郡を除く）、宮城県の登米郡と栗原郡から行なわれる。三十一連隊は青森県、岩手県の二戸郡、南九戸郡及び北九戸郡からとなる。改編前の五連隊は青森県出身者が多数を占めていたが、改編後は豪雪に不慣れな岩手県や宮城県出身者がほとんどになってしまうのだった。

もしも増設の歩兵連隊が岩手県に置かれていたら、八甲田山での遭難はなかっただろうから事故の一因であったともいえる。

遭難事故当時の第八師団長は立見尚文中将、歩兵第四旅団長は友安治延少将、歩兵第五連隊長は津川謙光中佐であった。立見中将は元桑名藩士で戊辰戦争時には旧幕府軍として新政府軍と戦い武勇で名をはせている。のちに新政府軍に請われて陸軍に入ると、めきめきと頭角を現わして中将まで上りつめた。友安少将は長州（山口県防府）出身、西南戦争では中隊長として功をたてている。また日清戦争では連隊長として各地を転戦しており、常に第一線で戦ってきた勇者である。津川中佐は鳥取県出身。第三期士官生徒で、同期にはのちに「日本工兵の父」といわれた上原勇作元帥、「日本騎兵の父」秋山好古大将、「謀略戦の祖」青木宣純中将、北清事変で活躍した柴五郎大将ら、そうそうたる面々がいた。津川中佐が歩兵第五連隊長に赴任したのは、明治三十三年十二月で三十九歳のときである。

青森県は半年近く雪に埋もれる。平均すると、初雪は十一月初旬頃で積雪ゼロとなるのは四月中旬頃である。積雪が最も多いのは二月頃になる。明治三十（一八九七）年度から三十九年度までの記録によると、青森市の積算降雪量の最高が九七〇センチ、平均が六七一センチであった。最深積雪の最高は一六六センチで、平均は一〇五センチである。いずれにおいても最高値を記録したのは、遭難事故が発生した明治三十五（一九〇二）年の二月だった。

雪に埋もれる５連隊の兵舎。冬の八甲田山は、雪雲に覆われることが多い。
1902年２月頃

木に掛けられたツマゴ。濡れると役に立たない

歩兵第五連隊の基礎は明治四年に弘前で編成された二十番大隊にある。以降有事に備えて訓練が脈々と続けられる。積雪時における訓練は雪がほとんど積もらない地方に比して制約が大きいものの、工夫して行なっていた。

雪中において、比較的軽易に実施できて効果のある訓練として一番に考えられるのは、やはり行軍である。夏場の訓練でも行軍はきつい種目であり、それに雪と寒さが加わるのだからより心身が鍛えられることになる。

明治二十七（一八九四）年から二十八年までの日清戦争では凍傷患者が多数発生している。全体の外傷及び不慮による入院患者は一万三八三六人で、驚くことにその内の五二パーセントとなる七二二六人が凍傷だったのである。銃創・砲創は全体の二二パーセントになる三〇二四人で凍傷患者の半数に満たない。それは凍傷に関する知識や装備が十分でなかったからだといえる。例えば「ねずみ色毛布外套」といわれていた防寒外套は、日清戦争の際に毛布で急造されたものらしい。また靴はツマゴ（藁靴）やハバキ（藁で編んだ脚絆のようなもの）が使われていた。当時、青森県の村や集落では規格や荷造りの要領が定められた藁靴とハバキを何百足単位で献納している。だが藁で作られた靴は丈夫さに欠け、濡れてしまえばもはや防寒の効果はなくなってしまうのである。

ライバル意識

明治二十九年、師団の増設によって弘前に第八師団の主力が置かれることになった。三十一連隊が新設されたことにより、五連隊は改編され、各部隊は将兵の充足、移転等でしばらくゴタゴタして落ち着かない。東奥日報にもこの頃は雪中行軍に関する記事が見当たらず、ようやく現われたのは二年ほど経った三十一年二月である。三十一連隊の一個中隊基幹（将校以下七十三名）が北津軽郡板柳村（現・板柳町）に行軍している。そのすぐ後に、五連隊の第一中隊（将校以下九十七名）が北津軽郡高野村（現・五所川原市）に一泊行軍を行なっていた。

三月になると、ざらめ雪やこおり雪が解けて泥水となって流れ、また水たまりができるので歩きにくくなり、地面が乾くまで行軍はほとんど行なわれなくなる。

明治三十二年一月には三十一連隊の約一個中隊が秋田県鹿角郡小坂、来満峠を経て三戸に行軍している。

二月七日の東奥日報には、三十一連隊の中隊基幹（将兵一〇〇名あまり）が雪中行軍で青森に一泊するとした記事があった。この時期に五連隊の雪中行軍に関する新聞記事はない。ただ

『遭難始末』では加藤房吉大尉が小河原沼（湖）において氷上通過の試験を行なったとしている。

三十三年二月には、五連隊の第一大隊が高野、第二大隊が小湊、第三大隊が油川方面で雪中行軍をしている。

歩兵連隊の雪中行軍は大隊ごとに行なわれていたようだ。大隊は各中隊から将兵を参加させ、一個混成中隊（戦時編制で約二一〇名）を編成して訓練を行なっている。これは各大隊の人員が充足率、台湾守備隊要員の差し出し、新兵教育等で減っていたので、集成しないと中隊規模の訓練ができないからである。

三十一連隊は二月二十一〜二十二日に、先にあったとおり少し規模の大きい演習を行なっている。三十一連隊の混成第三大隊と野戦砲兵第八連隊の一個中隊から成る連合部隊が青森まで雪中行軍を行ない、仮設敵（五連隊）と交戦になるもので、明らかに師団が計画した演習だった。混成第三大隊は三十一連隊の総力を以って編成されていたようで、この時期に第一と第二大隊が固有で行なった雪中行軍の新聞記事はなかった。

ところで毎年陸軍省で師団長会議が行なわれている。その際、各師団長が天皇陛下に拝謁して師団の状況を上奏する場が設けられていた。明治三十三年三月に第八師団長立見中将が報告した内容の一部は次のとおり。

「冬期間に於《お》いて各隊は年々積雪の軍事上に及ぼす景況を知悉《ちしつ》せん為、種々の試験を施行し又特に各隊に命じて施行せしめつつあり（略）尚《なお》此の種の試験は寒地軍隊の義務として後来も続いて施行し以て完全の結果を得んことを期す」（明治三十三年三月、陸軍省肆大日記）

この上奏に臨み、立見師団長は雪中における部隊の訓練状況を写した写真を準備していた。三月十七日の東奥日報に、写真準備の経緯が載っている。

「写真を添え雪国軍隊の動作等を陛下に上奏せん為め特に撮影せしめたるものなるやに聞く」。ちなみに撮影された部隊は、野戦砲兵と輜重兵であった。

五連隊と三十一連隊は競い合うようにして雪中行軍を行なっていた。その本質は勝つことにある。歩兵連隊は師団の中核であり、戦闘においては第一線で戦う中心部隊となる。そのため精強さを強く求められた。歩兵第四旅団内の五連隊と三十一連隊は、秋になると対抗演習が行なわれ、その優劣が判定される。よって将兵は闘争心をむき出しにして戦うのだった。こうしたことから必然的にライバル意識は強くなる。また歩兵連隊が県内に二個あることから相手の動向が比較的早く伝わるので、その意識がさらに助長されることになる。

ただ雪中行軍の練度は、青森県出身者が多数を占める三十一連隊が五連隊よりも数段上回っていた。先行的に雪中行軍を実施する三十一連隊に追随している印象の五連隊は、三十一連隊が長期日程の雪中行軍をたびたび行なっているにもかかわらず、いつも一泊行軍だったのである。

明治三十四年二月八〜十日、三十一連隊の福島大尉は下士候補生に対し、雪中行軍訓練を実施していた。目的は約一〇〇キロの雪中行軍ができるか、雪中の山岳（岩木山、一六二五メートル）を越えられるかなどである。

第一部隊は岩木山麓を東回りに鰺ヶ沢へ進み、その後青森〜弘前、第二部隊は岩木山麓を西回りに鰺ヶ沢へ進み、弘前に戻る計画だった。東回りは鬼沢〜十腰内〜建石と比較的平坦な主要道路を進む経路で、西回りは百沢〜嶽まで山道を登り、その後山岳路を下る経路だった。福島大尉は第二部隊の下士候補生ら十八名を率いて難路を進んだ。

二月十六日の東奥日報に「下士候補生の雪中強行軍」の見出しに次いで目的、想定、実施状況を伝えている。第二部隊の状況は次のようなものだった。

「第二部隊が岩木山脈丈余《じょうよ》の積雪を意に介せず、昼も行き夜も行き、疾風霰雪《さんせつ》を冒《おか》して邱壑《きゅうがく》を蹊《わた》り、餓《う》え、冱《こご》え、疲れ、昏瞑《こんめい》して倒れ、四辺に人家なく、火を得る手段なく、倒れし者介抱するもの僅《わずか》に一片の餅と一杯のブランデーに依《よっ》て蘇生《そせい》し、鋭気を鼓《こ》して復《ま》た進み」、（以下大意）「松代村で断崖の河岸を通過するときには、日もすでに暮れ、風雪ますます激しくなり、氷点下八度をくだり、混迷して倒れるものは雪に埋まり、一歩間違えれば奈落の底に沈むのも知らない。これを介抱するものは雪を泳いで進んだ。その時に川を隔てて火が点々とあるのを認める。呼ぶと松代村の住民が松明《たいまつ》を持って近づいて来た。住民は、はじめ軍隊の叫び声を聞き、炭焼夫が道に迷ったものと思って救援に出てきたのだった。それが軍隊だとわかり慇懃《いんぎん》に疲労者を保護し、また軍隊のために村を挙げて奔走尽力した。その厚意大いに賞するべきである。ここでしばらく休養した後、再び進んで鯵ヶ沢に到着する。その困難は尋常でなかったが、幸い第一第二部隊共に多くの傷病者なくそれぞれ目的を達した。（略）」

おそらく第二部隊は遭難寸前であったが、松代村民に助けられて行軍訓練を達成できたようだった。これは一か八かの冒険以外の何ものでもない。直属の上司である大隊長門司敬亮少佐の批評にも、「大尉の百沢、松代村等を経て鯵ヶ沢に抵《あた》る計画は稍々《やや》冒険に近きも能《よ》く多難を排除し目的を達したり」（『兵事雑誌』第七年第六号）とあった。

ちなみに東奥日報の齋藤記者と福島大尉は漢詩によって結ばれた親友だった。そのためなのか、この頃の東奥日報には三十一連隊の雪中行軍記事が目立って多くなっていた。

この「下士候補生の雪中強行軍」には新聞記者が従軍していない。おそらく記事は福島大尉の手記によるもので、二人の親密な関係によって新聞に掲載されたのだろう。

一方の五連隊も二月二十六日に雪中行軍を実施している。だが失敗となり威信を失墜する。
「歩兵第五連隊第三大隊にて去る二十六日一泊行軍として将校以下二百九名東郡瀧村孫内に赴きて露営したるが、炊事用に供する器具等は運搬し行きしも、仝村大字岩渡《いわわたり》より孫内《まごない》までは積雪の為め超えるを容易ならず。困難を極め居る所へ孫内より村民来りて運搬に助力せり（略）」（三月一日、東奥日報）
おそらく五連隊は炊事具や糧食を積んだ橇を曳行していて坂を登れなかったのだろう。五連隊が雪中行軍に関して練度が低いのは、深い雪に対する認識や訓練が不十分であったからだと推察できる。
福島大尉の雪中行軍は遭難しかかったものの終わり良ければすべて良しで、師団や東奥日報からは称賛されていた。ただ三十一連隊の雪中行軍の代表は福島大尉率いる教育隊ではなく、馬渡大尉指揮の混成中隊だったのである。その編成は三十一連隊長児玉軍太大佐の命令によって、全中隊から選抜された将兵二二〇名あまりから成っていた。訓練は二月十九～二十六日の八日間で、行軍経路は弘前～黒石～青森～蟹田～十三潟～鯵ヶ沢～弘前となり、その距離は二三〇キロあまりになる。またこの間において戦闘行動、氷上通過、夜間行軍等を実施しており、これまでになく長期間・長距離で、かつ訓練課目も多い。さらには東奥日報の齋藤記者が従軍して訓練状況を新聞に連載している。

だが立見師団長は福島大尉の岩木山麓越えの行軍を評価していた。

「雪中行軍は我師団が寒国の義務として務めねばならぬもので毎年執行し昨年は岩木山の山腹を横ぎり一昨年は八郎潟（秋田）の氷結に連隊行軍を試みた（略）」（明治三十五年一月三十日、報知新聞）

そしてこの岩木山麓越えが、師団における雪中行軍の実施基準を引き上げることになったのである。

歩兵第五連隊第二大隊第八中隊に所属していた小原元伍長がこんなことを話している。

「八師団がこの雪中における戦闘は軍隊の最もその使命といわれたんですね。それで毎年雪中行軍はやったんです。だけどその前の三十四年までの雪中行軍というのは、国道とか県道とか人の往来する道路を行軍したわけなんです。それがこれからロシアとか満州で戦う件では研究にならんと。それで今度は絶対人馬の往来しない深い雪を踏んで、道路のわからない所を行こうというのが、その行軍目的の第一課目だったんですね」

小原元伍長は雪中行軍に関する師団の指針を上司などから聞かされていた。第八師団司令部は前年に比し雪中行軍の基準を引き上げ、隷下部隊に対して人里離れた山地で雪中行軍を行なうよう示していたのである。ただ先にあったとおり、八甲田山でやれというようなことは示していない。小原証言にこうある。

「三十一連隊は行ったことは行ったけれど、あの時でなかったらしいですよ。（略）五連隊と一緒にその行軍をやるなんてことはね、ないと思っていたんです」

事故後の五連隊による情報統制を別にして、小原元伍長は三十一連隊（福島大尉率いる教育隊）が五連隊と同時期に八甲田山中で行軍することを知らずにいたことがわかる。もし師団あるいは旅団が五連隊と三十一連隊に対し、「八甲田山で訓練しろ」というような指示を出していたならば、先のような証言になるはずもない。また三十一連隊の一般部隊が八甲田山で行軍をしていないことからも、師団あるいは旅団が、「八甲田山で訓練しろ」というような指示を出していなかったものと判断できる。

そして問題の明治三十五（一九〇二）年となる。

一月十七日の東奥日報に「三十一連隊の雪中行軍」の見出しがあり、次のとおり報じている。

「歩兵第三十一連隊より選抜したる一隊は来る二十日より十日間の見込みを以て雪中行軍をなす筈にて碇ヶ関方面より十和田湖に至り上北郡三本木に出て当地を経て北津軽郡に出て帰隊の

筈」

記事にある「当地」とは青森市のことで、三本木から青森までは田代街道を行軍するのがわかる。

出発の翌日となる二十一日の同紙には行軍の日割りが載っている。

「別項の如く歩兵第三十《ママ》連隊は昨日を以て雪中行軍に出発せるが、同隊教育委員福嶋《ママ》大尉より左の日割りを以て宿泊する筈にて各町村に紙面を以てそれぞれ依頼せり。

二十日小国△二十一日井戸沢△二十二日十和田△二十三日宇樽部△二十四日戸来△二十五日三本木△二十六日田代△二十七日青森△二十八日原子△二十九日弘前帰営」

その別項には「雪中行軍を送る」と題して、次の内容が記されていた。

「歩兵第三十一連隊にては雪中行軍に決し、見習士官十二名、長期伍長二十名、外に将校以下約十名は福嶋大尉に率いられ昨日払暁《ふつぎょう》其兵営を出発せり。此行軍の通過すべき箇所は本県中央の山岳を横断して最終の行軍は津軽地方東北二郡に跨《また》る梵珠《ぼんじゅ》岳（略）田代道は他道に比して平坦なりと云うが、此深雪の日にありて人行絶えて一路のなき処を通過するものとせば其艱苦《かんく》思い遣《や》らる（略）」

そして二十三日と二十四日にも、今回は普通の雪中行軍と異なり山岳の行軍であることを強調してその経路とともに報じている。

新年が明けてからそれまで同紙に掲載された雪中行軍に関する記事は三十一連隊のみで、五連隊と三十一連隊が八甲田山中で行軍することを表わした記事は全くない。しかも二十三日は五連隊が田代に出発した日でありながら、それを報じる記事もなかったのである。

五連隊の雪中行軍記事は二十六日になってようやく出る。

「（略）今年亦《ま》た弘前の三十一連隊と青森の五連隊とは、雪中行軍として既に其道に上れり。而《しか》して本年の雪中行軍は殊に山岳を横断して其里数亦《また》六十余（略）」

この内容はこれまで報じられてきた三十一連隊のもので、それにただ「五連隊」を書き加えただけである。よって五連隊の行軍計画に関するものは何もない。皮肉なもので、この日は五連隊の捜索隊が田代に向かっていたのだった。

くどくなってしまうが、もし師団あるいは旅団が五連隊と三十一連隊に八甲田山で訓練しろというような指示を出していたとしたら、最初にそのことを示す記事があって当然だった。ずっと三十一連隊のみの記事が続くはずもなかったのである。

それはそうと、これまで行なわれた雪中行軍の実施時期をみると、二月に集中しているのがわかる。理由は単純で一月は積雪が少なく、三月は雪解けが始まるからだ。それに一月は雪中訓練の「ならし」、要するに小部隊の練成期間であったとも考えられる。

だが明治三十五年における八師団管内の雪中行軍は、一月下旬から二月上旬に集中している。五連隊や三十一連隊はすでに表わしているとおりで、十七連隊（秋田）は二月三日から男鹿半島、三十二連隊（山形）は一月二十一日から置賜地方へと計画されていた。

通常、訓練時期は各部隊に任されており、例年どおりであれば二月に本格的な雪中行軍が計画されていたはずである。それが一月下旬に集中しているのだから、師団からの統制（指示）があったのは間違いない。では師団にどんな意図があったのか。

当時の行事を調べると、すぐに師団長会議が浮かびあがる。一月中旬に明らかになっていたその実施時期は一月下旬から二月中旬となっており、雪中行軍が集中した時期と一致していたのだった。立見師団長はその会議に出席するため、一月二十四日に青森を出発しており、同会議は三日後の二十七日に始まっている。

陸軍省での会議や天皇陛下への上奏において、立見師団長が、例えば八師団は雪中における行動を調査研究しており、現在各部隊は山岳において雪中訓練を実施中でありますと発言できれば、二月に雪中行軍を予定していますというよりは説得力が増すことになる。そのために師団は訓練時期を早めたのではないかと考えられる。

前年（三十四年）の師団長会議は実施時期が不明だが、前々年は三月に行なわれているので、雪中行軍は例年どおり二月に実施されていた。やはり三十五年は師団長会議に合わせて雪中行軍を実施させていたようだ。

ただ各部隊は、得てして練成不足のまま本格的な雪中行軍を行なうことになる。特に一月中旬に軍旗祝典がある五連隊は、その準備に訓練時間が取られてしまうのだった。

第三章

雪中行軍の準備

因縁の五連隊と三十一連隊

五連隊と三十一連隊は同時期に八甲田山で雪中行軍を実施している。両部隊がその行軍を計画・実行するまでの経緯と準備状況を知ることは、その結果を理解するうえでも重要といえる。

綿密な三十一連隊

八甲田山越えを発案したのは師団でも旅団でもなく、三十一連隊の福島大尉である。

当時、長期下士候補生で福島大尉の訓練（教育）に参加した泉舘久次郎伍長が後年に出した手記『八ッ甲嶽の思ひ出』（以下「泉舘手記」という）に、こう記されている。

〈我歩兵第三十一連隊に於ては明治三十四年一月標高千六百米の岩木山を踏破して予想以上の成績を収めたるに自信を得、翌三十五年一月士官候補生及び下士候補生を以て一隊を編成し、更に険峻なる八甲田山を踏破すべく一月二十四日屯営を出発した〉

出発日を間違えているが、目標を岩木山から八甲田山へと独自に設定していたことがわかる。

このことはやはり八甲田山における雪中行軍を、「軍首脳部が考え出した、寒冷地における人間実験」とする見解を打ち消してしまう。

あらためて福島大尉の身上を表わすと、群馬県出身で当時三十五歳。陸軍教導団に入隊して下士官になった後、士官学校を経て歩兵少尉に任官している。主な部隊歴は歩兵第十五連隊（群馬県高崎市）、参謀本部陸地測量部で、戦歴は日清戦争に出征している。大尉に昇任した明治三十一年十月に、歩兵第三十一連隊第一大隊第二中隊長補任となった。

明治三十三年二月に福島大尉は、自中隊の将校以下八十六名に対して雪中露営訓練を実施している。訓練内容は雪中露営法、掩蔽物の構築、武器装具の携行法、歩哨訓練等であった。福島大尉はその成果を『偕行社記事』（偕行社）及び『兵事雑誌』（兵事雑誌社）に投稿している。記事は両社に採用となり連載された。特に同年四月八日に発行された『兵事雑誌』の巻頭に福島大尉が実施した訓練の写真が載る。かまくらを五つ連結したような構築物の上に将校らしき二名が立っており、下部の説明文に、「供天覧　歩兵第三十一連隊第二中隊雪中露営の図」とあった。福島大尉は、天皇陛下が自分の記事をご覧になったとして感激していたらしい。

翌三十四年二月には先にあったとおり、下士候補生に対する岩木山麓雪中行軍を実施している。この実施成果も『兵事雑誌』に投稿しており、記事は同年七月から翌年三月まで連載された。つまり五連隊の遭難事故の最中でも続いていたのだった。

また同三十四年夏には長距離の行軍を実施している。

「別項記載のかぎや中島旅店へ一泊せし第八師団下士候補生二十九名は弘前より十和田山を越え三戸に赴き野辺地へ一泊一昨日は青森泊の上帰団せるものにして（略）」（七月三十一日、東奥日報）

「歩兵大尉福島泰蔵仝少尉高坂貢外伍長十七名は昨日来青かぎや投宿伍長十名は中島方投宿本日弘前行」（同）

この行軍は田代を経由していないものの、三本木までは先の新聞記事にあった雪中行軍経路と同じである。つまりこの夏の行軍は翌年一月の雪中行軍を想定して実施されたもので、準備訓練であったといえる。それは福島大尉が雪中における訓練を計画的に実施していたことを裏付ける。ただし、その時点では八甲田山（田代）越えを考えていなかったようだ。

福島大尉も、『兵事雑誌』の明治三十五年五月から同年十一月まで連載された「雪中に於ける山嶽通過実施報告」（以下「福島報告」という）の中でそれに触れている。

（大意）「明治三十三年二月の雪中露営、同三十四年二月の岩木山通過の雪中強行軍、同年七月の十和田山脈の地形偵察を兼ねた山地の強行軍等、三年以上も前から行なわれた実験、研究、調査は今回の訓練実施の決断を容易にさせた」

これらの調査・研究から得られた服装・装備、衛生、休憩、給食等の成果は、明治三十五年一月の雪中行軍に大いに役立つことになる。

福島大尉が雪中訓練に意欲を燃やしていたのは、おそらく名字が同じだった参謀本部第二部長（情報）の福島安正少将を参考にしたのだろう。

明治二十五（一八九二）年、ドイツ公使館付武官の福島安正少佐は任を終えて帰国する際に、シベリア鉄道など各地の現地調査を行なうため、ベルリンからウラジオストクまでの間を馬で横断している。いわゆる「シベリア単騎横断」と呼ばれた視察旅行は、約一万四〇〇〇キロを一年四カ月ほどかけて行なわれた。その偉業は内外に喧伝され、福島少佐は勲三等旭日重光章を授与されている。

福島大尉も雪中訓練で何かしらの功績をあげたいと考えていたに違いない。ただ自分の中隊を使わずに、識能が高く実直な見習士官や下士候補生の教育において自らのための調査・研究を行なうのは極めて狡猾なやり方であったといえる。見習士官や下士候補生の教育の基本は、それぞれの階級に応じた素養を身につけさせるもので、調査や研究を目的としていない。そのような適切でない教育ができたのは軍備の増強が原因だったといえる。

下士官の養成は東京の教導団で行なわれていたが、軍備の増強によって対応できなくなる。

結果、下士官不足が深刻になったために、下士候補生の教育が各連隊ごとに実施されるようになる。教育内容が各部隊の裁量に任せられたことで、教育担任官の思いつきの教育ができた。当然ながら弊害として下士官の質の低下が問題となるのだった。

八甲田山越えを目標とした福島大尉の行軍計画は、前年に実施された馬渡大尉の雪中行軍を参考にしているようでもあった。長期間・長距離の訓練とし、記者を従軍させる。道案内、食事および宿泊は役場に依頼の手紙を出して頼った。ただ八甲田越えに関しては、前年の岩木山のときと同じように一か八かの冒険だった。それは福島大尉が田代街道を歩いたこともなく、地理もわかっていなかったからである。

『われ、八甲田より生還す』(高木勉著)によると、福島大尉は「谷地《やち》の湯」を経て八甲田山を越え田代に到着する経路の有無と通行の可否を田代街道の南口付近となる法奥沢村役場に手紙で問い合わせていた。谷地の湯は高田大岳の南にあり田代はその北になる。おそらく福島大尉は小屋のある温泉場に宿泊しようと考えていたのだろう。ただ、その経路は田代街道に比べて西に遠回りすることになる。

法奥沢村役場の回答は、

「当村より八甲田方面を経て津軽郡に達すべき通路は大深内《おおふかない》村大字深持《ふかもち》支部増沢より田代を経、

東津軽郡筒井村に達すべき一線のみに有之《これあり》」、（以下意訳）「しかし、この線路はもちろん谷地の湯より八甲田を越えて田代に達するのは、目下の積雪で到底通行できるものではない」というようなものだった。役場としては通行できないとして迷惑な案件を終わりたかったのである。

だが、福島大尉は、再度、法奥沢村役場に次のような手紙を送る。

（大意）「先般申し上げた雪中の山岳通過は、天皇陛下に雪国軍隊の状況を上奏する至大の演習なので、地方においても、それぞれご尽力のほどを切に希望いたします。なお、増沢には一泊することになるかも知れないので、念のため申し添えておきます」

なんと福島大尉は「天皇陛下」という言葉を用いて役場を恫喝したのだった。案の定、法奥沢村役場はこの文面に驚愕する。返信には「御」の文字が溢れ、酒肴を準備している、道案内は処置するとあった。これによって福島大尉は、一番の懸念だった八甲田山越えでの道案内（嚮導）を確保し、饗応も受けられることになる。

毎年一回行なわれる陸軍特別大演習とは比べ物にならない地方の一教育隊の訓練が、天皇陛下上奏の演習であるはずもない。あえていえば、福島大尉が勝手に描く妄想のようなものだった。福島大尉の行軍計画が先の「福島報告」に記されており、簡単に表わすと次のようになる。

任務は、①積雪時の十和田湖や八甲田などの山脈を横断して津軽平野と南部平野間の通行の可否、その難易を探求する。また、②積雪が軍隊に及ぼす影響、③雪中行軍実況の撮影、④天候、気温、積雪等の調査、⑤地名、村落の戸数・衣食住の状況等を調査することであった。

編成は、教官の福島大尉以下三十八名である。被教育者は見習士官八名、見習医官二名及び下士候補生（伍長）十八名で、それに教育支援となる本部要員の将兵八名が加わる。ほかに東奥日報の記者一名が従軍する。

訓練期間は十日を予定していた。全般の経路は弘前から南東に進んで十和田湖を西回り、その後北上するものである。細部は二十日小国～二十一日井戸沢～二十二日十和田銀山（秋田県）～二十三日宇樽部～二十四日戸来～二十五日三本木～二十六日田代～二十七日青森～二十八日原子（現・五所川原市）～二十九日弘前帰営となる。

服装は、襦袢袴下《じゅばんこした》（シャツ、ズボン下）一または二着、第三種絨衣袴《じゅういこ》（制服上下）、黒色外套（普通外套）、靴下、手袋（白軍手）、脚絆、短靴である。これに背嚢《はいのう》を背負い、雑嚢《ざつのう》（袋）を肩にかけ、水筒を携行する。また小銃携行者には弾薬十発が配分された。

ほかに個人が携行するものとして、手袋二組、襦袢袴下一、毛の靴下二足、手拭一、藁靴（ツマゴ）一足、有色眼鏡または眼簾（遮光用のすだれ）一個、麻縄（五メートル）一本、桐油紙

（耐水紙）一、マッチ一個、その他各自必要な日用品若干がある。糧食は餅三食分（二合餅三個）、牛肉半斤《はんぎん》（三〇〇グラム）、乾パン一日分、牛缶詰（小）一個、梅干し若干であった。

また部隊としての携行品は、方匙《ほうひ》（小型のスコップ）六、小斧三、折りたたみ鋸三、携帯電灯二、信号旗三、寒地着《かんじき》二足となる。さらに地図（二十万分の一）、路上測図（二万分の一）、磁石、温度計、積雪を測る目盛りのついた竹竿（二・五メートル）を携行した。

この訓練の調査・研究結果によれば、毛の靴下を履いていたのは将校、見習士官及び伍長の一部だったとしている。また泉舘手記から下士卒のシャツ、ズボン下、軍手、靴下がすべて木綿製だったのを知らされる。おそらく将校らは自弁のフランネル（毛織物）のシャツやズボン下だったに違いない。牛肉の缶詰は二人で一缶としており、梅干しはたまたま携行していた者がいたらしい。

絨衣袴はラシャ服ともいい、毛の生地からなる。また普通外套も毛の生地だった。ツマゴはスリッパのような藁靴で、三十一連隊は短靴（軍靴）の上にそれを履いている。見習士官は長靴のような藁靴も準備していた。三十一連隊はツマゴと藁靴を区分しており、長靴のように編んだものを藁靴としていた。足の防水と防寒に関し、油紙や唐辛子を用いたかのようにいわれているが、福島報告にそうした記載はない。

服装で気になったのは防寒外套（ねずみ色毛布外套）を携行していないことである。山岳では防寒上必要だと思われたが、あえて福島大尉は除いていた。その理由が、『われ、八甲田より生還す』に記されている。

（大意）「行進間における被服は示したもので十分である。雪中行軍では厚着をするよりも軽装なほうがいい。被服で寒さを防ぐよりも運動によって寒さを防いだ方が優れているからだ。だが、しばらく停止するときはすぐに寒くなってしまうので、行軍教育に任じるものは極めて薄着に耐えられるよう精神と身体とを鍛えることに努めなければならない」

福島大尉の計画では野営をしないことが前提にある。つまり宿泊した家から次に宿泊する家までの間は行軍しているので、防寒外套を着ていたら熱がこもって多量の汗をかくし、携行すれば荷物になるということなのだろう。ただ人家のない山中で道に迷ったりしたら、というような考慮はしなかったのか。山中で夜を明かすような状況になったら、まず寒さにやられてしまうだろう。精神や身体を鍛えたところで寒いものは寒いのである。

被教育者らにはそれぞれ研究・調査項目が与えられていた。気温や積雪の計測など簡単なものから、積雪の軍隊に及ぼす利害、各地の衣食住の状況、積雪地における宿営法など程度の高いものまであった。
出発前に福島大尉は、次のような内容を記した手紙を父親に送っている。
「充分ニ成功セバ、之ヲ、天皇陛下ニ上奏スル次第ニテ、当第八師団ニオケル、前後無比の演習ニコレアリ候」(『われ、八甲田より生還す』)
上奏に関してはまた後に記すが、その高揚した意気込みからもこの訓練の独創性を窺い知ることができる。

三十一連隊に対抗した五連隊

一方、二大隊の雪中行軍は、一月二十三日に出発して田代新湯で一泊、翌二十四日帰隊と計画されていた。長期下士候補生として行軍に参加した第一大隊第四中隊の村松文哉元伍長の証言によると、ほとんどの下士卒はその二日前となる二十一日に訓練参加を命じられたとしている。また準備が不十分で、藁靴などは前日の隊装検査終了後に交付されたとしていた。隊装検査とは出発前に隊員の準備状況を確認するものであるが、藁靴などがない準備不十分な状態で実施していたことからすると、翌日の出発まで時間に余裕がないので形式的に行なっていたようだ。

五連隊は『遭難始末』で、冬季における田代への行軍は実施したことがないとしている。そうした状況であるならば、普通余裕をもって入念に準備するものである。だが二大隊の行軍計画（命令）が示されたのは、行軍実施の二日前で、それから準備が始められていたのだった。新聞は今回の雪中行軍に関して五連隊の予定を報道していない。五連隊の雪中行軍が記事になったのは二大隊が出発してから三日後であった。これは当初五連隊の行軍が未定であったからにほかならない。それに出発三日後の報道は行軍が突然と実施されていたために、新聞社への通報、あるいは記者の取材が遅れたからなのだろう。

これらのことから、田代への雪中行軍は急に計画された訓練だったといえる。どうして二大隊は突然と田代に向かったのか。

正月気分がわずかに残る一月十六日に、五連隊の軍旗が親授された記念日を祝う軍旗祝典行事が行なわれている。連隊においては年に一度のお祭りで、その日のために各中隊は趣向を凝らして飾りつけや出し物に力を注いで競い合った。今で例えると学園祭のようなものである。年明け以後の五連隊はこの準備で、一般の訓練などできなかったはずである。

当日は連隊の祝日で営所も一般住民に開放された。もちろん兵士の家族や友人らも面会できる。次第は式典、余興として綱引き、銃剣術試合、新兵による雪合戦、最後に来賓と将校らによる宴会となる。来賓が帰ると下士以下の宴会が始まり、飲めや歌えのどんちゃん騒ぎになってしまう。

翌十七日の東奥日報の雑報面の上段始めに、ひときわ大きな「軍旗祝典」の見出しがあって次のとおり記されていた。

「歩兵第五連隊の軍旗を親授せられたるは今を去る二十有余年の昔即《すなわち》明治の十二年一月十六日なりき（略）やがて午前十時式は始まりぬ。連隊は営庭に北面して閉縮大隊の横隊に整列しぬ（略）連隊長の号令によりて軍旗を奉迎《ほうげい》せり（略）立見師団長友安旅団長以下の来賓一同参拝せり。参拝終れば之《これ》より余興となる（略）宴会は第二号体操場に於《おい》て催うされぬ（略）」

ただ中段には「三十一連隊の雪中行軍」の見出しがあり、いや応なしに目に入る。内容は先にあったとおり、三十一連隊が八甲田山を越えて青森に至ることが記されていた。

これを見た津川連隊長は、おそらく苦々しげな表情を浮かべていたに違いない。五連隊もやっていない冬季における田代越えを三十一連隊にされてしまったら、八甲田山の近くに所在する五連隊は面目を失ってしまう。それに前年の雪中行軍において、福島大尉率いる教育隊が岩木山麓越えを成功して新聞で称賛されていたのに対し、五連隊は青森市郊外で橇が坂道を登れずに住民の支援を受けるという失態を演じ、新聞記事にされていたのである。

津川連隊長としては三十一連隊よりも先に八甲田山に行ってきたという実績をあげて三十一連隊の鼻を明かし、先の汚名も返上しようと考えるのは当然の成り行きである。それに一泊行軍は連隊長の裁量で実施できるので都合もいい。なお二泊以上は師団長の認可が必要であり、大隊長には宿泊を伴う雪中行軍を決裁する権限はない。

三十一連隊福島大尉の準備状況をみれば、師団が早期に雪中行軍の指針等を示していたのは明らかであった。だが二大隊は虚を突くように、行軍実施二日前に参加者を示して準備をさせている。第二大隊長の山口鋠少佐が独自の判断で、こうした無謀な訓練を命ずるはずがない。

行軍実施二日前に命令を下達したということは、それまで計画ができていなかったからなのだろう。大隊命令の下達日（二十一日）からさかのぼって計画作成の開始日を推定してみると、計画作成に二～三日、大隊長山口少佐（及び津川連隊長）の承認を得るのに一～二日を要したとすれば、だいたい三十一連隊の記事が載った十七日頃に計画の作成が始まったものと考えられる。そうなると、やはり五連隊の田代一泊行軍は、三十一連隊に対抗して急に実施されたものということに落ち着く。そしてそれを命じることができるのは津川連隊長しかいない。

ただ五連隊は田代一泊行軍を発案・計画したのはあくまでも山口少佐であるとし、それを連隊長が承認したとしている。要するに責任者は山口少佐であるとしたのだった。また『遭難始末』では、昨年第三大隊が田代越えをして三本木に進出する計画があったものの不時の障害でできなかったとし、本年は第二大隊の田代行軍の計画があり、思いがけない偶然ではないかとして連隊長の関与がなかったように装ってもいた。

だが遭難事故当時の新聞は、田代への雪中行軍は連隊長の命令によって計画されたものと疑っていたのである。遭難事故後となる二月六日の河北新報に、「責任を明らかにせよ」という見出しがあった。記事の核心部分にこうある。

（意訳）「特に山口大隊は山口少佐の率いる大隊のみで編成されていないことから、大隊長一人の判断で実施したとは思えない。（略）当局者はすみやかに事の真相と責任の所在とを明らかにして、人々の疑問を解いてもらいたい」

遠まわしながら津川連隊長に問いただしている。また二月九日の新聞「日本」も「大惨事と責任」の見出しで、

「今回の行軍は連隊長の命に出で大隊長実行の任にあたりしなりと（略）吾人《ごじん》はここに至って津川連隊長の答弁を聞かんと欲するや切なり」

と、津川連隊長の責任を追及している。

他の新聞においても津川連隊長を批判する記事があった。全国から駆け付けた新聞記者の間

で、津川連隊長に対する不信感は強かったのである。

先にあった三大隊が田代越えを計画したが不時の障害でできなかったとしていたことだが、三大隊は前年二月に青森市郊外で実施した雪中行軍で坂を越えられず、村民の支援を受けている。おそらく五連隊（長）は、遭難事故の責任回避のためにその失敗を利用し、「田代越え」「不時の障害」として捏造したのだろう。

五連隊は明治九年の連隊創立以来、田代越えは数回しか行なっていないとしている。それも積雪のない時季である。

「抑《そもそも》田代越えは青森より三本木平野に通ずる唯一の間路にして我連隊の為めには兵略上最枢《すう》要《よう》の進出路とす。故に夏期に於ては数回之が通過を試みしも未だ冬期に於て之が難易を試みるの好機を得ざるを遺憾とせり」（『遭難始末』）

兵略上最枢要の進出路での訓練が二十六年間でたった数回であるならば、改編後の五連隊は何回実施したのだろうかと疑問になる。

明治三十二年に五連隊入営の小原元伍長が、

「八甲田は行かないですね。三本木、八甲田山辺り、夏なんかはあったでしょう。我々の時代にはなかったです」

と話している。そうであるならば、改編後の五連隊は三十二年十二月以降に田代街道での訓練は行なっていないことになる。小原証言にこうある。

「あんまりあそこの地形はわかりませんでしたけれど、目標ごとに行進したわけなんですけれども、（略）田茂木野あたりまでは部落がありますから、向こうは全然……」

伍長でさえ田代街道はわかっていなかったのだから、兵卒にいたっては全く知らなかったに違いない。

明治三十三年、大湊（現・むつ市）に海軍の水雷団を設置するための造成工事が始まっている。この年に五連隊は田名部近傍路上測図（簡易測量図）を作成していた。有事の際、大湊に向かう場合もあると予想されたからだろう。

だが「兵略上最枢要の進出路」とした田代街道の路上測図を五連隊は作成していない。そのことは遭難事故後に五連隊が認めている。だとすると田代街道が「兵略上最枢要の進出路」であるというのは、五連隊の造言であったといえる。さらにいえば、改編後の五連隊は夏場における田代街道での訓練を一度も実施していない可能性もあった。もしそうであるならば、五連隊の将兵のほとんどは田代を知らないということになる。たとえそうでなかったとしても、田代街道から大きく逸れて深い沢を下らなければならない渓谷にあった田代新湯を知る者など皆無だったに違いない。そうした状況にありながら、五連隊は田代新湯に行軍したのである。

捏造された予行行軍

田代への不慣れを繕うためなのか、五連隊は予行行軍を実施したと陸軍大臣に次のとおり報告している。

「行軍実施の難易を験する為め本月一月十八日大尉神成文吉の指揮下に一中隊を編成し、踏雪隊二十名を先頭とし量目三十貫匁の物を積みたる橇一台を後尾に曳かしめ田代街道上燧《ひうち》山に向って終日行軍を実施したり。（略）而《しか》して橇を運搬具に使用する亦《また》甚しく困難にあらざることを認めたり」（一月三十日　第二大隊雪中行軍に関する報告）

また田茂木野の住民から聞いた情報を、「田代に住民一家族あり時々猟夫若しくは樵夫のみ彼地に往来す」と記していた。

しかしながら、先の「佐藤書簡」は実質的にこれを否定している。

「一月二十三日は即ち第二大隊の出発の日にして、其前二十二日は先ず雪況視察として若干の兵卒と一将校を派遣し、行軍の目的を達し得るや否を偵察せしめたるに、好都合なりしを以て断然一月二十三日を以て午前五時三十分整然営門を出て田代に向う」

二〇〇名ほどの予行行軍が数名程度の偵察だったとは、青天の霹靂のような衝撃を受ける内容だった。それに出発前日の偵察は、田代への行軍がいかに突発であったかを知らせる。

生還した将兵は小原元伍長を除き、予行行軍について全く語っていない。おそらく予行行軍といわれるものがなかったからだろう。小原元伍長はこう証言している。

「それは一年……あれは一カ月前ですね、予備行軍をしたんですよ。それがその、予備行軍をした結果がですね、割合に順調であったんです。そのために本行軍は、なんですね、一月二十三日でやったんですね」

質問された当初、小原元伍長は予行実施時期がはっきりと思い出せなかったようだった。だが、そのすぐあとにこう述べている。

「前日の予備行軍は割合うまく行き過ぎたんですよ。（略）目的地の少し前まで行って、これはもう大丈夫だというので予備行軍は帰ってきたわけなんですよ。それで本行軍となって（略）」

この証言は、「佐藤書簡」を裏付ける内容といえる。

演習の本番前に実施した訓練が前日の偵察で、しかも若干名によるものだとしたら、『遭難始末』に記されていた予行行軍は一体全体なんなのか。責任逃れの捏造《ねつぞう》にほかならない。

すでに『八甲田山消された真実』において、五連隊の事故報告に捏造や改ざんがあることを指摘している。一月の『第二大隊雪中行軍に関する報告』（以下「大臣報告」という）、三月の『歩兵第五聯隊第二大隊遭難顚末書』（以下「顚末書」という）及び七月の『遭難始末』に記された予行行軍の実施日・成果について、そのおかしさを指摘していた。

その主なものをあげると、①予行行軍の二日前は五連隊における年に一度のお祭り「軍旗祝典」であったこと。②予行行軍が行なわれた十八日は土曜日で、通常午後から課業がなかったこと。③行軍速度が速すぎること。④折り返した地点がずっと手前の田茂木野であったこと、などである。

とかく事故報告というものは身内に甘くなるのが世の常だ。都合が悪いことは矮小化し、反対に都合が良いことは過大評価する。後の報告になればなるほど、その修正が甚だしい。ただ五連隊の事故報告は、要所要所に捏造や改ざんがあるので悪質である。それをうのみにしてしまうと真実が消されてしまい、誤った史実が作られてしまうのだった。

訓練の良否を左右するのは、演習中隊の約八割を占める兵卒にあるといえる。その練度を把握するには、徴兵制から得られる特性を理解する必要がある。

徴兵による入営は毎年十二月一日で、その前日の十一月三十日には三年満期を迎えた下士卒が除隊する。要するにこのとき、兵卒の三分の一ほどの古参兵が新兵に入れ替わるのである。新兵は約四カ月の新兵教育（訓練）を受ける。この間において距離の短い行軍訓練を実施することはあったと思われるが、一般兵と訓練することはない。そうしたことから新兵は、田代一泊行軍に参加していない。

明治三十五年一月一日時点で、新兵を除いた兵卒の雪中行軍実施状況を確認してみる。最上級の三年目を迎えた兵卒は同三十二年入営で、一般部隊における雪中行軍はおそらく三十四年の一～二月に経験している。要するに雪中行軍の経験はひと冬しかない。二年目の三十三年入営の兵卒は、一般部隊での雪中行軍をおそらく経験していない。そうなると、この年の田代一泊行軍に参加した兵卒のおよそ半数は、雪中行軍初心者ということになってしまう。

五連隊が目指した田代新湯は筒井の営所から約二二キロ（五里強）となり、夏場の行軍でも六、七時間はかかる。一般部隊での雪中行軍を経験していない兵卒らにとって、田代新湯までの行軍は体力的に相当厳しいと予想できる。

先にあった小原元伍長の証言から、五連隊は明治三十二年十二月以降に田代街道での訓練は実施しておらず、また今回の訓練に参加する兵卒の最古参は三十二年十二月入営である。そうなると、三十五年一月時点において、田代街道を行軍した経験のある兵卒は一人もいないことになる。つまり、今回の訓練に参加する兵卒は田代街道を歩いたことがなく、そしてその約半数は本格的な雪中行軍が初めてになるのだった。

一月の「大臣報告」に「大隊長の判断」とする項があり、次のように記されている。

（意訳）「予行行軍の経験によれば、青森から田代までの約五里強の行軍を一日に要求するのはできないことではない。（略）もし途中で天候等に妨げられて田代に到着できないときは露営をする心づもりなので、二十三日より行軍を実施することに決めた」

首を傾げざるを得ない。予行行軍がなかったことからすると、この山口大隊長判断は五連隊の作文ということになってしまう。

山口少佐は東京府（現・東京都）出身の士族で当時四十五歳だった。前任地の山形歩兵第三十二連隊から五連隊の第二大隊長に着任したのは明治三十四年二月で遭難事故の約一年前である。山口少佐の着任後に五連隊は田代街道で訓練をしていない。そのため山口少佐は田代という場所がどこなのかさえ知らなかっただろう。積雪状況や地形など現地を知らない山口少佐がどうすれば田代一泊行軍を発案して、何を根拠にその実施を決心したというのか、できるわけがない。

行軍は当初から二十三日出発と津川連隊長から命じられていたようだ。その判断の過程はのちに記す。山口少佐は連隊長から示された田代一泊行軍の実施を部下である第五中隊長の神成大尉に命じる。おそらく神成大尉は消去法によって選ばれたに違いない。山口少佐の配下に四名の中隊長がいた。第六中隊長の興津大尉は士官学校一期先輩で年齢も四十四歳と高齢なことから山口少佐は声をかけられない。第七中隊長の原田清治大尉は一月二十六日に師団司令部（弘前）で実施される被服委員会に五連隊代表として参加しなければならず、雪による鉄道への影響等を考慮すると訓練から外さざるを得ない。第八中隊長の倉石大尉は当時入院をしていないものの肝臓を患っていたらしく、演習中隊長を命ずるには多少の無理があった。結果、あとに残るのは神成大尉だけとなる。

兵籍簿によると、神成大尉は秋田県北秋田郡鷹巣村（現・北秋田市）出身の平民で、当時三十三歳である。鷹巣は豪雪地であったことから幼少より大雪に慣れていたと思われる。軍歴を簡単に表わすと次のようになる。

明治十九年十二月　陸軍教導団入隊
同二十一年五月　同歩兵科卒業、二等軍曹として五連隊所属
同二十二年十二月　一等軍曹

同二十五年十月　　曹長
同二十七年十月　　特務曹長
同二十八年一月　　日清戦争出征、同四月少尉
同二十九年四月　　台湾守備歩兵第二連隊付
同三十年九月　　歩兵第五連隊付、同十月中尉
同三十四年五月　　大尉、第五中隊長

以上から台湾守備隊勤務以外は、五連隊所属であったことがわかる。五連隊で十二年あまり勤務している将兵はわずかだったはずで、神成大尉は改編前の五連隊を知る古参の将校であったといえる。神成大尉がかつて田代街道を行軍した可能性は高く、訓練計画の作成と演習中隊長を命じられた一因になったものと思われる。

山口少佐から田代一泊行軍の計画作成を命じられた神成大尉は、一刻も早く訓練計画を仕上げなければならないとおおわらわになっていたに違いない。不安なのは田代街道の積雪状況で、本当に雪中行軍ができるのかどうかということだった。

参加命令、怒号の対立

神成大尉は確かに訓練計画を作成しているのだが、それはあくまでも演習中隊に関するものだけで、今回の一泊行軍の全部が計画されているわけではない。

この一泊行軍の特性は、一般部隊である第五〜第八中隊の将兵を集成して演習中隊とし、練成を図ることを第一の目標としている。それに合わせて連隊の教育委員主座だった山口少佐が、見習士官と長期下士候補生も参加させて、その教育をしようとしたのが第二の目標であった。先の「佐藤書簡」にもこう記されている。

「軍隊教練上の一般の目的を以て教育をも兼ねるなり、故に第三年度の伍長悉《ことごとく》皆随行せり」

演習中隊を使って教育をするためには、演習中隊を統裁する機関がなければならない。それが山口少佐以下となる。本来ならば神成大尉以外の将校が、統裁計画を作成していなければならないのだが、実際にはおそらく山口少佐の頭の中に漠然とあったのだろう。

これらのことから編成は実質的に、山口少佐以下の統裁部と神成大尉を中隊長とした演習中隊の二つから成っていたのである。

ちなみに三十一連隊の福島大尉が実施しているのは見習士官と下士候補生に対する教育訓練だった。五連隊とは比較にならないほど参加人員が少ないので、その実行は容易である。

行軍計画は、神成大尉が作成した計画を基にし、それに統裁部や演習部隊の行動等から判明する計画的事項や解説を加味して以下に表わす。

一・想定

敵が八戸にいて、二大隊は田代街道を三本木に進出して陸羽街道を東進する旅団主力の進出を援護するというものである。これは単なる雪中行軍に実践意識を持たせるために設けている。どうして敵が八戸にいるのかなどの戦略・戦術的妥当性は、中隊レベルの行動では特に考慮する必要はない。

二・行軍目的

積雪時において田代街道から三本木に進出するため、その通過の難易と行李運搬法の研究であるとしている。それに見習士官と下士候補生の教育が加わる。

三・編成

山口少佐以下の統裁部と神成大尉以下の演習中隊から成り、その総員は二百十名である。

㈠統裁部（計十名）

統裁官　山口少佐

要員等　興津大尉（第六中隊長）、倉石大尉（第八中隊長）、永井源吾三等軍医（第三大隊）、田中稔見習士官（第七中隊）、今泉三太郎見習士官（第八中隊）、佐藤勝輝特務曹長（第五中隊）、小山田新特務曹長（第六中隊長）、長谷川貞三特務曹長（第七中隊）、今井米雄特務曹長（第八中隊）

(二)演習中隊（計二百名）
中隊長　神成大尉
中隊付　炊事掛軍曹一、三等看護長一
第一小隊　伊藤格明中尉（三十六歳）以下四十二名（第五中隊）
第二小隊　鈴木守登少尉（二十三歳）以下三十九名（第六中隊）
第三小隊　大橋義信中尉（二十七歳）以下三十九名（第七中隊）
第四小隊　水野忠宣中尉（二十四歳）以下四十二名（第八中隊）
特別小隊　中野辨次郎中尉（第八中隊）以下三十五名（長期下士候補生三十四名）

編成について補足すると、中隊を四個小隊にしたのは固有中隊の建制を保持するためであった。下士は五中隊と八中隊に各一名、兵卒は五中隊と八中隊が各四十名、六中隊と七中隊が各三十八名だった。第三年度長期下士は一大隊から十二名、三大隊から十名が参加している。

実質的な編成から、本訓練の責任者は山口少佐であるのがわかる。別な言い方だと総指揮官であったともいえる。演習中隊は神成大尉が指揮し、山口少佐は演習中隊を統裁して、特に見習士官に「小隊長」を体験させせようとしていたのである。

その統裁部について小原元伍長は、「部隊について歩きましたけれども別に任務はなかった」と話しており、見習士官を除く将校らには物見遊山的な気分があったようだ。

倉石大尉は当初参加する予定ではなかったので、その事情を知らない下士卒は訓練の参加人員を二〇九名と認識していた。

すでに表わしているとおり第七中隊長の原田大尉は、師団の被服委員会に出席するため不参加となる。

「原田大尉は行軍に加わるべき責任あるものなれど（略）本月二十六日の被服委員会に出席せしため遭難を免かれたるならんと云う」

逆に大隊が異なる永井三等軍医（二十五歳）は、自ら志願して参加していた。

「山口少佐の一行は中隊編成なれば別に軍医を随行せしむるの必要なしとて最初は之を加えざりしが、永井軍医は経験のため一行に加わりたしとて雪中行軍を志願せしものなりと云う」（一

月三十日、時事新報）

　師団司令部の前川二等軍医の談話にもこうある。

「永井軍医は昨年も雪中行軍に従事せられていたので今度は是非共従事して雪中患者の治療法運搬法を研究したいといっていかれたのである」（二月二日、巖手日報）

　永井軍医は、昨年新聞記事になった三大隊の行軍に参加していたのだった。

　それはそうと、当初の参加人員はもっと多かったのである。

　驚くべき新たな真実がまたもや「佐藤書簡」に記されていた。

「第二年度下士候補生をも随行の要旨を以て連隊長は之れを第二大隊長山口少佐に依托せり」

　つまり津川連隊長は第三年度長期下士だけでなく、一年下の第二年度長期下士候補生も編成に入れるよう山口少佐に指示していたのである。だが、編成に第二年度長期下士候補生は入っていない。その経緯を、佐藤中尉は次のように記している。

「山口少佐は下士教育委員主座なりしを以てなり、而《しか》して第二年度の下士候補生は秀雄之れが教官となり目下教育中なりき（略）軍隊に於《おい》て一度命令の下る処（略）死を知るも尚進まざる可《べか》らざるものなるに秀雄は如何《いか》にして此の命令を取消したるか」、（以下意訳）「そもそも秀雄といえども、この天災が起こることを見通す能力はありません。また雪中行軍が困難なので固辞したわけでもありません。ただ誠心誠意教官として、職務上このような教育順序からはずれた訓練を下士候補生に実施するのは極めて効果がないといった理由をもって、あえて法を恐れず規則を犯して大隊長に強く抗議をしたのです。それなのに山口少佐は命令によるものだとしてそのことにとらわれ、頑として承知しなかった。しかしながら自分は正当なる理由の許に、どうしようもなく山口少佐を言い負かしてしまったのである」

この文面から山口少佐と佐藤中尉との間で激しい言い争いがあったのがわかる。山口少佐は連隊長の命令だと突っぱねていたが、佐藤中尉の正当な反論に抗することができなくなってしまい、仕方なく不参加としたのだろう。理想に燃える若手将校は上官など怖いものなしの傾向がある。

結果として、佐藤中尉と第二年度下士候補生は訓練に不参加となり、遭難事故に巻き込まれずに済んだのである。佐藤中尉の教育に対する熱意が運を引き寄せたともいえる。もし訓練に参加していたら、ほとんどの者が命を落としていたに違いない。

先の原田大尉と永井軍医に続き、その運命的なものに不可思議さを感じてしまう。

四・行進順序

カンジキ部隊（一個小隊）、残余の小隊、特別小隊、（統裁部）、行李の順となる。カンジキ部隊は先頭で進路啓開（ラッセル）をするので、疲労が激しく、三十分ないし一時間で各小隊が順繰りに交代する。

五・宿営

宿営地は田代新湯、宿営法は村落露営（屋内、庭内、またはそれら付近に露営）で一泊になる。

演習中隊は田代新湯付近の露天に宿り、山口少佐以下の統裁部は田代新湯を宿とするようだった。宿営日数は一泊である。

亡くなった六中隊の及川良平一等卒が一泊だったことを書き残していた。虫の知らせだったのだろうか、出発前日に父親へ手紙を送っている。

「追伸、明日午前六時半屯営出発、当八甲田山の中腹に当る田代村と申す処に一泊行軍施行成す候《そうろう》。当地は本年は〇非常の降雪にて、明日行く山野は積雪一丈二三尺位にして余程困難に候。明晩は雪中露営と申して雪の中に寝るのに候。食物は道明寺を糒《ほしい》にして一回一合に候。毎日降雪の為め太陽を見ること無いで候。然《され》ども拙者《せっしゃ》は別に風気味もなく暮し居り候間、御悦び被下度《くだされたく》候（略）」（小笠原孤酒『八甲田連峰雪中行軍記録写真特集行動準備編』）

ただ、神成大尉の計画には想定上となる二泊三日の記述があり、「二日目以降は実施せず」

と記されていたものの混乱していた兵卒もいたようだ。やはり虫の知らせなのか、第七中隊の長内長幸一等卒が親戚にハガキを出している。文面の日付は、やはり出発前日の一月二十二日であった。

「謹啓　当中隊、明二十三日より向こう一週間、田代村に雪中山越えの行軍にて、明六時半屯営出発に御座候（略）」（『雪中行軍遭難秘録』）

青森と三本木間の往復に六日間を要するので一週間となっているようだが、五連隊が携行した食料や燃料等は一日分なので、三本木進出には無理があった。

この遭難事故研究の第一人者である小笠原孤酒は、五連隊の行軍計画を「二泊三日、三本木進出」としている。そして三本木以後は古間木《ふるまぎ》（現・三沢）駅から列車で帰営するとしていたのだった。これは神成大尉の想定上の行動を、実際に行なうものと判断したからなのだろう。

その三日目となる二十五日夜には、弘前に転任する松木東馬中尉の送別会が将校団で催される。そこで孤酒は『吹雪の惨劇』第一部で、次のようにした。

「われわれ行軍隊が訓練を終え、古間木から汽車で原隊に帰営するのは、二十五日の夜遅くの予定だから、君の送別会には、残念ながら間に合わんと思うが（略）」

神成大尉が松木中尉に話す場面を創作したのである。時刻表を見ると、古間木発午後六時四分の汽車がある。営所の最寄り駅となる浦町発が午後八時二十四分なので、その数分前には同駅に到着し、訓練部隊が筒井の営所に到着するのは午後九時頃となる。話の筋が通っているものの、橇や鍋釜を携えて乗車するのには無理がある。それに陸軍の慣例からすれば、将校の送別会があるのに、将校十名、見習や準士官を含めると十六名が参加できないような訓練日程を組むはずもない。

ここで行軍の出発日を二十三日と決定した津川連隊長の考え方を推察すると次のとおり。

① 三十一連隊が青森に到着するのは二十七日なので、それ以前に五連隊は八甲田に行軍を行なって帰隊しなければならない。

② 二十五日には転任将校の送別会があり、その後に行軍を実施した場合は三十一連隊の行軍に後れる可能性が大きい。

③ 送別会前に行軍を行なう場合は、二十四日までに帰隊するのが望ましい。

以上のことから、三十一連隊に一歩先んじるためには二十三日が出発の期限となる。

さて孤酒が五連隊の雪中行軍を二泊三日としたことであるが、二泊以上は師団長の決裁が必要であったこと、さらには携行した食料や燃料は一泊分しかなかったことなどからすると、読み誤ったというほかない。何よりも自ら編纂した先の著書に及川一等卒の手紙が掲載されており、それによって「二泊三日、三本木進出」が否定されていたのだった。

六・服装・携帯品

㈠ 略装で、普通外套《がいとう》、防寒外套、手套（手袋）、藁靴（ツマゴ）とし、上等兵以下は略衣《りゃくい》袴《こ》を着用。ただし、輸送員は背嚢《はいのう》を除き普通外套を肩にかけること。

㈡ 下士以下は飯盒、水筒、雑嚢《ざつのう》、携帯道明寺一日分を背嚢に容れること。ただし輸送員は雑嚢に容れること。

㈢ 一般午食携帯のこと（飯骨柳《はんこつりゅう》に容れる）。

㈣ 小食として丸餅二個携帯のこと（その他の四個は行李で運搬する）。

着用被服に関し、「顛末書」の付表となる「遭難者着用被服明細調査表」（以下「着用被服表」という）の備考に、「下士以下は一般に普通外套と防寒外套とを用い」とあることから、輸送員を除く下士卒は、普通と防寒の外套を着用していたようだ。

将校らは統制されておらずバラバラだった。普通と防寒の外套を着ていたのは倉石大尉、伊藤中尉、長谷川特務曹長、佐藤特務曹長の四名、普通外套と雨覆（マント）が神成大尉、大橋中尉の二名、防寒外套のみが山口少佐、中野中尉、水野中尉、鈴木少尉、田中見習士官、今泉見習士官、永井軍医、今井特務曹長、小山田特務曹長の九名、普通外套のみが興津大尉一名であった。なお倉石大尉は雨覆も着用している。ちなみに雨覆は毛の生地から成る。

この被服の着用状況から、結果として将校らで生還したのは普通外套と防寒外套を着用していた倉石大尉、伊藤中尉、長谷川特務曹長の三名である。このこと一つとっても、冬山では服装がいかに重要であるかを知らされる。

藁靴はツマゴで、靴下や足袋に直接履いていた。この点は三十一連隊と大きく異なっている。五連隊におけるツマゴの履き方は、保温上に問題があるので少し詳しく記す。

ツマゴは漢字で「爪子」と書き、草鞋《わらじ》の先や全体につける藁製の覆いのことをいった。当時使用されていたツマゴは足の甲の部分がスリッパのように覆われていて、かかとの部分は浅く「くるぶし」あたりが覆われないような形状になっている。また足に縛着《ばくちゃく》する二本の縄ひもが足先の覆いからのびている。その実物が『明治三十五年一月青森衛戍《えいじゅ》歩兵第五聯隊第二大隊雪中行軍遭難寫眞』（陸地測量部）に載っている。また、馬立場の記念像もツマゴを履いており参考になる。

藁靴を靴下などに直接履いていると、藁の編み目などに入った雪が体温により溶けてしみ出し、靴下や足袋が濡れてしまうのだが、五連隊は特に対策をとっていない。一泊行軍しか行なっていないので、一晩の我慢だというような思いがそうさせていたのだろう。

事故後、長谷川特務曹長が東奥日報の取材に、田代からの帰りに浸みた草鞋掛け（ツマゴ）を用いるのもどうかと考え、予備の草鞋掛けとして古い足袋一足を持っていったと語っている。つまり帰るときにツマゴは濡れていると予想されていたのである。当然履いている靴下や足袋も濡れてしまうだろう。冬山で足が濡れると、その冷たさは半端ではない。凍傷や低体温症の一因ともいえる。

「着用被服表」によると、倉石大尉は毛糸靴下、短靴、ゴム靴となっている。本訓練で短靴を履いていたのは倉石大尉ただ一人で、もちろんゴム靴もそうだった。このゴム靴は短靴の上に履いているので、現在のゴム長靴とは少し異なるようだ。弘前三十一連隊の雪中行軍調査研究報告書（『われ、八甲田より生還す』）に、「外国製黒色総ゴム製靴（Overshoe）」の試験はできなかった旨の記述がある。それからすると、倉石大尉が履いていたゴム靴は、おそらくオーバーシューズなのだろう。そして伊藤中尉は部隊配布のツマゴではなく、私物の厚い藁靴を履いていた。

上等兵以下が着用する略衣袴は小倉服といって木綿の布地からなる。他は絨衣袴《じゅういこ》だったので防寒上は毛の素材が断然良かったといえる。上等兵以下が小倉服となったのは、服装規則上、

銅像は後藤伍長を表わしている。その足はツマゴを履いていた。2024 年 4 月撮影

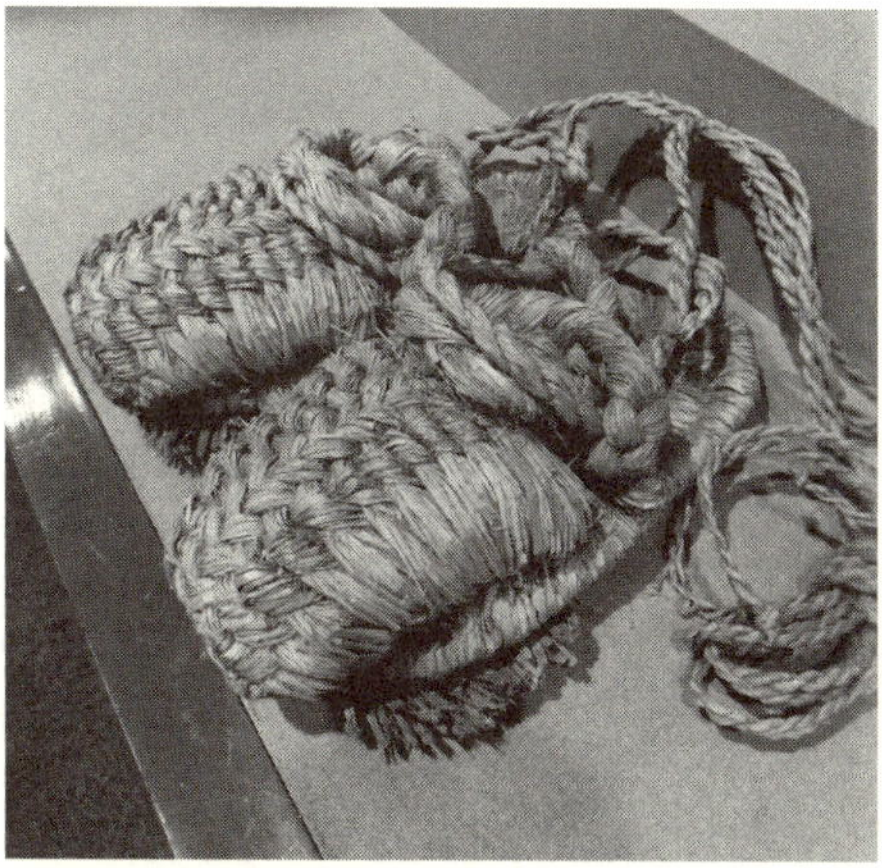

ツマゴは靴と異なり、足の全体が包まれていない

兵卒は通常の訓練で着用するよう示されていたからである。もっとも時期や状況により絨衣袴を着用させることができたので、神成大尉は雪中における防寒や発汗を考慮せずに服装を定めていたようだった。研究のために行なったとも考えられたが、研究事項に被服の項目がなかったので違うようだ。それに研究であるならば一部の者に実施すればいいだけで、全員に行なう必要もなかったのである。

下着は将校らが柔らかく軽い毛織物のフランネルで、下士官以下は支給品の木綿だった。将校は、服や軍刀などほとんどが自弁でそろえる必要があったので、それなりに質の良いものを選んだりしている。よって差別などというものではない。

木綿は汗を吸収すると肌にぴたりと張り付く。それに乾きにくいので体を長く冷やすことになり、冬山には不向きだった。毛の布地は起毛があるので肌に張り付かず、木綿に比して乾きやすい。

五十年あまりして、慰霊のために青森を訪れた後藤惣助元二等卒が当時の状況を話している。

「田代の温泉を通るというので兵士諸君は大いに喜び、通常の演習の時より薄着で二枚着るのをシャツ一枚減らし（略）当時の兵隊の服装はいまの〝タカジョウ〟にワラ靴を履き、防寒帽といったものはなくただ外とうのズキンだけであった」（昭和二十九年八月十七日、東奥日報）

タカジョウとは底の厚い鷹匠《たかじょう》足袋のことである。それでも防水性はないので濡れてしまうことになる。なかには村松伍長のように、油紙を利用して防水、新聞紙や唐辛子で防寒の処置をしていたらしい。

非常糧食の携帯道明寺は、蒸した米を乾燥したものである。

「もち米を粉にしたのあるんですね、あれを小さい袋に入れてそれを三個持ってたんですね。一個一食ですね」

と、小原元伍長が話していた。

その他に防寒毛布、教範《きょうはん》などを携行する者もいた。

七・行李編成

糧食や燃料などは橇十四台に積載して輸送し、その指揮は炊事掛とした。橇一台あたり四名の輸送員で曳行する。また予備として二台の橇を積んだ橇一台を二名の輸送員で曳行した。予備を除く輸送員の総員は五十六名となり、各小隊（特別小隊除く）から十四名が差し出されることになる。長谷川特務曹長の証言によると、荷物を積載した橇一台の重さは六〇キログらいとしている。

八・炊爨《すいさん》具

二〇〇名あまりの食事を作るために、釜、桶、笊《ざる》、柄杓《ひしゃく》、包丁等二十四種の道具を携行した。

九・その他工具と食料

掘開用の円匙《えんぴ》（スコップ）十本、十字鍬《くわ》（つるはし）五本、多用の藁縄三六〇メートル、採暖用の木炭一五七キロ、炊事用の薪《まき》二二五キロ、食料が精米一八九キロ、牛肉の缶詰一三一キロ、漬物二二キロ、嗜好品が清酒二十升となる。

薪は十本が五キロとすると四五〇本になる。採暖の木炭は六貫（二二・五キロ）俵であれば七俵になり、各小隊に一俵の配分となる。食料は一人あたり、だいたい米六合、缶詰六〇〇グラム、漬物一〇〇グラムであった。酒は一人あたり一合（一八〇ミリリットル）弱になる。増加食として餅が一人あたり六個配分されている。その量を約一キロとするとカロリーは約二四〇〇キロカロリーとなり、一般的にいわれている成人男性が一日に必要なカロリーを上回る。

食料は非常食を含めると三日分で、一泊行軍としは十分な量である。また燃料は一晩をしのぐのに適当な量であるといえる。

ただ雪掘りの円匙を分配すると小隊に二本しか渡らず、四十名あまりが入る雪壕を掘るにしては少なすぎる。大隊は円匙四十八本、十字鍬十六本を保有しているが、二大隊はそうし

雪中行軍における各部隊の特性

	五連隊	三十一連隊
目的	練成訓練 見習士官等教育	調査・研究
編成	第二大隊の集成 見習士官・下士候補生 計二一〇名	見習士官・下士候補生等 新聞記者一名 計三八名
期間	一泊二日	九泊十日
宿営法	露営（一部舎営）	舎営
食事	自隊調理	宿に依頼
道案内	なし	あり
ツマゴの履き方	靴下（足袋）に直接	革靴の上
準備期間	出発二日前	早期から準備
事前訓練	なし	あり
徴兵連隊区	岩手県、宮城県（一部）	青森県、岩手県（一部）

た大きな雪壕を掘ったことがないので、携行数も少なく見積もってしまったのではないかと思われる。

十・研究事項と担任

行李運搬が鈴木少尉、宿営が水野中尉、行進法の注意が大橋中尉、衛兵が田中見習士官、炊爨が伊藤中尉、携行すべき需用品が中野中尉、路上測図が今泉見習士官とされている。衛生上の研究として兵餉《へいしょう》（食事）、防寒法、凍傷予防法、疲労の景況、患者の処置があったものの、担任が記されていない。

ただ、永井軍医が衛生上の調査計画を作成していたその項目には、①気象、②行程および行進の難易、積雪の深浅及び性状、③携行品目およびその負担量、④疲労、飢餓、口渇の度、体重の増減等があった。

雪中行軍の計画等において、五連隊と三十一連隊の特性を表わすと前ページの表のとおりになる。見ると比較の項目に対する両部隊の内容がことごとく異なっているのがわかる。

ここで雪中行軍において重要な比較の項目をあえて言えば、事前訓練であり、次いで準備期間、食事、宿営法の順になる。

第四章

行軍部隊の饗応と彷徨

一月二十日　三十一連隊行軍開始

三十一連隊の教育隊

午前五時三十分、弘前市桔梗野《ききょうの》の営所を出発して、この日の宿泊地になる小国村に向かった。隊形は一列縦隊である。積雪一・一メートル。幹線道路はだいたい人馬や橇の跡で圧雪されて歩きやすくなっていた。

当日の天気は、「福島報告」に「朝寒気強く風吹き雪降り天候不穏なりしが暫時《ざんじ》にして風雪止み冱寒《ごかん》の度を減じたり」とある。また「午前六時零下三度、午後零時七度、午後六時零下一度、最下降点零下三度、最下降点場所黒倉山、微雪、西北方の和風」とも記録されている。下士候補生、間山仁助伍長の日記（以下「間山日記」という）には「気温朝〇三度、昼〇七度、夕〇一度にして西北の風弱晴天なり」と記されていた。

ちなみに、「和風」とは、木の葉をそよがすほどの強さをいった。「福島報告」で使用されている風の強さを表わすほかの言葉には、木の葉を動かす「軟風」、木の枝を動かす「疾風」、木の大枝を動かす「強風」、台風のときのような激しく強い「暴風」があった。

営所を出てから土手町～松森町～門外～館田と東に進み、南津軽郡大光寺村本町（現・平川市）の菊池家に到着したのは、午前八時十五分である。その距離は約一一キロで時速は四キロだった。陸軍における行軍速度の基準は時速四キロで、その一時間には休憩十分が含まれている。もし教育隊が普通に行軍していたとすると、この間は積雪の影響が特になかったようだ。

かつて大庄屋だった菊池家の庭が休憩場所である。その際、高畑慶金治少尉が集合写真を撮影している。将兵は二種帽をかぶり、ほとんどの者が白い手袋（軍手）をつけていた。写真の前列中央付近に福島大尉、つばが平らで幅広のハットをかぶる東海勇三郎記者が部隊右端に確認できる。また耳当てをしているのは、おそらく田原三十郎中尉であろう。写真右端の玄関には、菊池家の人々と思われる子どもを抱いた男性や子どもの手を引く女性らが写っていた。

写真の裏に、

「第一号図は雪中行軍隊一月二十日即ち出発の当日南津軽郡大光寺村大字本町菊池健雄庭内にて休憩の際高畑歩兵少尉之を撮影す他の写真図も亦同少尉の撮影に係る」

と印刷されている。この訓練で福島大尉は写真撮影にこだわっていた。それは師団長が天皇陛下に師団の状況を上奏する際に、自らが実施した雪中行軍の写真を添えてもらおうとしていたからだ。それが福島大尉のいう「天皇陛下に上奏」であった。

ついでながら、南部氏が大光寺に郡代を置いて津軽を治めていたとき、その居城を攻め落としたのが大浦（津軽）為信である。

八時五十分菊池家を出発、高畑～沖館を経て九時五十分に竹館村役場で二十分休憩する。間山日記には「間食を喫す」とあった。『われ、八甲田より生還す』にある「献立表」では握飯としていることから、部隊から携行したもののようだった。ただ役場で休憩しているのであれば、当然茶や菓子などがふるまわれていただろう。献立に関して、「酒其他《そのた》好意的寄贈品は表外とせり」としていたので、所々でどのようなもてなしを受けたかは記録されていない。だが間山日記や東海記者の記事から、いろいろと饗応を受けていたのがわかる。

十時四十分に唐竹村の相馬家に到着、ここで昼食になる。営所からの距離は約一六キロであった。献立表に、「牛缶（小）半分、沢庵」とあり、携行食が主になっていたようだ。

十一時三十分、行進を再開する。唐竹村を過ぎると雪が深くなる。これまでの経路は人馬の往来があったために圧雪されていて比較的容易に歩くことができたが、以後はほとんど人馬の往来がない山道で、積雪は二、三メートルほどあった。カンジキをつけた先頭の二名は深い雪をラッセルして進む。列の後になるほど圧雪され、歩きやすくなる。ラッセルは体力を消耗するので、短時間で後方の下士卒と交代になるのだった。

31連隊は、かつて庄屋だった大光寺村の菊池家において記念撮影した（第1号図）

黒倉山（現・矢捨山）の南側になる山道を登っていると、途中に〇・五～一メートルほどの雪の塊《かたまり》がまとまっていくつもあったりする。上方から崩れ落ちていたのだ。あたりは雪崩発生の可能性が高い地点であった。この難路で、将兵が斜面を登る様子を撮影している。

「第二号図は一月二十日雪中行軍隊黒倉山通過の際難路の状況を撮影せるものなり此の如き難路は十和田山八甲田山等積雪の為めに処々に在りしが大風雪に妨げられ再び其状況を撮影するの時機を得ず」

と、写真の裏に記されていた。

急な斜面の上には耳当てをした将校が登坂状況を見ており、上にいる者が下にいる者を引き上げようと小銃を差し出している様子などが写っている。兵が背負う背嚢の片側または両側にツマゴが縛着されていた。

午後三時二十分、小国村到着。民家に分宿（舎営）となる。営所から三〇キロ弱の行軍で、休憩は五回行なっていた。

小国村について、間山日記にこう記されている。

「四方山を以て包まれたる渓間の一小村にて戸数二十三、四軒なれども村長種々尽力して少しも不便を感ぜざらしめたり」

黒倉山付近の斜面を登る将兵は皆、普通外套という軽装備だった（第2号図）

間山日記にあった村長は、相馬清次郎といって竹館村の村長である。同村は沖館村、唐竹村、新館村、小国村、切明《きりあけ》村などから成っていた。相馬村長は教育隊の宿泊が円滑にできるように準備していて、この日は小国村に宿泊している。夕食は、「鮫、みそ汁、たくわん」である。津軽の郷土料理に、鮫の頭の身をほぐし、大根おろしと酢味噌で和えた「鮫のすくめ」がある。また鮫の身を醤油につけて焼いたものもあった。津軽では正月に欠かせない一品である。小国村はそれを出してもてなしたようだ。

同村長の心配りは軍の社会的地位もあるが、先の東奥日報にあったとおり福島大尉が手紙で各市町村役場に休憩、宿泊、食事、道案内等の協力依頼をしていたからである。

陸軍は絶対ではないが、演習後に民家に宿泊（舎営）する慣習があった。役場から割り当てられた各家は兵士らを歓待しなければならない。タバコや酒などのし好品、普段自分らが食べられないような食事をふるまうなどした。

『油川町の歴史』（木村慎一著）には、こんなことが記されている。

「明治時代には陸軍の軍隊が演習の途中たびたび宿泊しました。（略）お国を守るために家族を離れてがんばっている兵隊や将校を、普通の家庭に泊めてゆっくり休養させるというねらいもあったのでしょう。それにしても、当時戸数五百ぐらいの油川の町に千人もの将兵たちが、一晩泊まったのですから、食料や布団を揃えるにはさぞかし大変だったろうと想像されます」

また西田源蔵著『油川町誌』には舎営の記録があった。

〈明治三十三年（略）二月二十七日　五連隊雪中行軍にて当村に一泊せり。三大隊長宮原正人外二百十人、宿泊料将校一泊六銭、下士卒五銭〉

〈明治三十四年（略）二月二十日　歩兵第三十一連隊第四中隊、雪中行軍の為め当村に一泊す。将校以下二百二十四人、本部は三上輿祿宅なり〉

舎営は旅店（旅館）に宿泊することもあるが、たいてい民家に頼っていた。

当時、平内町で教員をしていた新岡勝太郎氏が日記をつけており、それを見ると当時の事情がだいたい理解できる。明治三十三年二月二十二日に、新岡氏は所用で青森市に出かけている。「浦町着否や大和田行、三十一連隊行軍にて旅店、客充満せり、米町、津幡宗三郎へ投ず一宿」（鬼柳惠照編『新岡日記』）

浦町は青森市の中心部から南に少し離れた所で鉄道の停車場があり、米町は青森市の中心街であった。おそらく宿泊料金は浦町のほうが安かったと思われる。

翌日の日記には、「宿料六十銭　酒二本二十四銭　〆八十四銭」と記されている。先にあった民家に舎営したときの宿泊料は、将校が六銭で、下士卒が五銭であった。軍隊が旅館に泊まる際の宿泊料は一般より安くなるものと予想できるが、五銭、六銭というような水準でないことは確かだろう。『新岡日記』などから当時はタバコ「ヒーロー」が三銭五厘、真鱈一尾二十五銭、米一升十二銭であったのがわかる。宿泊料五、六銭では舎営の賄いなどできるはずもない。

将兵に敬意をもって感謝しなさいというような教えにより、宿舎とされて心から歓待する人もいただろう。だが周りに合わせて無理をする人もいたようで、借金までして体裁を取り繕ったりしていたのである。軍隊が庶民に負担を強いて経費を節減していたとしたら、本当に罪作りなことだった。

三十一連隊の教育隊が実施しようとしている訓練は、役場を介して食事と宿泊のすべてを村民らに頼っているので、自分らで食料や鍋、釜、燃料、寝具などを携行する必要がなかった。つまり心身の負担が少ない軽装での雪中行軍が可能になる。その日の宿営場所に着いたら、風呂に入って体を温め、温かい食事をいただき、衣服を乾かし、明日に備えて睡眠をとることができるのだった。おおよそ本来の野外訓練から逸脱していたといえる。

五連二大隊

前日は日曜日だったので、下士卒は外出して外の空気を吸っていたかもしれない。おそらく二十三日に田代に一泊行軍があるということは皆が知っていただろう。だが訓練参加人員や細部計画が示されていないので、個人の準備も始まっていない。そうしたなか三十一連隊の動向を気にしつつ、神成大尉は一刻も早く計画を完成させようと懸命になっていたに違いない。

一月二十一日　五連隊行軍準備開始

三十一連隊の教育隊

朝食に鮫、餅、塩鮭、たくわんを喫している。津軽ではまさに正月の食事といってもおかしくない献立だった。

「午前八時村長自身先導となり切明を指して進発せり」(間山日記)

当初の予定では幹線道路沿いの井戸沢村であったが、切明村のほうがなにかと便利で温泉もあると、村人が勧めたことにより変更されていた。ただどちらにしても、小国からは約八キロの場所になる。

「曇天微雪にして風強からず（略）積雪の量は前日に比して一層深く道路を認め得ず」「午前六時零下三度、午後零時零下一度、午後六時零下二度、最下降点零下四度、最下降点場所琵琶台、微雪、西方の軟風」（福島報告）

冬の天気としては比較的穏やかだったといえる。

小国からすぐに琵琶《びわ》台への登りとなり、将兵らの息が上がる。積雪は二・四メートルほどあり、部隊が進む山道は人の往来がなく、圧雪されていないのでその前進を遅滞させた。

琵琶台の山頂に着いたのは午前九時十五分で、眼下に四方を山に囲まれた谷あいの小村が見える。家数十数軒からなる葛川《くずかわ》村だった。主に薪や炭で生計を立てていた。慶応四（一八六八）年の戊辰《ぼしん》戦争のとき、盛岡（南部）藩が十二所（現・秋田県大館市）に侵攻すると、住民らの一部が山を越えて切明や葛川に避難したという歴史があった。

一行は琵琶台の尾根を歩いた。風がまともにあたる尾根は積雪が少なく、脛《すね》が埋まることはなかったようだ。

二月四日の東奥日報に掲載された東海記者の記事にこうある。

「比和《びわ》台に上ぼる。寒林鳥影だもなし。風少なき所の枝には雪は玉を綴るが如く連なりて頗《すこぶ》る美観なり（略）顧みれば四、五人の上り来たるを見る（略）近づくを見れば竹舘《ママ》村長▲相馬清次郎氏なり氏は人夫四名引連れ夜具や酒樽を負わせて来たりしなと」

そして村長自ら先導となって進んだとしていた。間山日記では、朝の出発時から村長が先導になっており異なっている。

琵琶台を下ると琵琶ノ平になる。先の記事の続きにこう記されていた。

「相馬氏の先導の為め一行の進行も頗《すこぶ》る難を減じたり遂に道は平坦なる所に出づ此処に於て一行の▲写真を撮れり蓋《けだ》し相馬氏の厚意を謝せんが為めなり記念写真の第三回なり」

間山日記には、「九時五十分比和平にて写真を撮影せり」と記されていた。写真裏に印刷された文は次のとおり。

「第三号図は一月二十一日雪中行軍隊小国を発し琵琶台通過の状況なり嚮導《きょうどう》として先頭第一に在るは樵夫《きこり》第二に在るは南津軽郡竹舘村々長相馬清次郎なり此付近は山巓《さんてん》にして風の為めに積雪少なく行路脛を没せず山巓にあらざる部は一丈以上の積雪なりしなり」

部隊は一列縦隊で行進している。将兵の足を見ると、膝から下の所々に雪がついている程度で積雪の少なさを裏付けていた。

足元は脚絆に短靴（軍靴）で、ツマゴは背嚢に縛着されていた。『われ、八甲田より生還す』の「調査研究報告」では、二日目以降ツマゴを用いたとしていたが、第三号図（写真）からすると、福島報告に記された「第三日目より終まで藁靴を穿用せり」が正しいようだ。軍靴の底面は平らなので雪道では滑り、歩行に難儀する。それでも二日間は軍靴で通していたのだった。

撮影を終えて午前十時出発、左手に葛川を見ながら東方向の切明を目指した。沢を数百メートル進む。一歩一歩が脛まで埋まり、歩行に苦労しつつ深い谷の湯坂に入る。積雪は約三メートルで、その先には断崖もあった。〇・四キロほど進むと急斜面になり、一行は滑って下った。福島報告にこうある。

（意訳）「湯坂難路の降下は実に壮快であった。しかしながら、坂道を急速に滑走すれば断崖に落ち、あるいはそうならなくても足を骨折する恐れがあるので、勢いに任せて降下するのは慎まないといけない。長い下り坂は特に注意を要する」

急斜面から〇・六キロほど進むと切明村になる。到着は午前十一時五十分で、それまでの休憩は五回だった。

昼食は塩鮭にたくわんである。昼食以降は宿舎で何をしていたのだろうか。おそらく濡れた被服や靴の乾燥と付与された研究・調査事項のまとめを行なっていたものと思われる。夕食は鮫、豆腐のみそ汁、たくわんと記されていた。

宿泊について東海記者は次のように記している。

琵琶台を一列縦隊で進む31連隊。先頭は樵、次いで竹館村村長(第3号図)

「切明村に宿る。村長相馬氏の尽力にて宿舎優待せり。この地に温泉あり。夜は一行喜憂の談湧くが如ありき而《しか》して衆皆福島大尉の元気旺盛にして峻坂《しゅんぱん》と雖《いえど》も苟《いやし》くも躊躇《ちゅうちょ》せざる健脚に感服せり（二十一日切明村に於て）」

相馬村長は随行する村人に酒樽を携行させていた。そのことからすると、一行は温泉に入った後に、宴会のような饗応を受けていたようだ。歓迎の酒宴によって睡眠不足になることもあったらしい。

ただ『われ、八甲田より生還す』の「調査研究報告」には、同一宿営地であっても、家ごとに食事が違うことが記されている。そうであるならば、毎食記録されていた献立は福島大尉が喫していた食事であり、もしかすると福島大尉以下の将校らが宿泊した家だけ特別だった可能性もある。

この日の間山日記は、「午前十一時五十分切明に着す。成田巳之助方へ舎営す」で終わっている。翌日には「酒肴甚だし夫《そ》の為めその日の労働忘れたり」と記していることからすると、この日、間山伍長らに酒のもてなしはなかったようだ。

一行の雪中行軍は期間が長く、山岳を歩いているのでつらいかもしれない。だがその日の夜には民家で暖まり、風呂に浸かり、食事がとれるのだから張り合いがある。もしかすると思いがけないご馳走にありつけるかもしれないのだ。たった半日頑張れば、我慢すればいいだけである。もしこれが雪中に露営しての十日間となったら、その厳しさは計り知れない。

五連二大隊

神成大尉の田代一泊行軍計画がようやくできあがったようで、それに基づき大隊の命令下達が行なわれている。

「大隊長は二十一日行軍に関し左の命令を与えたり
明後二十三日より大隊古兵を以て田代に向い一泊行軍を行う
依って諸事左の通り心得るべし
一　行軍参列者を左の如く定む（略）
二　部隊の編成は（略）
三　二十三日午前六時第五中隊舎前に整列すべし。服装並びに携帯品は（略）」

命令下達が午前、午後のいずれに実施されたのかはわからない。ただ訓練としてはあり得ないほどの慌ただしさで、計画性に欠ける突発的なものであった。訓練参加者の証言からも、その混乱ぶりが窺えた。下士候補生の村松元伍長は、

「行軍前々日頃から参加を命ぜられ各人の準備も不十分で藁靴等は前日の隊装検査終了後初めて交付された」

としている。また同じ下士候補生だった小原元伍長は、

「自分で餅菓子なんか買っているはずの話もあったけんども、兵隊はまあそんな準備する時間もなかった」

と話していた。

平時における演習（訓練）に際し、指揮官は自らの部隊に努めて準備の余裕を与えるよう計画するものである。ただし、直属の上司から命じられた場合はそうもいかない。

出発の前々日に訓練参加者を示し、その翌日の隊装検査終了後に藁靴を交付するなど、慌ただしすぎる訓練を、山口少佐が独自に命じるはずもないのである。

これは一月二十三日出発ありきで部隊が動いていた証左となる。そしてこの無理を大隊長に命じることができたのは、津川連隊長ただ一人だったのである。

陸軍省に対する最初の事故報告となる「大臣報告」では、大隊命令下達後に連隊長が一泊行軍計画を決裁したとしている。

「右大隊長の判断計画幷《ならび》に諸注意は連隊長に於て適当なるものと認め凡《すべ》て之を認可せり」

だが連隊長が事前に行軍を命じるなり決裁するなりしていなければ、行軍の準備、特に糧食・燃料の受領、大隊の命令下達などできるはずもない。

その疑念を払うかのように、その後の報告となる「顛末書」では、連隊長の承認後に大隊の命令下達が行なわれたように改ざんされているのだった。

一月二十二日　出発前日の偵察と宴会

三十一連隊の教育隊

午前六時三十分に切明村を出発する。目標は十和田湖の西側に位置する十和田村銀山である。当時、十和田湖の境界は確定しておらず、湖畔の東側が青森県で西側が秋田県に属していた。秋田県側にあった十和田村銀山は切明から南東に直線距離で約一〇キロ、山を四つ越えての行軍になる。その経路は切明～摺毛沢《すりけざわ》～赤倉山（八六八メートル、現・御判如森《おはんじゃもり》）～温川沢《ぬるかわ》～岩嶽森（八八〇メートル、現・岩岳）～銀山となる。経路上には一軒の人家もない。

この日は昨日までとは打って変わり、朝から吹雪いていた。

「終日風雪止まず積雪の量は滋《ますます》深く寒気も亦《また》前日の比に非《あら》ず」「午前六時零下四度、午後零

時零下二度、午後六時零下三度、最下降点零下七度、最下降点場所十和田山、微雪、北方の強風」（福島報告）

風雪が顔面を打ち、その冷たさで顔が痛くなる。間山伍長は、「風雪面を打つこと弾丸の如きを屁とも思わず」と記していた。

隊の先導は、下士候補生の進藤貞吉伍長だった。南津軽郡尾崎村出身の進藤伍長は、明治三十二年十二月入隊の二十二歳である。尾崎村は初日に昼食をとった唐竹村から北に三キロほどの所にあった。そのため進藤伍長には十和田湖までの土地勘があったものと思われる。また当人の軍隊手帳に記載されていた履歴から、進藤伍長が七月の予備訓練に参加していたことがわかる。もしかすると、そのときも進藤伍長は先導をしていたのかもしれない。

ただ当初の計画における経路は、小国～井戸沢～銀山と幹線道路を進む予定であったが、前々日に地元民らの勧めによって山間部を進む経路に変更されている。前年夏の訓練では歩いていない経路であったと考えられるので、進藤伍長が本当に先導したかについては疑問が残る。小笠原孤酒の『吹雪の惨劇』によると、ほかに嚮導二名、途中から猟師三名の計五名が案内にあたったとしていた。

先の「福島報告」に、「嚮導は山地の雪中行軍に在りて欹《かく》べからざるものなり」とあり、今

摺毛沢付近の斜面で撮影された集合写真。雪に膝上まで埋まっている（第４号図）

回の演習では山道を熟知する隊員をもって山中の羅針盤とし、必要に応じ現地の住民を雇って案内及びラッセルを行なわせたと記していた。だが様々な資料や手記等から考察すると、多くの行程は現地の嚮導に全く頼っており、隊員の熟知度が疑わしくなってしまう。

八時五分、隊は摺毛沢において写真撮影をしている。

「第四号図は一月二十二日雪中行軍隊十和田山中の渓谷を降下するの状況なり然れども急斜面の部にあらず急斜面を一瀉千里《いっしゃせんり》の勢を以て箕踞《ききょ》して奔下《ほんか》するの状況は撮影すること能わず」

撮影地点に関し、間山日記では「赤倉山断崖」としており、写真の裏書には「十和田山中の渓谷」と記されていた。だが、切明からの所要時間と地形から考察すると「摺毛沢」に落ち着く。積雪は四・八メートル。

ちなみに十和田山（一〇五四メートル）は十和田湖の東側にあり、青森県上北郡法奥沢村の区域内になっている。三十一連隊の計画では通らない場所である。よって先の「十和田山中」とは、十和田銀山地域における山中ということになる。ただ将兵は岩嶽森を十和田山と認識していたようだった。

撮影を終えて八時二十分出発、十時赤倉山を下った沢のあたりで休憩となり間食として握飯を食べている。積雪五・三メートル。

十時二十分に前進を再開して、その沢を上るとまたすぐに下りになる。

「傾斜危嶮《きけん》約一分の二に近き斜面は臀部《でんぶ》を雪上に置き箕踞《ききょ》して以て静粛に奔下《ほんか》せり今回の行軍中多くの丘谿《きゅうけい》を跋渉《ばっしょう》せしは本日を以て最もとなす」（福島報告）

傾斜一分の二は約六十三度になる。立ったまま降下するのは危険なので、座って両足を前に出した姿勢で下った。

「午前十一時二十分大塗山を降るとき積雪四米突《メートル》以上なるを以て」、（以下意訳）「全員が雪中を泳ぐようにして山を下りた」（間山日記）

山を下りて二〇〇メートルほど進むと山小屋があった。おそらくそこは岩嶽森西側の温川沢だろう。

十一時四十分、隊は二つに分かれ、交代してその小屋で昼食をとった。献立に「塩鮭、梅干し」とあることから握飯なのだろう。

午後零時三十五分、隊は昼食休憩を終えて岩嶽森に向かう。図上直線で約一・六キロ登ると山頂だった。福島報告に、「温川より十和田に到る間に一の難所あり即ち岩嶽森」とし、山頂に積もる氷雪は西北の風でその西北部は緩傾斜をなし、その東南部は五〇メートルを超える雪庇が絶壁のようになっていたとしている。続いて次のような教訓が記されていた。

（意訳）「夜間あるいはその吹き溜まりに気づかずに緩斜面方向から進む者は、必ず断崖に墜落して命を失う。ゆえに極めて慎重に積雪の状況を考え、その最も低き所を飛び越えなければいけない。思うに、この吹き溜まりは、ただ十和田山脈の一部にとどまらず、いずれの地においても、多くの山背に生じるものなので注意すべき一事である」

隊は危険な箇所を避けて深い雪を泳ぐようにして登った。

午後二時三十分、頂上に到着する。温度は零下七度。福島大尉以下全員が安堵と達成感で喜んだ。泉舘手記にこうある。

「隊列を整え、服装を正し、威容を改め南面にして遥かに『天皇陛下の萬歳』を三唱した」

続いて「第三十一連隊万歳」と唱える。吹雪く山中に歓声がわずかに響いた。

長居できず、隊はまた雪中を泳ぐようにして山を下りる。山腹に至ったとき、一行の発する声に驚いたのか、一羽のウサギが山頂から駆け下りた。すかさず猟師の一人が射撃し、一発でウサギを仕留める。その携行はラッパ手とされた。

午後三時四十分、十和田銀山に到着する。

東海記者の記事にこうある。

「昨夜十和田村に於ける宿舎は五ヶ所に分ち本部は工藤祐紀に設けらる同村は鉱山のある所戸

数二十五戸人口百三十名あり昨日軍隊の十和田山を下るを見るや鉱山事務所員は工夫《こうふ》に命じて通路を造らしめ優待頗る力む此の地の人々は本年は▲稀有の積雪なりとて十和田山の吹雪溜の甚しきを憂慮し居れり聞く五、六年前大雪の際其吹溜り雪落ち来りて七戸を潰し窒息者七名ありしと」(二月二十九日、東奥日報)

銀山は十和田湖の周辺集落では一番栄えていたようだった。夕食の献立は鶏肉とたくわんと記されていたが、実際には豪勢な料理と酒がふるまわれている。

「銀山事務所に舎営して其の夜事務所にて酒肴甚だし夫《そ》の為めその日の労働忘れたり」(間山日記)

酒宴は夜遅くまで続いた。

五連二大隊

一方、五連隊は、田代街道の積雪状況等確認のために、将校一名と数名の兵卒が田茂木野方面に派遣されていた。天気は朝方が晴れで十時以降が薄曇り、気温は朝が零下六度で昼過ぎが零下四度と真冬日だった。降水量が〇・九ミリであったことから降雪は少ない。

先の偵察目標は小峠あるいは火打山までであったらしいが、田茂木野でやめている。五連隊

副官の和田以時《もちとき》大尉は遭難事故後の取材に、

「先ず積雪の模様行路の難易を実験せんため（略）田茂木野付近まで進行せしに雪の深さ三尺乃至四尺位にして（略）」（二月三日、報知新聞）

と話している。そして田茂木野村から得られた情報を、「田代に住民一家族あり時々猟夫《りようふ》若しくは樵夫《きこり》のみ彼地《かのち》に往来すと」（大臣報告）とした。このことから、五連隊がいかに田代の地理に暗かったかがわかる。

第五中隊の隊舎周辺では下士卒が慌ただしく準備を進めていた。炊爨の用具、工事の道具、食料、燃料等を受領し、橇《そり》に積載・縛着する。個人の準備は作業の合間や夜などに行なわれた。「大臣報告」によると、午後から山口少佐が中隊長を集めて演習に関する注意を与えている。（意訳）「今回の行軍は、地形に比して里程やや遠きの感があるけれども、天候の妨げがなければ目的地に到着できるものと信じる。しかしながら万が一、露営をしなければならない状況に至ることもないとは明言できない。このため将校以下十分防寒に注意して用意周密にすることが必要である。特に藁靴の製作および履き方に注意し、途中で破損しないようにすべきである。また各自になるべく懐炉を携帯できるよう手段を講じてもらいたい」

指揮官らが出発前日に注意の徹底や補備事項等を示すのは通常のことである。ただこの大隊長の注意には疑念がある。

おそらく山口少佐は田代に行ったことはないし、地理的認識はほとんどなかっただろう。そうしたなかで、天候が良ければ目的地に到着できるとし、状況によっては途中で露営をしなければならないこともあるとしている。これは目的地に到着できない旨が強調されているようでもある。つまり後付けである。

また藁靴の製作などあるはずもない。村松伍長の証言にあったように、この日に藁靴が交付されていたからである。やることは足に合わせて装着を調整するぐらいであった。さらに懐炉は事故後の「着用被服調査票」（携帯私物も含む）を見る限り誰一人持っていなかったし、事故現場における捜索では一つも回収されていない。後年、懐炉について問われた小原元伍長は、「ありません、全然ないです」と答えている。つまり懐炉は本演習に存在しなかったのである。

一番の疑問は「顚末書」で、「此注意は生存者の言に依る」としていることだった。この注意が最初に現われたのは、一月三十日付で陸軍大臣の幕僚を介して進達された「大臣報告」である。そのとき救出されていたのは後藤伍長ただ一人であった。普通に考えて中隊長に対して行なわれた大隊長の発言内容を、後藤伍長が証言できるはずもない。そうなると五連隊による捏造以外の何ものでもないといえる。

続いて「衛生上の注意」が永井軍医から次のとおり示されている。

「一、雪中行軍休止時間の長きは凍傷発生上頗る危倹《ママ》なるを以て一回約三分時を越えざること
二、休止の間は各兵手指を摩擦し絶えず足踏を為し居るべきこと
三、各兵全身を可成《なるべく》温包し殊に放尿済袴のボタンを掛ることを忘るべからず否《しか》らざれば陰部の凍傷を起すの恐れあり
四、空腹は凍傷を来すの大原因に付食事残りの飯は投棄せざること
五、酒を飲むときは凍傷に罹り易きに由り飲酒家も必ず酒を慎むべきこと
六、雪中行軍露営時には成るべく睡眠せざるよう注意すべきこと
七、手指鼻耳趾其他全身諸部の寒冷凍結する際は雪片次に布片にて摩擦し其部赤色を呈するに至るに非ざれば火気に温め又は温湯に入るべからず
八、湿潤は凍傷を起し易きを以て手袋靴足袋等は防湿に注意し湿るものは可成早く干燥《ママ》すべきこと」

だが軍医の注意は、二十三日の出発直前に実施されたとする新聞があり、慣例的なことからすると、その信憑性は高いといえる。だとすれば、二十二日に行なわれたとする永井軍医の注

意はあるはずもない。

そもそも下士卒に伝達すべき衛生上の注意が中隊長に示されること自体が不自然で、各中隊長は軍医から聞いたことを自らの中隊の下士卒に伝達しなければならない。つまり二度手間になる。訓練部隊が全員そろったところで、軍医が衛生上の注意を示せば一回で済むことなのである。

この日の夕、将校団は雪中行軍の激励会を催している。そこで山口少佐は肝臓を患っていた第八中隊長の倉石大尉に訓練参加するよう説得し、それで倉石大尉は急遽訓練に加わることになったらしい。どうして山口少佐は、健康状態が良くない倉石大尉を無理に参加させようとしたのだろうか。

物見遊山なら無理して参加させる必要はない。だとすると、山口少佐は倉石大尉を神成大尉の交代要員として参加させたものと考えられる。すでに示しているとおり、興津大尉は高齢で山口少佐の一期先輩だから中隊長にはできない。

それにしてもたかだか一泊の演習に指揮官の交代要員を無理して準備したとなれば、よほどの事情があったものといえる。神成大尉と倉石大尉の身上を確認すると、族籍と陸軍士官学校という言葉が浮かびあがる。明治維新後に身分差別解消のため、戸籍簿に皇族・華族・士族・

平民の族称が記載された。しかし、それに伴う差別意識は長く残ってしまう。神成大尉は平民で下士官上がり、倉石大尉は士族で士官学校を卒業している。山口少佐も士族で士官学校の出であった。

これは推測であるが、山口少佐は神成大尉の身上から能力面で見下していたのではないか。また普段の指揮統率に物足りなさを感じていたのではないか。そうでなければ、無理して体調が万全でない倉石大尉を参加させようとしたことへの説明がつかない。雪中行軍に関しては、五連隊勤務が長い神成大尉が他の中隊長に比して適任であったと思われるのだが、山口少佐からするとそうではなかったようだ。

下士卒があたふたと準備をしていた頃に、将校らはのんきに夜遅くまで酒を飲んでいた。なかには場所を変えて飲みなおしていたりもしている。

「五連隊に士官学校同期卒業生は一大隊の吉田副官、故中野中尉外五名なりというが雪中行軍の前夜七名会して酒を飲みたりと（略）」（二月十一日、東奥日報）

そして飲み合った同期の中には、あの佐藤中尉もいた。

準士官の長谷川特務曹長は、事故後の新聞取材に次のとおり答えている。

「行軍の前夜は友人と酒盃を傾け余程夜更けまで快飲して居ったが、翌朝の六時までに兵営に集まらねばならないので、此の工合では遅刻はせぬかと懸念して居った。処が案外にも五時頃に起きて出掛けて行った。ナニ此の時の考では田代と云ふては僅かに五里ばかり、湯に入るに行く積りでタッタ手拭一本を所持したばかりであった。（略）実に肌衣なども極く下等の平常着一枚を着った丈である。今から考えてみればホンネルの肌衣とか其他二枚位も着けて行けば宜ったが、当時は其の考えもなく実は其んな必要を感じなかった」（二月二十一日、東奥日報）

冗談のような話であるが、そこに問題の本質があるのは間違いない。連隊長以下将校の多くは、この一泊行軍をこれまでの訓練と同じようなものと楽観していた。何も知らない下士卒も上司らの言動につられていた。大勢は後藤元二等卒が証言していたとおりで、「田代の温泉を通るというので兵士諸君は大いに喜び、通常の演習の時より薄着で二枚着るのをシャツ一枚減らし」というような状況だったのである。

一月二十三日　五連隊行軍開始

明治三十五年一月の『気象要覧』から当時の気象を抜粋すると次のようになる。

（意訳）「二十一日に一個の低気圧が琉球南部より本州の南海岸に沿って北東に走り全国の天

候も一変した。二十三日、その低気圧は極北東海に入り高気圧部は追及して天候回復し寒風旺盛となり、日本海沿岸は雨雪ほとんど途切れなかった。気温は二十二日になると北部は著しく低下し、寒波は次第に広範囲に広がり二十四日全国低温となり、二十五日には北海道中部は一五度以上の低下を示し、一月の最低気温となった」

要するに、北日本は二十二日から二十五日にかけて大寒波に覆われ、日本海側は大雪になっていたのである。

三十一連隊の教育隊

午前七時、十和田村銀山を発して宇樽部に向かった。東海記者の記事によると、出発時刻は「六時三十分」、間山日記では「八時」となっていた。昨夜の酒宴が影響したとすると、「八時出発」が当てはまるようだ。

この日の天気は、「風強く降雪多く寒威も亦《また》強し」「午前六時零下六度、午後零時零下三度、午後六時零下七度、最下降点零下八度、最下降点場所小倉山、大雪、西北方の疾風」(福島報告)であった。

経路はおおむね湖畔沿いで、四キロ先の鉛山~猿ヶ鼻(五キロ)~抱返り(六キロ)~休屋

（一二キロ）と進み、宇樽部までの距離は約一七キロとなる。湖畔は随所崖になっている。積雪は二・五メートル以上あった。人跡のない経路の所々には、いばらなど棘のある低木や密林があり、隊はその間を縫うように進んだ。難所は猿ヶ鼻、抱返り、屏風坂など湖に突き出た岩壁や急斜面である。

その状況が泉舘手記にある。

「湖面は荒れて丈余の白浪《しらなみ》湖岸の畳々《じょうじょう》せる岩石を洗う。其のしぶきは樹木に凍りて氷木の林を成し、壮観筆紙に絶す」

また間山日記では、

「中途最も困難なるは十和田一里位の猿ヶ鼻抱返りと云う処にして懸崖将に斃れんとする処に樹木横生倒生すたるに雪は是れを掩蔽《えんぺい》すたるものなれば一歩誤れば十和田湖上に転落するものなりと然れども一行は猿猴《えんこう》の如く巧みに乗り越え」

としている。さらに東海記者の記事（一月二十九日、東奥日報）にはこうある。

「怪巌《かいがん》老樹其前途を遮り、危険言うべからず。僅かに樹根に手をかけ、怪巌の穴に足を挟みて進む。眼下の湖中を覗めば、水青くして底も知れざるの深さなり。若し一足一手にても誤らんか、湖中に葬らざるべからず。（略）幸いにして負傷者等の一人も見ざりしは天祐とも云うべきか」

十時四十分、抱返り付近の山中で休憩になり、握飯を食べるなどして、十一時出発。次の休憩は一・五キロ先になる発荷のようだった。

「湖畔に一家あり老媼《ろうおう》の外に男女の子二人居たり。媼の言を聞くに夏季は開墾を業とし冬は鍬台若しくは橇を製し或は狩猟し居るなりと。軍隊は暫時茲に休憩したる後北進せり」

三〇〇メートルほど進むと、湖のあたりに絶壁が行く手をふさぐ。

「仰ぎて之を攀登《はんと》すれば葡萄《ぶどう》の蔓《つる》四方に蔓延して恰《あたか》も蝦夷《えぞ》小屋に似たり。（略）仰ぎ見れば葡萄の実が氷りながらぶら下がり居れり取って之を食すればその味頗《すこぶ》る佳なり亦一奇言うべし」

これら難所の通過に関して、福島報告にはこう記されている。

「此の積雪を冒し無事此地点を通過し得たるは演習員各自の注意の深かりし為ならん。此の地点は通過に多くの時間を要したり」

ブドウの実を食した東海記者が、湖辺に下りていく際の状況を次のとおり記している。

「摂氏零下九度に下る苦寒云うべからず。余の手袋は為に凍りて其の用をなさず。穿《うが》ち所の草鞋《わらじ》亦甚だ重くして歩行に難《なや》む。依て草鞋を棄て足袋跣足《はだし》にて歩行せしが指凍りしも幸いにも歩行には別條なかり」（一月二十九日、東奥日報）

東海記者は疲労が頂点に達してしまったのだろう。日々訓練をしている兵士に比べたら体力が劣るのは仕方のないことだった。そうした短慮が、のちに東海記者を苦しめることになる。

午後一時二十分、休屋に到着し昼食となる。ここは法奥沢村南端で戸数十四、開墾を業としていた。そこに一軒の商店もあった。気温零下三度、積雪三・七メートル。

献立は塩鮭にたくわんとなっている。間食が握飯となっていたことからすると、ここでは食事が賄われていたようだ。

東海記者がタバコの購入について記事にしている。

「余等前日来莨《たばこ》を喫し尽して需《もと》むる由なく一同大に困難し居りしに、幸に此の家に販売し居るあり。就て需むればヒーロー一個價四銭七厘其の高値に驚くべし。而も飢ゆれは其の價を論ずるの暇あるべからず。争うて之を購う」(東奥日報、一月二十九日)

当時、ヒーロー一個三銭五厘。普通の場所ならば、それが定価になるのかもしれないが、ここは雪に閉ざされた僻遠の地である。仕入れの大変さを考慮したら高くなるのは当然といえる。

二時三十分に休屋を出発して約一キロ進む。宇樽部の方向となる北東には、標高五〇〇メートルを超える山地が控えている。現在地からの高低差は約一〇〇メートルあまりであったが、斜面は急だった。

「巌深台に登る此の山は直立甚だしく為めに非常な困難を極わめ少憩殆《ほと》んど枚挙に遑《いとま》あらず。同山を下るや前者の頭は後者の足部にあり▲此の日大雪隙《すき》なく降り頻り此の山の頂上に於て摂氏零下十一度を示せり苦寒想うべきなり。山を下れば欝蔥《うっそう》たる樹間なり。行くこと数町にして又た密林荊棘《けいきょく》の間に入る。乃《すなわ》ち荊棘を拓き非常の苦難と戦いつつ数町にして▲宇樽部の開墾地に入り又た数町にして漸《ようや》く宇樽部村に着せり。時に午后四時三十分（二十三日午后八時半宇樽部客舎に於て東海生稿）」（東奥日報、一月二十九日）

これに比して福島大尉は、「休屋より宇樽部に至る間に聳《そび》ゆる小倉山は容易に経過せり」（福島報告）としていた。おそらく休屋に至るまでが厳しかったから、そうした記述になったのだろう。それにしてもやはり軍人と民間人との体力差が感じとれる。

宇樽部では福島大尉ら将校は山本留宅に宿泊となる。

間山伍長は、この日を次のように締めくくっている。

「其の日は休憩すること十六回にして午后四時三十分宇樽部村に到着せり。杉林由吉方に舎営す。宇樽部村は近頃の新開地なるを以て夜具なく我等一仝《どう》は座板に菰《こも》一枚を着て爐火《ろび》に暖まりて徹夜せり」

泉舘伍長は宇樽部での宿泊に強い印象を残していた。

「宿舎に与えられたる家屋の大部は只萱《かや》囲の仮小屋にて、土間に大木を四角に並べ、以て炉を構えしのみ。斯《かか》る茅屋《ぼうおく》に二、三人宛分宿せしが降雪丈余にして屋根より高き故、伝令が命令を伝え、或は其の他の用件にて戸々を訪ね廻るには屋上より吐く煙を目標とするの外なき光景にて、世人の夢想だも及ばざる所であった。夜に入りて風雪益々猛《たけ》り、湖上は白浪荒れすさび山嶽鳴動《めいどう》して寒気殊《こと》に烈しく、宿舎は寝具の余裕などなかりしかば各自空叺《かます》に体を入れ、或は麦穀、粟殻等を炉の辺りに堆積して其の内に寝転ぶ様は『狸《たぬき》や豚に劣る』などと言い合って一睡もせず徹宵《てっしょう》焚火して出発の時を待つのみであった」（泉舘手記）

酒や肴が大量にあった昨夜とは雲泥の差だったことから、将兵には不満があったようだ。『われ、八甲田より生還す』の「調査研究報告」には、「宇樽部の如きは寝具は毫《ごう》もなく、各自蓆《むしろ》一枚宛被りて炉辺に零下十度の寒夜を明かし（略）」と記されている。また食事については、「各地人民意を用いて十分歓待せし故、二三の処を除く外は不足なかりき」としていた。その二、三の一つが宇樽部になるのだろう。夕食は「携帯せる里芋味噌汁」と記されている。これまで献立で一度も「携行せる」という言葉が使用されていないので、食事が提供されなかったことへの不満が表われているようだった。

だが宇樽部の住民は、かろうじて飢えず凍えず暮らしていたに違いない。自分ら以外の寝具や食事など準備できるはずもなかった。一行は風雪をしのいで暖を取れただけでも、感謝しなければならなかったのである。

余談になるが、のちに宇樽部は観光地十和田湖の要衝となって栄える。その宇樽部に、あの小笠原孤酒が家を借りて住んでいた時期もあったらしい。実家はそこから直線距離で五キロあまり北になる十和田町焼山という所だった。その地域の名称は目まぐるしく変わっていた。明治二十二（一八八九）年に、法量村・沢田村・奥瀬村の三カ所が合併して法奥沢村となる。昭和になって十和田村、十和田町、十和田湖町と改称し、平成には十和田市と合併して十和田湖町の名称は消えてしまう。孤酒の著書『吹雪の惨劇』の発行所が「十和田町焼山」となっていることから、発行当時は実家に住んでいたようだった。

十和田湖畔子ノ口から焼山まで続く流れを奥入瀬渓流といい、新緑や紅葉の季節には多くの観光客が、その渓流沿いを散策して景観を楽しんでいる。

「住まば日本《ひのもと》　遊ばば十和田　歩きや奥入瀬三里半」と詠んだ大町桂月は酒を愛し、蔦温泉にこもって執筆していたという。その桂月に、焼山の小部屋でアノラック（防寒衣）を着て著述していた孤酒が重なる。

五連二大隊

午前六時、第五中隊の舎前（営庭）に第二大隊を主体とする将兵二一〇名が集合完了していた。演習中隊の編成完結を確認した神成大尉が訓示する。その後山口少佐、連隊長と訓示が続き、最後に永井軍医から衛生上の注意があった。

六時五十五分、神成大尉の行進命令を受けた演習中隊が、青森市筒井の営所を出発して八甲田山中の田代新湯に向かった。経路（距離）は幸畑（三・二キロ）～田茂木野（六・六キロ）～小峠（一〇・六キロ）～大峠～火打山（一二・四キロ）～大滝平（一三・五）～賽ノ河原～按《やす》ノ木森（一六・一キロ）～中ノ森～馬立場（一七・一キロ）～鳴沢と田代街道を南下し、さらに東に進んで田代新湯（二一・七キロ）となる。行進順序は前から一小隊、二小隊、三小隊、四小隊、特別小隊、山口少佐以下の統裁部の順となり、最後尾に行李（橇一五台）が続いた。神成大尉は先頭付近を前進する。

朝の天気は薄曇りで、気温マイナス六・七度、西の風一・三メートル、積雪は約九〇センチであった。例年一月の下旬ともなると吹雪く日が続いたりする。一時吹雪が止んで晴れ渡ったと安心していると、すぐにぶり返すことが多々ある。だがこの日の朝の天気は、比較的落ち着いていたようだった。ここ一週間の気温を見ると、行軍当日が一番低かった。

伊藤回顧記事には「此日は当地に於ける普通の天候にして風雪甚しからず」とある。

筒井の営所から幸畑までの風景を『遭難実記雪中の行軍』（報知新聞記者、福良竹亭著）から思い描くことができる。

「見渡せば賤《しず》の伏屋も草も木も皆な白妙となり逷通《たんつう》一望の銀世界（略）幸畑村に至れば此処には人家散在して何れも雪に埋められ村社の森にさわぐ鴉《からす》の影もさびしく三々五々打群れたる子守女の唄も氷るばかり、路傍の茶店に憩《いこ》いて一杯のぬる湯に渇を医して勇気を加え雪を蹴って進むに（略）」

これは遭難事故後、福良記者が筒井の営所から現場に向かう途中となる幸畑までの様子を記したものである。

七時四十分頃、訓練部隊は幸畑に到着し、約十分間の休憩をとる。時速は約三・二キロだった。兵卒らは寒暖に応じて服装を変えたり、装備品等の縛着を点検したりして、爾後《じご》の行動に支障をきたさないようにする。橇を曳行してきた兵卒は、徒歩行進者との運動量の違いから汗だくになっていた。それで防寒外套を脱いで生地の薄い普通外套に着替えている。

幸畑までの経路はおおむね平坦地であったが、以後は傾斜が急になる。三・四キロ先の田茂木野までは高度約一五〇メートルを登る。また幸畑あたりから積雪が目立って多くなる。さら

5連隊の正門。第2大隊はこの門を出て、右方に進んだ

に人馬の往来がほとんどないので道は圧雪されておらず、そのままでは深雪に足が埋まってしまい前進に苦労する。

「幸畑より先は雪積《ママ》が深いので先頭小隊はカンジキを履き、三人二人三人二人の縦列を以て行進し以て後続部隊及び大行李の道を踏開しつつ行進しました」

と、昭和十年八月の口演で伊藤元中尉が語っている（以下「伊藤口演」という）。この深雪を先頭のカンジキ隊がラッセルをして前進する。まず三人が横に並んで進み、直後の二人が前三人の進んだ後に残る未踏部分を踏むというような圧雪が、六個組によって繰り返されるのだった。

七時五十分頃、休憩を終えて行進を再開する。五〇〇メートルほど進むと、右手にすっかり雪に埋もれた陸軍墓地が見える。

〈幸畑より田茂木野迄は八甲田山の裾野にして見渡す限り銀世界となりぬ。天は晴れたれども奇寒骨を刺して手足も凍るばかり。足踏み鳴らして暖を取りつつ進むに道はいよいよ高くなりて、後ろを見返れば青森湾の水青くして雪白の平野に連なり、青森市街は脚下に来りて叢林《そうりん》村落悉《ことごと》く指点すべく風景絶佳《ぜっか》絵も及ばず（略）雪道を上り或は下り行くほどに前方の杜の近くなりて其陰より二、三の人家現われぬ。其れなん田茂木野の村落なりける。田茂木野は戸数僅に十一戸の山村にして平常には人の交通も稀なれども（略）此辺は雪深くして稲荷の赤鳥居殆んど雪中に埋められ僅に其上部を現すのみ〉（福良竹亭『遭難実記雪中の行軍』）

すでに二大隊の行軍は順調に進んでいなかった。

「私は先頭小隊の小隊長でありましたが、中々橇の通る様な道が付きません。依って大橋中尉と私が相談の上、中隊長に意見具申し、二一二一の縦列を以て進むことに改めて進みました。それでも大行李の橇道がつかないので予定の半分も進まず（略）」（伊藤口演）

圧雪要領を「三、二」から「二、一」に変更して、圧雪回数を多くするようにしたが効果はなかった。それは雪がサラサラで握っても固まらない粉雪（パウダースノー）だったからだ。幸畑からは標高が徐々に高くなっていくので気温も低下していく。降った粉雪が解けることなく積もっていたのである。

五連隊は前年に三大隊の雪中行軍で橇が埋まり、坂を登れなかった失敗から何も学んでいなかった。それにこの経路での事前訓練は行なっていない。さらには徴兵時期や雪中行軍実施歴等からすると、二大隊の兵卒らが橇を曳行するのは、この日が初めてだったとも考えられる。

一番の問題はやはり橇にあった。棺が載せられるぐらいの荷台と脚部（二本のスキーのような滑走板）から成る橇は、圧雪された状態ではよく滑るが、深雪では脚部あるいは荷台までも雪に埋まり滑らなくなる。事前に訓練を実施していればわかることだった。この橇が深雪の山岳で使い物にならないのは、遭難者の遺体搬送で橇を使用せずに、毛布にくるんで曳行していたことからも明らかである。

田茂木野

九時三十分頃、訓練部隊が田茂木野に到着する。時速は約二キロに落ちていた。一三キロ先の馬立場まではほぼ登りで、積雪も徐々に多くなる。行李輸送橇の行進速度がさらに遅れるのは当然だった。

夏季の行軍ならば、筒井の営所を午前七時に出発して時速四キロで進むと、昼食時間を含めても午後二時頃には田代新湯に到着する。積雪で時速三キロに落ちたら田代新湯到着は午後四時頃になる。当日の日の入りは午後四時四十二分なので、おそらく暗い中での露営準備になる。そうなると出発時間がそもそも遅かったといえる。時速が二キロになると、到着は午後七時頃と夜になってしまう。月齢が十三・二なので天気が良ければ比較的明るいのだが、戦闘行動が伴わない管理的訓練としては、目的地到着時間が遅すぎるので無謀な計画だったといえる。本計画は、目的地までの事前偵察や訓練を実施することなく机上で練られていたので、その無謀

雪に半分以上埋まっていた田茂木野入り口にある鳥居

橇の曳行は、隊員４名で実施された

さが際立つ。

ただそうなった原因は、繰り返しになるが、突然、田代一泊行軍を命じた連隊長にあった。五連隊の事故報告等に田茂木野到着時間は記されていない。したがって生存者の証言や距離・時速などを勘案してはじき出している。おそらく行李の橇は少し遅れて到着していただろう。

東京の新聞社「萬朝報」が「五連隊の責任」という見出しで、田茂木野におけるこの日の出来事を二月五日の紙面に載せて批判している。

「第一　一月二十四日は旧暦十二月十二日にて青森の俗、『山の神の日』と唱えて古来幾百年間大暴の堪えしことなく、市民も村民も互いに相警《あいいまし》めて外出せざるの例にて、現に其の前日も天候険悪の兆ありたるに、第五連隊の一隊は之を顧みずして出発したり。

第二　其の幸畑を経て田茂木野に至りし時、農民出でて其の到底前進す可《べか》らざるを切言して之を諫止せしも隊長等は之を叱り飛ばして進攻したり（略）。

第三　（略）第五連隊の一部隊が沿道の農夫等が案内者の必要を忠告せるに会えるも『其方共は銭が欲して爾《し》かいうのみ』と叱り付けて取上げず（略）」

この記事を検証してみると、第一の内容は全くの誤りであることがわかる。この年の「山の神の日」は一月二十一日だった。先の『新岡日記』にこうある。

〈一月二十一日　火曜日　旧十二月十二日　天気　晴或は曇　西方の強風吹き時々雪ふる　山の神　旧十二日は山の神　本日は、山の神の日とて村方一同休み餅などつき酒を汲みかわして、いと面白げに打興じつつ楽しめり、『エビリ』舞等ありて賑やかなり〉

「エビリ」とはおそらく八戸市（南部）を中心とした民俗芸能「えんぶり」のことなのだろう。新岡氏が住んでいた松野木にそれが伝わっていたようだ。「えんぶり」は豊年祈願として行なわれる祭りで、農耕馬の頭をかたちどった烏帽子をかぶった踊り手（太夫）が、農具の「えぶり」を持って田をならすような舞いを踊るのだった。

また翌年の「山の神の日」には、

「当松野木にて炭焼組は炭焼小屋にて山子は（堀田組）村へ下りて各自組合にて祝いせり」

とある。

「山の神の日」は山を生業とした一部地域で信仰されていたもので、多くの青森市民には関係がない。地元の新聞に、農家の厄日とされた「二百十日」に関する記事はあるが、「山の神の日」に関する記事は見当たらない。小原元伍長は「山の神の日」について、「私ら知らなかった」と話している。おそらく萬朝報の記者は、田茂木野の住民から「山の神の日」に関する話を聞いて記事にしたのだろう。だが日にちを間違えていたのでは全く説得力がない。

天気に関しては、当日部隊が昼頃に到着した小峠（田茂木野から直線で約三・六キロ南東）までは薄曇りで、天候悪化の兆しはなかったようだった。ただ一月下旬に八甲田が吹雪くのは当たり前のようなものといえる。

記事の第二については、農民が本当に「とても前進できない」と諌めたとすると、理由はやはり「山の神の日」だからなのだろう。あるいは山の天気に詳しい農民がじきに悪化することを予測して言ったということも考えられる。

だがその程度のことで、天皇の軍隊に行軍を止めるよう諫言する農民がいたとはとても考えられない。福島大尉率いる教育隊は「山の神の日」に山間部の小国から切明まで行軍している。その案内人には樵《きこり》もいたようだ。だが関係者が残した手記や報告などに「山の神の日」を示唆するようなものは何もなかった。そもそも軍隊に「山の神の日」は関係ないといえる。

記事の第三に関し、小原元伍長は、案内人なんかは来られましたかという質問に、「寄っていません、全然ないです」と答えている。そうなると農夫等が案内者の必要を忠告したという話の信憑性が薄れてしまう。

ところが第二の内容に関して、「佐藤書簡」に新事実が記されていた。

「一月二十三日を以て午前五時三十分整然営門を出て田代に向う。時に天漸《ようや》く異状を呈し前日の如くならず。平素僅かに一時間行程の地を歩行するの困難名状《めいじょう》す可《べか》らず為めに午前十一時頃田茂木野に至る。実に一時間行程の地なり。時に土人本日は天候極めて悪《あ》しく且つ時刻の関係上田代に到着し難し。もう止めも宜しく田茂木に一泊し、明朝出発す可《べ》しと（土人の田代行の格言として「昼前に火打山を越えずば戻れと」のことある由）」

要するに田茂木野の村人が、今日田代に到着するのは難しいので田茂木野に露営して、明朝出発するようにと演習部隊に進言していたのだった。

佐藤中尉は、遭難事故後に田茂木野の住民から当時の状況を直接聞いたか、あるいは捜索にあたっていた同僚らから事情を聞いていたのだろう。ただ先に記していた営所出発午前六時五十五分、田茂木野到着同九時三十分頃と相違がある。また営所から田茂木野まで七キロほどあることから、夏場でも移動には二時間近くかかる。

出発時間については、長谷川特務曹長が新聞の取材に「翌朝の六時までに兵営に集まらねばならぬので」としており、伊藤回顧記事では「午前七時（略）兵営を出発」としている。また「歩兵第五聯隊雪中行軍遭難者病床日誌」の後藤伍長の項には「本年一月二十三日午前七時頃屯営出発」とあった。これらのことから、七時頃に筒井の営所を出発していたのは間違いないようだ。

田茂木野の到着時間に関しては、伊藤元中尉が「小峠に至った時は既に十一時になったので、橇の着するのを待って昼食にした」と話しており、また救出後の「大臣報告」となる倉石大尉の陳述書（以下「倉石陳述」という）には、「正午頃火打山（小峠ならん）にて昼食す」とあった。食べ殻の散乱が確認されたのは小峠であったことから、昼食の場所は小峠で間違いない。そうしたことから判断すると、「佐藤書簡」に記された営所出発と、田茂木野到着の時間は何か勘違いがあったものと思われる。

思い当たることがある。「佐藤書簡」に記された田茂木野での出来事は、もしかすると「捜索隊」のことではなかったのかという推測である。「大臣報告」にこう記されている。

「救援隊は二十六日午前五時四十分屯営を発し田茂木野村（屯営を距《へだた》る二里弱）に於て土人の集合に時間を費せし為め午前十一時漸く同地を発し前進するを得たり」

出発時間が佐藤書簡とほぼ一致している。また捜索隊はこの日に小峠まで進んだが、風雪が激しくかつ村人の諫言により田茂木野に戻り宿泊していたのだった。先の村人の格言を裏付けているような出来事といえる。

田茂木野での訓練部隊に対する村人の進言が本当ならば、遭難事故を未然に防げる非常に重要な節目の第一であったといえる。

ちなみに「大臣報告」等にある「救援隊」という用語は、遭難が判明した後に使用されたものであり、当初は津川連隊長に遭難という思考は全くなかったことから、説明では誤解のないように「捜索隊」としている。

田茂木野から小峠までは高度約二六〇メートルを登る。勾配は平均七パーセントであるが、小峠までの約三〇〇メートルあまりは急斜面であった。幸畑と田茂木野の間の勾配は平均四・四パーセントだったことからすると、そのきつさは極端に増す。伊藤回顧記事にこうある。

（意訳）「田茂木野東方より傾斜がだんだん急になり、橇隊の前進は非常に困難となって主力部隊に追随できなくなった。よって主力部隊はしばしば停止し、各小隊は交互に救援して橇隊が追いつくのを待ちつつ行進を続けた」

積雪は股が没するほどで、橇の底全体が滑走面になってしまい滑らない。きっと兵卒らは頭から湯気を出して雪に埋まった橇の先端を浮き上がらせ懸命に引いたり押したりしていたに違いない。橇が少し前に進んだかと思うとすぐに橇の先端が深雪にささり、あるいは行李（荷物）全体が雪に沈んでしまうのだった。

輸送員は体力を著しく消耗していて、前を歩く徒歩部隊についていけなくなる。徒歩部隊は行李の橇が大幅に離れないよう適宜停止して調整していた。往路の半分にも満たない地点で橇隊は頓挫に近い状態に陥っていたのだった。

「十時半頃小峠山麓に達するや行李橇は到底四人を以て運搬する能わざるを以て伊藤小隊を以て行李に助力せしめたり」（「顚末書」）

各橇に兵二名が増援されたものの、小峠の急斜面ではやはり徒歩部隊にはついていけず遅れてしまう。

小峠

午前十一時四十分頃、徒歩部隊の先頭が小峠（三九三メートル）に到着する。田茂木野からの約四キロにだいたい二時間を要している。三十分ほど遅れて行李輸送橇の先頭が小峠に着き、最後尾の橇が着いたのは午後零時三十分頃であろう。それから約三十分間の昼食休憩となった。
昼食は携帯の飯骨柳《はんこつりゅう》に入ったご飯である。
「昼食をとらんとしたが、その時既に御飯は凍っていた。私は従卒の弾薬盒の中に玉子を納れて貰って行ったので、出してみたら、矢張凍っていた。氷を食する様であったが捨てずに食べた」（伊藤口演）
「研究のために中隊の曹長がおにぎりを入れていったんですね。石のようになって全然歯が立

たないんですね」（小原証言）
「ポケットに入れていた餅が石をかじるような感じであった」（後藤元二等卒　昭和二十九年八月七日、東奥日報）
気温は青森市街で午前六時がマイナス六・七度、十時がマイナス四・七度、午後二時がマイナス五・二度だった。一般に標高が一〇〇メートル上がると気温は約〇・六度下がるといわれており、小峠ではマイナス七度Cほどであったと予測される。朝からマイナス五度以下で食料が携行されているので凍ってしまったようだ。ご飯や餅は服と下着の間に入れたりすれば凍らない。そうした工夫がなされていなかったのだろう。凍ったご飯や丸餅をがまんして食べる者もいたが、ほとんどの者は食べずに捨てていたらしい。
行李輸送橇の兵卒らはやっとのことで小峠に到着していたが、少しすると寒さに耐えられない状態になる。大量の汗を吸った木綿の下着が肌にぴったりと張り付き体を冷やすのだった。追い打ちをかけるように、この昼食休憩をとったあたりから天気が悪くなる。
「小峠あたりから風雪強くなりましたが（略）烟草《たばこ》を欲しいと思ってもマッチの火がつかなかった」（伊藤口演）
「正午頃火打山（小峠ならん）にて昼食す此時時々吹き来る風雪に逢う寒冷度を増し殆んど手

套を脱する能わざる程なりし」（倉石陳述）

気温も急に下がっていたようだ。東海地方の北にあった低気圧が関東、東北と北上していた。おそらく東日本は強い寒気に覆われ、強い西風が吹いていたに違いない。そして日本海からの雪雲が八甲田山に多量の雪を落としはじめていたのだろう。

午後一時頃、訓練部隊は休憩を終えて小峠を出発し、前嶽方向に向かっておおむね稜線上を進む。約一キロ先が大峠で、それから約一・四キロ進むと火打山になる。倉石大尉がそのときの様子を話している。

「午後一時頃風雪烈しく困難せるが益々勇を鼓し遂に火打山の処に至りし時は稍々《やや》雪も小晴れとなり夫《それ》より漸次《ぜんじ》進行せしが寒気激烈手袋をとる能わず」（二月八日、河北新報）

「顛末書」にはこう記されている。

「再び行進を開始せり、雪量益《ますます》多く加わり登降の傾斜急峻なりしを以て行李の行進最も困難を極め、其速度一時間に二吉羅《キロ》米《メートル》に過ぎず」

橇を曳行する兵卒らは休憩で体力が少し回復していたものの、昼食をまともにとっていないから踏ん張りがきかない。加えて深雪が橇を遅滞させた。

「出発の時から虫が知らすか、何《ど》うも兵が元気なく下を向いて歩いているから、私は常に声を

大にして励ましましたが、効果なく無言のまま進むので甚だ淋しい行軍でした」（伊藤口演）

兵卒らはかつて経験したことのない深い雪、吹雪、寒さにやや挫《くじ》けてしまっていた。体力的な余裕も全くなくして、返事を返す元気もない状態だったのである。それでも大滝平～賽ノ河原～按《やす》ノ木森～中ノ森と約六キロ進んだ。この経路の両側は深い沢や崖になっており、東側に駒込川、西側に横内川（上流は元小屋沢）が流れている。よほどのことがない限り迷うことはない。

馬立場

四時三十分頃、徒歩部隊主力はようやく訓練上における頂点の馬立場（標高七三一メートル）にたどり着く。行李の輸送橇は大幅に遅れ、その先頭は約〇・五キロ後方の中ノ森、後尾は約一キロ後方の按ノ木森にさえ達していない。最後尾の橇が馬立場に到着するにはあと一時間ほどかかるものと予想された。そこで行李運搬の支援として第二（鈴木）小隊と第三（大橋）小隊が出された。

馬立場の東側は深い沢（鳴沢）になっており、直進して田代平に進むことは困難だった。そのため田代街道は沢の浅い前嶽寄りにあった。

「午後五時頃に至り天候甚《はなはだし》敷《く》悪しくなれり」（倉石陳述）

その頃に訓練部隊の運命を左右する判断が行なわれていた。後藤房之助伍長が次のように話している。

「夕方より大吹雪に変して益々困難を極めつつ尚お進行せしが此時到底進行の難きを認め一行中には田茂木野へ帰えることを主張せしものありしも此の時既に過半進行し来たりしことにもあり今更退くも如何なりとのことより結局進軍に決定したれば、全軍遂に死を決して田代に向うに決したるなり」（一月二十九日、東奥日報）

ここで引き返すよう意見具申したのは、おそらく三大隊の永井軍医であろう。永井軍医は前年に行なわれた三大隊の雪中行軍に参加しており、積雪で橇が進まず村民に助けられた状況を目《ま》のあたりにしている。その経験から、これ以上進むことは危険と判断したに違いない。遭難事故を回避できたであろう節目の第二であった。

だが冬山登山の怖さを知らない強気だけの将兵は目標達成にこだわり、その意見を打ち消してしまったのである。それは軍隊で植えつけられる軍人精神とでもいうべきものであった。遭難当時第一大隊の副官だった吉田知吉大尉が新聞の「雪中行軍遭難十週年記念号」で次のとおり述べている。

「何故途中から引返さなかったろうと云うのもあるが、夫《そ》れは軍人精神を解し得ない言葉であろう。苟《いやしく》も一旦志して出掛けた行軍を吹雪が強い、寒いで帰れ様かどうか（略）当時山口大隊はどうして途中から引返す事が出来よう斃而止《たおれてやむ》の覚悟は至当の考である」（明治四十四年六月八日、東奥日報）

ときには「小雨決行、大雨強行」のような精神は必要である。だが今回行なわれているのは訓練であり、決死の覚悟など全く必要のないものであった。もしこの訓練が連隊長命令によるものでなかったならば、状況は変わっていたのかも知れない。

この日の「日の入り」は午後四時四十二分、「月の出」は午後四時七分で月齢十三・二だった。天気が良ければ比較的明るい夜になっていたのだが、実際には猛吹雪で視界が悪く、ごく近距離でも見分けのつかない状況であった。

午後五時三十分頃、行李が訓練部隊主力のいる馬立場にようやく到着する。演習中隊長の神成大尉は、先行して田代新湯への進路を探していた。伊藤中尉は自らの小隊から設営隊を出して、先行する神成中隊長に追及するよう命じる。だが思うようにならない。

「田代へ藤本曹長以下十五名の設営隊を出し、宿舎の手配をなさしめたが、幾ばくもなく積雪深く進まれずとて引返して来た」（伊藤口演）

あたりはすっかり暗闇となり、吹雪で一寸先もわからない。それでも訓練部隊は来た方向を背にして田代と思われる方角に進んだ。一キロほどで鳴沢に入る。前嶽の中腹付近から北に流れる二本の沢が馬立場の東側で一つになり、一キロほど下り駒込川と交わっている。吹き付けられた雪がその沢にたまる。

「傾斜頗《すこぶ》る急峻にして一分二以上に及び積雪深くして胸を没し一進一止其遅緩言うべからず」

（「顚末書」）

傾斜を地図で判読すると、約十九度と相当きつい。それに胸まで埋まるほどの雪をこいで進むのだからたまらない。当然、橇は埋もれてしまう。曳行する兵卒は、どうにかして進もうと引き上げたり押したりするもののほとんど進まない。

七時頃、先行する徒歩部隊が鳴沢を越え、緩い下り斜面を〇・三キロほど進んだあたりで停止する。そこは田代平の西端で平沢の西側だった。田代新湯は北東二キロ先にある。ただ訓練部隊は田代新湯の方向がわからない。この訓練に参加した者で田代新湯や田代元湯を知る者は誰一人いなかった。ほとんどの者は明かりが灯る温泉郷でも思い描いていて、峠の茶屋のごとく簡単に見つかるものと考えていたに違いない。

だが田代新湯や田代元湯は、駒込川の渓谷にあって見通しのきく場所にはなかったのである。

鳴沢の全景。樹木の稜線左側奥が駒込川や田代新湯付近

鳴沢付近、左方の斜面が前嶽

それに建物は深い雪に埋まっており、互いが〇・五キロほど離れていた。田代新湯には一組の老夫婦が住んでいるだけで、元湯にいたっては冬期間無人だった。たとえ既知の場所であったとしても、猛吹雪の暗夜では土地に慣れた猟師や樵でもたどり着くことが難しかっただろう。

当時、田代街道や田代新湯などが表示された地図はない。代表的な地図は「輯製二十万分一図」で八甲田山一帯は等高線がなく、ケバ（短い線）で山が表わされているだけだった。村落表現はバスの路線マップのように大雑把で、筒井、幸畑、田茂木野などはバス停のように表わされているだけである。もちろん田代元湯や新湯はない。一キロは図上で五ミリなので、磁石があったとしても、現在位置を評定することなどできるはずもなかった。

そもそも訓練部隊は地図を携行していない。

遭難直後に状況把握のため、陸軍省から五連隊に派遣された田村沖之甫《おきのすけ》少佐（参謀本部次長田村怡与造少将の弟）は、陸軍大臣に次のとおり報告している。

「遭難地付近の地図を進達せしが為め種々捜索せしも皆無なり。路上測図なりとも連隊に求めしに無しとの言なり。又目下在隊者中此付近の地形を詳知するものなきを以て（略）」

つまり五連隊に地図はなかった、街道や田代をよく知る者もいなかった、それが実情だったのである。

五連隊は「顚末書」の着用被服調査表で神成大尉の携行品として「二十五万分の一の地図」を記している。先の「二十万分の一の地図」でも行軍ではほとんど役に立たないのだから、「二十五万分の一の地図」はそれ以下である。「顚末書」は地図不携帯の批判報道からしばらくして出されたものであり、地図の携行は捏造の可能性が高いといえる。

前進方向不明の難局を打開するため、山口少佐が水野中尉、田中見習士官及び今泉見習士官を偵察に出す。暗闇の中で現地を知らない三人に、新湯を探せというのだから無謀極まりない。ほどなく進路峻嶮《しゅんけん》にして通過できないと戻っている。

ここで部隊指揮に異変があったことがはっきりわかる。水野中尉は演習中隊長神成大尉の指揮下であり、山口少佐の指揮下ではない。だが小原元伍長によると、山口少佐は途中から「第五中隊前へ」「第六中隊前へ」というように演習編成ではなく、実際の編制、つまり大隊長として自らの指揮下中隊に命令を与えていたという。それは将校らを多少混乱させ、神成大尉をないがしろにすることになる。

状況は行き詰まっていた。

「目的地の田代温泉に一直線に行くという決心で行ったんですね。行ったけどなかなか見つからないんですよ田代という温泉は（略）斥候出して方々探しました。けれどとうとう見つかり

ませんでしたね」（小原証言）
将兵は寒さと疲労で、もはや進む気力をなくしていた。青森測候所の記録によると、午後六時の気温はマイナス八・三度、露営地は標高から推定するとマイナス一一〜一四度となる。さらに風が体感温度を下げる。

露営

八時三十分頃、訓練部隊は猛吹雪と闇夜でどうすることもできなくなっていた。ついに山口少佐が露営を命じる。
「露営地は樹木茂りたる処にして大木もありたり、されども燃料となすべきものなし」（倉石陳述）
小原元伍長は「吹雪を防ぐような木もない」と語っている。当時の田代一帯における植生について、『八甲田の変遷』（岩淵功著）にこう記されている。
〈青森近郊の山々は度重なる伐採で蓄積も少なく、小径木の薪炭生産が主体な山になっているし（略）寒さの厳しい土地柄、日々の暮らしに不可欠な燃料だけに節約にも限度があり、（略）林力以上の伐採を余儀なくされ、（略）雪中行軍は、この調査の僅か一〇年前の出来事で、そ

の進路に満足な森林がなかったことは、当時の写真でも明らか（略）〉

あたり一帯は形の悪い大木や沢などに生える木などを除いてハゲ山のような状態で、猛吹雪をさえぎる森や林はなかったのである。それに選定した露営地はほぼ平地だった。

露営準備をするにも、まだ行李の橇が到着していない。その支援に第三（大橋）小隊から兵卒が差し出された。その行李の状況であるが、体力のある兵卒が曳行する橇は、鳴沢をかろうじて越えている。だが多くの橇はやはり鳴沢で悪戦苦闘していた。

「行李橇は到底前進の見込み無きによりついに人背によって運輸するのやむなきを得ざるに至れり」（「顚末書」）

結局鳴沢を越えた橇は五台で、残りの橇は鳴沢に残置されたのである。

九時頃、行李が露営地に逐次到着する。それから円匙《えんぴ》（スコップ）二本が各小隊に配分されて露営準備が始まる。

「各小隊は一団となり各々雪を掘開《くっかい》すること約壱間《いっけん》余其雪壊を周囲に積み以て寒風を防障し各兵は敷くに藁なく又樹枝なし止むを得ず武装の侭僅《まま》かなる炭火のほとりに各々座を占めたり」（倉石陳述）

雪壕は小隊の四十名ほどが入れるような大きさで、およそ幅二メートル、長さ五メートルの四角であった。その深さを倉石大尉は約一間（一・八メートル）あまりとしていた。

「伊藤回顧記事」にはこうある。

「各小隊は位置を選定し雪壕を穿《うが》ち掘開《くっかい》すること七八に及ぶも地面に達せず又其の作業に従事せざるものには付近の樹枝を採取せしめたるも器具なく且つ積雪深く運動自由ならざる為め真《ほん》に少量を得たるに過ぎず。素より以て敷物となしまた露営火となすに足らず」

各小隊は七、八尺（約二・四メートル）掘ったが地面に達しないので、あきらめて掘るのをやめていた。あとどれぐらい掘ったら地面なのか不明で、切りがないようだからやめたわけではない。あの及川一等卒の手紙には、田代の積雪が四メートルほどあることが記されていた。全将兵がそれを認識していながら、地面を出さずに途中でやめてしまったのである。疲労困憊《こんぱい》、あるいは早く暖を取りたかったからなのだろうが大きな躓《つまず》きだった。

携行した土工具は円匙×一〇、十字鍬×五、燃料は炊事用の薪（焚付）二二五キロ、採暖用の木炭七俵（一五七キロ）である。これ以外の露営資材は、食糧や炊爨具を除くと全く準備されていなかった。

十時頃、各小隊に木炭一俵と焚付《たきつけ》の杉葉が配給される。早速火を熾《おこ》そうとするものの、マッチは湿気でなかなか発火せず、苦心の末ようやく炭を熾している。皆大いに喜び、空腹をしのごうと先を争って丸餅を焼きはじめる。火の勢いを増そうと炭火を煽ると、だんだん井形に雪が解けて一・八メートルほど沈んでしまう。まっすぐ沈んだのならば暖が取れたのだが、屈曲して沈んだために暖気が上がってこない。やはり積雪は四メートルあまりあったようで、訓練部隊はその半分程度しか雪を掘っていなかったのである。

「風雪漸次《ぜんじ》猛烈にして寒気頻《しき》りに加り静座に堪えず因て各団毎に立て足踏をなしあるいは軍歌を唱《とな》え勇を鼓《こ》し以て睡魔を破り凍傷を防ぐの手段となせり」(伊藤回顧記事)

雪壕は吹雪を直接受けないものの、露天なので風雪は途切れることなく雪壕内に入ってくる。雪にまみれた将兵は寒気に凍え、疲労で睡魔に襲われていた。

山口少佐以下統裁部の雪壕は大木のそばにあった。隣接して炊事場が設けられる。炊事の研究を担当していた伊藤元中尉は口演で次のように話している。

「一方炊事掛等は炊事場の設備に着手し、積雪を掘開すること八尺に及ぶも地面に達せず、因って余儀なく雪を固めて釜を据付け、薪炭の発焼に尠《すく》なからざる時間を費やし、さらにとぎ水と飯たき水は雪を融して作らざるを得なかった。然るに燃火は徐々に積雪を融解し、炊釜の偏傾を来す等この間炊事掛の苦心惨胆実に想像外であった」

携行した木っ端などの焚付《たきつけ》では薪が燃えず、周囲に生えていた小径木の枯れ枝を集めて火をつけたらようやく燃えだしたらしい。

雪中行軍及び露営に関して五連隊は未熟だった。不十分な露営資材から始まり、橇の曳行、厳寒時における飯の携行、雪壕工事、採暖、炊爨《すいさん》等一つ一つの基本行動がほとんどできていない。これら問題の原因は訓練を行なっていないか、あるいは訓練不足にあったものといえる。特に橇の曳行は訓練をしていれば、橇が深雪では使い物にならないことなどすぐにわかったはずである。また採暖が取れない、炊爨《すいさん》が円滑にいかなかった理由は地面を出さなかったという一点に尽きる。

一月二十四日　帰路不明

二十三日に関東沿岸にあった低気圧は、この日、東北沿岸から北海道沿岸に進む。その低気圧に向かって寒気が吹き込んで雪が降りつづく。青森県は寒気の通り道となり、特に八甲田山一帯は雪が多く降る。それが発達した低気圧になると猛烈な吹雪となるのだった。

翌二十五日の東奥日報に「昨日の大吹雪」という見出しがあった。

「一昨日夜来の風雪昨日に至りても歇《や》まず寒気も亦《また》至って厳なりしが日鉄は平日と余まり大し

た差なかりしも奥羽線は例により非常の遅延を来しつつありき」

ちなみに日本における観測史上の最低気温は、翌二十五日に北海道の旭川で記録したマイナス四十一度である。

この日、立見師団長は陸軍省で行なわれる師団長会議に参加するため、弘前を発っている。だが弘前から青森までの奥羽線が大雪で遅延し、青森から予定していた上野行の汽車に遅れてしまったのだった。そのため駅前の塩屋旅館で休憩をして午後七時の汽車に乗っている。上野到着は、翌日の午後五時五十分であった。

三十一連隊の教育隊

午前六時三十分、宇樽部を出発し、戸来に向かう。昨日の積雪は三・三メートルだったが、朝には三・九メートルになっていた。

「午前暴風吹き降雪は樹木の凝雪と共に乱舞す。午後に至り一層獷獰《こうどう》を極め気温最も低く天候も甚だ悪し」「午前六時零下一〇度、午後零時零下一〇度、午後六時零下七度、最下降点零下十六度、最下降点場所三嶽山、吹雪、西方の暴風」(福島報告)

宇樽部の東となる戸来村金ヶ沢までの距離は約三〇キロで、三嶽山南側の山岳を越えなければならい。経路は宇樽部川沿いを上り、犬吠沢～カルデラ壁（五キロ）～犬吠峠（六キロ）～アクリ峠～アクリ坂と進み、アクリ坂登り口（九・五キロ）から妙返川沿《みょうがえりがわ》いを下って、戸来村の羽井内《はいない》（二一キロ）～上栃棚《かみとちたな》（二三キロ）～小坂～田中～金ヶ沢と進む。

宇樽部から羽井内までの約二一キロはかつて「三浦新道」といわれていた。明治十六（一八八三）年、五戸村の三浦泉八（元農林大臣三浦一雄の祖父）が有志と一緒に自費を投じて切り開いたものである。

この日の嚮導《きょうどう》は山本ハルといい、福島大尉らが泊まった家の主《あるじ》山本留の妻だった。当時二十六歳のハルさんは小柄でやせていたという。動きが敏捷で気丈な人であったらしい。生まれが戸来村上栃棚だったことから宇樽部と生家の間を頻繁に往来しており、三浦新道に詳しかったようだ。

三嶽山は現在「三ツ岳《みつだけ》」といい、三ツ岳（一一五九メートル）と大駒ヶ岳（一一四四メートル）を総称して戸来岳《へらい》と呼んだ。行軍における難所は五キロほど先にある犬吠峠（八七〇メートル）の登りでカルデラ壁といった。

泉舘手記から当初の状況を拾う。

「犬吠峠に向えば嵐は昨日に増して烈《はげ》しく、山腹より吹き揚くる吹雪にて空中に湀《さら》い揚られるかと思われること幾回なるを知らず。指揮官の注意によって予《かね》て用意の麻縄を以って己《おのれ》の腰を結び其の一端を後列に渡し、後列は自己の縄に結びて逐次後方に廻《まわ》し、斯《か》くして一行三十二名は猿繋《さるつなぎ》となり結束して進んだ」

一行の人数は嚮導のハルさんを除くと三十八名になるので、「一行三十二名」は記憶違いなのだろう。それにしても福島大尉の用意周到さがわかる。滑落など防ぐために互いの体を結び合うようにしていたのだった。行進速度は落ちるものの、事故が発生した場合の被害を考えたら慎重にならざるを得ない。

そうした状況において教育隊を先導していたのはやはりハルさんであった。猛吹雪に怯むことなく一意目的地に向かって歩みを進める。将兵が、「ずいぶん気丈な女だなあ。歩くのも速いし」と感心していたらしい。

「午前八時三十分犬近沢にて間食を喫し、八時五十分其の地を発し之より村畑山登り」（間山日記）

地形や行進速度等から考察すると「犬近沢」は「犬吠沢」で、「村畑山」は「カルデラ壁」と判断される。だとすると、これまでの行進速度は時速約二キロになる。

それに続く犬吠峠の様子が福島報告に記されている。

（意訳）「気温は零下十六度を示し、風雪で視界がきかず、ごく近い距離でも見分けがつかない。寒気のため停止や休憩ができない。鬢《びん》につららが下がり、皮膚に鳥肌が立ち、心は戦《おのの》き、体はふるえ、口をつぐみ、目はくらむ。嚮導は慎重に方向や地形をみつけ案内し、隊列は落ち着いてこれに従う。一行の元気は大いに私の心意を強くするのに十分であった」

積雪は四・八メートル。猛烈な吹雪で、その景色はまさに鉛色の世界というような状況で、前進方向や地形の判断は相当困難だったに違いない。

だがハルさんは福島報告にあるとおり道に迷うことなく犬吠峠、アクリ峠、アクリ坂と進み、支流が交わる沢に到着する。そこはアグリ峠から稜線上を三キロほど下った場所で、アクリ坂登り口といわれていた。ただ教育隊が行軍した当時は、枯沢と呼んでいたようだ。

「午前十一時五分枯ノ沢に於て昼食を喫し。（略）頂上に於ては〇下拾六度を示すを以て飯は凍りて石の如く。北風強くして風雪横面より背後より吹すさび」（間山日記）

現在の地図と教育隊の前進速度から勘案すると、やはりアクリ坂登り口が枯沢と特定される。積雪は五・四メートル。福島報告にも枯沢の記述がある。

「緩急相接続する凸稜を下ること二里枯沢の凹地に達し凍凝《とうぎょう》せる昼食を喫す水筒の水は皆氷結せるを以て止むなく雪を齕《か》み（略）」

先の判断からすると距離に誤りがあるようだが、枯沢での様子が伝わる。一行はそこで思いがけず人に出会う。

「窪地に入りて休憩す。其の時一人の郵便脚夫《きゃくふ》戸来方向より来る。聞けば戸来より休屋に至るものなりと、此の郵便脚夫の言に依れば、時化《しけ》の時は二三日も山に泊まる事あるを以て、予め其の用意してある由である。斯《かか》る郵便脚夫より配達せられる郵便物こそ貴きものなるを感じた」（泉舘手記）

猛吹雪だろうが、人里離れた山奥だろうが、人々の生活を支えるために黙々と仕事をしている人がいたのだった。行軍をしている彼らも、最終的には日本の平和のために仕事をしていたといえる。

休憩後、妙返川沿いに下る。時速は約二・七キロだった。

午後二時四十分、戸来村南西の羽井内に到着する。軍服を着た在郷軍人らが、歓迎の焚火をして待っていた。田澤宇之方に設けられた休憩所において、酒や餅などのもてなしを受けたが、その量が過分であったらしい。

人里での積雪は山岳地よりだいぶ減って二・六メートルだった。

三時三十分同地を出発。以後は村道となり人馬の往来で圧雪されていた。一行は飲食や採暖で元気を得る。また人里なので歩みも軽かった。

四時十分頃、上栃棚に着く。おそらくハルさんは、ここで案内を終えていたに違いない。そのとき、どのような状況で別れたのかはわからない。それにハルさんはこの日の出来事を夫にしか話さなかったという。

四時三十分、小坂に到着。ここでも村民が焚火をして待っていた。やはり酒や卵などの甚だしいもてなしが待っていた。

以後も各集落において同じような歓迎を受ける。一行は酒に酔っていたからなのか、途中から軍歌をうたいながら行軍していた。

「拝井内村より処々に於て餅酒卵の接遇せられたるを以て其の日の労働を忘れ、瀧ノ沢村より戸来迄での間軍歌を唱え」（間山日記）

軍歌の可否は福島大尉が決める。泉舘手記には、「指揮官は列兵《れっぺい》の疲労を顧慮して元気を着くることを計り『雪の進軍氷を踏んで……』の軍歌を自ら音頭を取りつつ進まる」とあった。

ただ福島報告の出発前における衛生上の注意には、「十六　行軍中は飲酒を厳禁す」とあるのだった。

六時五十分、戸来村の主要となる金ヶ沢に到着する。ここまでの小休憩は十二回だった。

明治初年の『新撰陸奥国誌』によると、戸来村は田が少なく畑が多かった。豆類による収入が三〇〇石あり、牧畜で年に良馬一四〇頭を得ている。また薪炭の製造も行なわれていた。家数は金ヶ沢が五十九、小坂が二十、上栃棚が三十一、羽井内が七、他の支村は二、三十とされていた。

教育隊は、この金ヶ沢で分宿している。

「佐々木市太郎方に宿営す。其の時金ヶ沢より当連隊に入営中なるものの実父（略）等四人より又た餅を待遇せり。各人間食なるとて実に悦び、戸来村民並び村長は軍人に対して深切なることは実に感服せり」（間山日記）

戸来村の歓待は徹底されていたようだ。福島大尉の手紙による効果は絶大だったといえる。

五連二大隊

風雪が舞い込む雪壕の中で足踏みをし、軍歌をうたって寒さに耐えていた。

午前一時頃、待望の飯が配られる。だがほとんどの将兵は一口食べただけで捨ててしまう。

「甚だ不出来にして殆んど食するに堪ず」（倉石陳述）

「生米みたいなご飯を食べさせられた」（小原証言）

「多数の者は食せざりし予は飯盒の蓋《ふた》に一杯兎《と》に角《かく》食せり」（伊藤回顧記事）

焚釜で温められた酒も配られたが、伊藤元中尉は「異臭を帯びて好酒家でも飲まれなかった」と話している。

午前二時頃、吹雪や寒気がますます強くなっていた。疲労の激しかった兵卒らは睡魔に襲われた。倉石大尉の陳述書には次のように記されている。

（意訳）「炭火は雪をとかして三メートルあまり雪中に埋ってしまう。風雪また次第にその勢いを増加し、寒気も著しく加わって肌を襲うこと特に甚だしい。しかしながら更に雪を掘開して炭火に近づこうとする気力なく、また遂行できなかったのは事実であった」

絶対的な階級社会において噓みたいな話だが、何とかしようと動き出す者は誰一人いなかったのである。将兵は猛吹雪とひどい寒さに意気阻喪していたのだった。

突然、山口少佐が各中隊長らを集めて即時の帰営を命じる。

「最初の計画にては午前五時出発の予定なりしが、何分寒気激烈燃料も亦消尽するのみならず深く雪中に陥落せるを以て出発に決せられたり。この時風雪は大吹雪となり其暴を逞《たくまし》うせり。よって帰営に決し午前三時前露営地を出発せり」（倉石陳述）

「一般の給養不十分にして、加之《しかのみならず》天候益々不良となり寒気更に甚し是に於て山口大隊長は此儘《このまま》袖手《しゅうしゅ》空しく天命を待つは凍傷を起すの患《うれい》あり且吹雪烈しく四周暗澹《あんたん》昼夜の別に於て大差なしと判断し今より帰路に就くべく出発を命ず」（伊藤回顧記事）

小原元伍長はこのときの事情を次のように話している。

「朝の二時頃に幹部が重要会議を開いたんですね、どうするかと。いくら遅くとも田代温泉に到着して、そうすればまあ兵隊も休まるだろうという一つの論ですね。もう一つの主張は、どうせもう見つからんと、いくらやっても疲労を増やすだけだから、ここに露営して、翌日、隊に帰ろうと。この二つを論じ合ったんですね。それで第二の論をとったわけなんですね」

要するに田代に行くことなく、直ちに帰隊すると決したのだった。もしこれが第二の結節点だった馬立場で決心されていれば、おそらく最悪の事態は避けられていただろう。

さて出発にあたり炊事場を撤収しなければならない。猛吹雪で深夜における用具の員数把握と荷造りは炊事掛一人では思うように進まないので、各中隊の特務曹長が指揮をして兵卒に撤収させた。

午前二時三十分頃、部隊は露営地を出発するものの帰る方向がわからない。

「神成大尉と予は最先頭に在り。前日の経路を辿《たど》らんとするも吹雪の為め埋没し些《いささか》の形跡なし。止むなく行々《ゆくゆく》方向を定め、之を指導せり。然れども吹雪益々猛烈にして天地晦冥《かいめい》咫尺を弁

ぜず行路甚だ困難なり」（伊藤回顧記事）

　小原元伍長はこう証言している。

「まだ暗かったけれども、気温でもう早く連隊に帰りたいもんですから（略）連隊の方向がわからないんですな（略）それでもう、とにかく前日来た方向を、らしいと思う方面に向かって全軍出発したわけなんですな」

　夜中の猛吹雪という最悪の条件下において、帰る方向はわからないがおそらくこの方向だろうとして前進を始めたのである。無謀の極みだった。

　倉石大尉の陳述書にはこう記されている。

（意訳）「露営地出発後は大吹雪益々甚だしく四方暗闇、間近でも見分けがつかない。口髭、眉、睫《まつげ》等外部に露出するものは微毛といえどもことごとく氷結しほとんど目を開けることができない。各兵は皆銃を背負い、両手を外套の内側に入れ胸の前で組み合わせたまま歩いた」

　おそらく軍手は凍ってしまい、その冷たさに耐えられずほとんどの者が外していたようだった。

　午前三時三十分頃、確かなあてもなく歩き回る状況に、伊藤中尉は危機を感じて神成大尉に相談する。このまま前進を続けても無駄なので、昨夜の露営地に引返し、天候が回復するまで

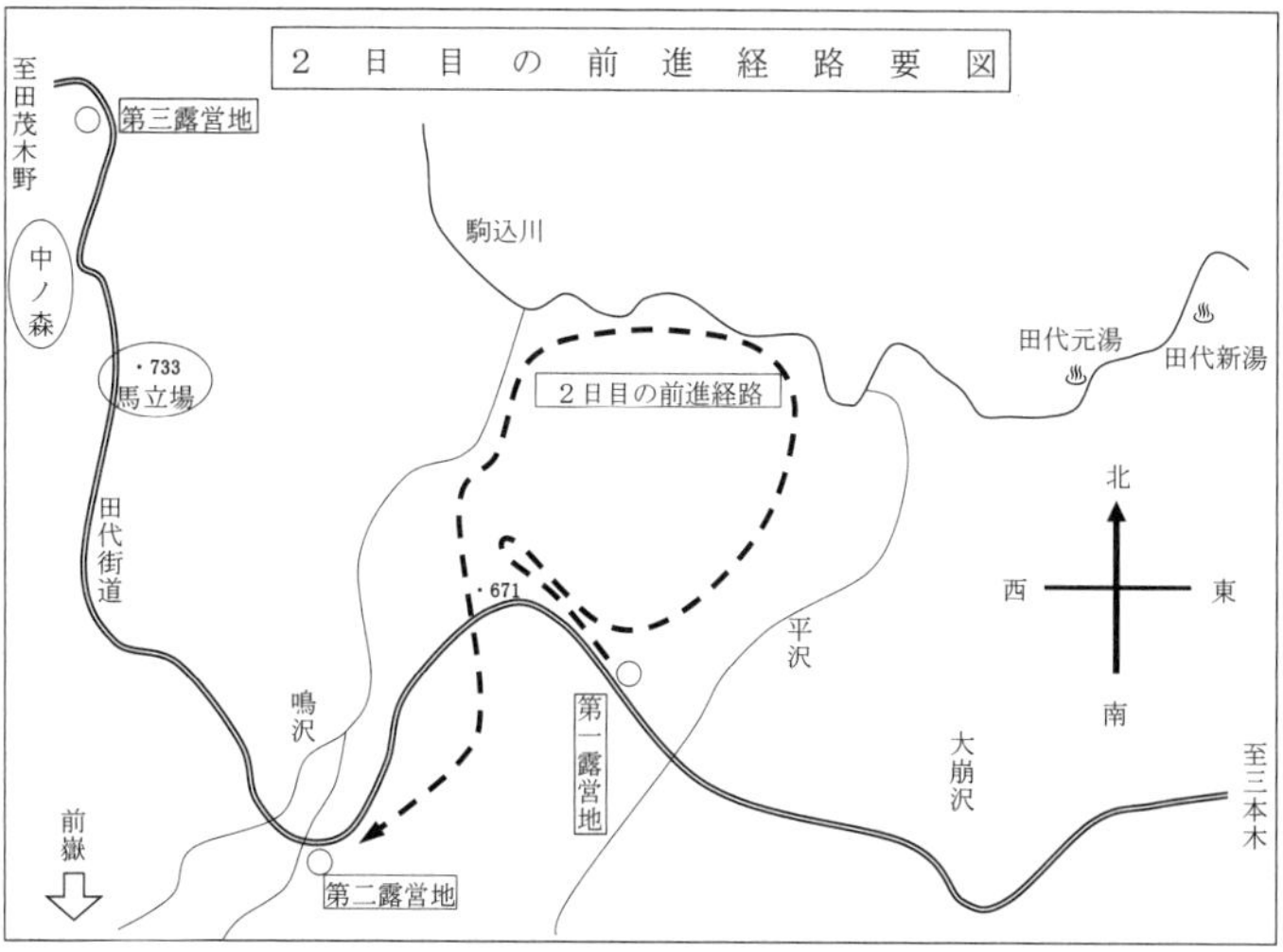

5連隊の行軍2日目の迷走の図

待ってから出発しましょうと。神成大尉はこれに同意し、「回れ右、前へ」と号令をかけて部隊の先頭に向かったのである。そのときの状況が伊藤回顧記事に記されていた。

「行くこと約一時間にして渓谷に陥り前進すること能わず。依て再び露営地に帰り以て方向を取直さん考にて転回進行を始む。是に於て予は行軍隊と最後尾となれり。此時より山口少佐、倉石、神成両大尉先頭に立ち行進を指導せり」

彷徨を防げたであろう第三の節目だった。

午前五時頃、転回してからしばらく経っていた。最後尾にいた伊藤中尉が不審に思う。露営地が右手に見えていたが、部隊は停止せずに前進を続けていたからだ。

実はこの少し前、先頭付近にいた山口少佐以下の統裁部で、田代の温泉に向かうという判断が行なわれていたのだった。第五中隊の佐藤特務曹長が田代の道を知っていると話し、それを聞いた山口少佐が「然らば案内せよ」と命じたのである。その近くにいたであろう神成大尉が、強く意見具申をしなかったのかと疑問が残ってしまう。

「私は何故に停止せざるや一向に判らず後尾より続行したが、唯不審に堪えないのは露営地付近よりポツポツ橇、米、叺《かます》及び釜等が棄てられつつある」（伊藤口演）

その状況を目にした伊藤中尉は容易ならぬ事態と感じ、「生米でも食せば食わずに優る」と考え、叺から米をふたつかみほど取って服のポケットに入れたのだった。のちに伊藤元中尉は、その生米によって飢えを凌げたと語っている。

佐藤特務曹長は、自ら道案内となって田代の温泉方向に下っていった。しばらく進んで崖のような斜面を下りる。

八時三十分頃、先頭の佐藤特務曹長は川べりで停止してしまう。そこから約一・三キロ上流に進むと田代元湯、さらにその〇・五キロ先には田代新湯があった。だが佐藤特務曹長は、駒込川沿いにそれらの温泉があることを知らなかったようだ。

「佐藤特務曹長は（略）急峻なる懸崖を下るや不幸駒込川の本流に遭遇し遂に一歩も進むべからざるに至れり」（『遭難始末』）

将校らは進路を誤ったものと判断し、再び露営地に戻って田茂木野の方角を見定めることにした。部隊はまた転回して行進を再開する。先頭付近に山口少佐、神成大尉がいて前進を指揮し、最後尾には伊藤中尉が追随した。

だが部隊は露営地に向かっておらず、駒込川沿いを下っていた。

「峻坂渓谷を上下し水流に遭遇し或は山岳に出合し更に帰路を弁知せず」（伊藤回顧記事）

川沿いは随所に沢があり複雑な地形をなしていた。川べりを進むと大岩や崖が行く手をさえぎる。部隊は迂回あるは直行して急斜面を上り下りした。長谷川特務曹長の取材記事にこうある。

「引返えして道を探りつつ進めど又もや同様進むことの出来ぬ処に出づること数回」（二月二十一日、東奥日報）

午後零時頃、彷徨する将兵の体力は消耗の一途をたどっていた。

第六中隊の山本徳次郎一等卒は炊釜を背負っていた。それを認めた倉石大尉が山本一等卒に、お前のあつい誠意は十分わかった。だがこの危急時に釜を携行している場合かと諭す。山本一等卒は戸惑いながらも炊釜を樹木の下でおろし列に戻った。倉石大尉は、「炊具は本日行進の頗る困難なる為め正午過頃打捨てたり」と陳述している。のちの捜索時、駒込川と鳴沢が交わる付近の金堀沢では橇、篝《かがり》台、釜蓋、叺（米）等が回収されており、その陳述を裏付けていた。

天候はますます暴威をふるい、吹雪は砂礫のように顔面を打った。皆が頭を下げて歩いていたので、髭が外套の襟元に凍りつき頭を動かせなくなってしまう。帽子のつばにはツララができ、鼻や手は紅または黄に変色していた。部隊を先導する神成大尉らは五里霧中の彷徨を続け、ほかの将兵はただひたすらそれに続いたのだった。

青森測候所の記録によると、その日は西北西の風で最大風速が毎秒一四・三メートルの強風であった。樹木全体が揺れ、風に向かって歩きにくくなる状態である。最低気温は零下十二・八度、平均気温が零下十一度と一月では一番の寒さだった。降雪は二一センチである。ちなみに二十三日の降雪は五・七センチで、二十五日が二二・五センチ、二十六日が三五・九センチだった。市街地にあった青森測候所でそのような状態なのだから、田代の天候はもっと激しく荒れていたに違いない。標高からすると最低気温は零下十七度を下回っていたかもしれない。風が強いので体感温度はもっと低くなる。降雪は六〇センチをゆうに超えていただろう。

長谷川特務曹長が、この日は猛吹雪よりも寒気のほうが厳しかったと新聞の取材に答えている。

（大意）「防寒外套は板のように堅く凍り、服も凍っていた。ただ肌着の裏側は体温で多少暖かみがあるものの、その表側は湿気で濡れていた。水気を含んでいるものはすべて凍っていた。手袋も凍結してしまって用をなさない。これを一度外すと再び装着できなくなってしまった」（二月二十二日、東奥日報）

長谷川特務曹長は足袋を携行していたので、それを背嚢から出して手袋代わりにしていたという。

伊藤回顧記事には、寒暖計を携行していたものの両手が凍えてしまい背嚢から出せず、時計磁石も懐中から取り出せなかったとある。また腕時計は止まって動かないとあり、手袋を脱すると手はたちまち紅色になり針を刺すような痛みを感じてしまうなどと記されていた。

疲労困憊の将兵は気力で歩いていた。まともな食事は営所出発以来とっていない。餅や糒を所持していたが、そのほとんどが凍結し、また指が凍えて動かないことから食べられずにいた。

「空腹と寒気と吹雪で引返す途中既に歩けぬもの、斃れるもの続出で、最後にいる私等が介抱し切れなくなり、前の小隊の応援を頼んだが一人も来なかった」（伊藤口演）

「途中斃れるものありしは正午頃以降なりき然れども午後三時頃迄は各々斃れたるものを救助して進行せしが其後は続々発生するを以て何分救護をなす能わず」（倉石陳述）

将兵の多くは、程度の差があるものの凍傷にかかっていた。そのためにズボンの前開きのボタンが外せずそのまま放尿する者もいた。倉石大尉は、中野中尉の症状が重かったので、放尿の際に前開きのボタンを二回はずしてやったと陳述している。ちなみに中野中尉の外着は防寒外套のみだった。

最後尾で救護していた伊藤中尉は、「到底このまま前進することは凍傷及び死亡者が多数出る」と思い、倉石大尉に相談する。そして山口少佐にこうした状況を報告しようと伝令を出したが、一向に通じない。二回、三回と伝令を出したものの通じないので、伊藤中尉自らが山口少佐のいるところに向かった。先頭の山口少佐に会った伊藤中尉は、凍傷患者や倒れる者が続出している状況を報告し、このまま継続したら死者が出るので再度露営するよう具申する。

被害を少なくし、彷徨も防げた第四の結節だった。

だが山口少佐は聞き入れなかった。伊藤中尉は失望し、残念であったが我慢して引き下がる。

「実は山口大隊長はその時、寒さのため頭脳の明瞭を欠いていたようであった」（伊藤口演）

山口少佐も外着は防寒外套のみである。

将兵の多くは低体温症に陥っていた。初期の症状では体が激しく震えたりし、進行すると動作が遅くなったり、判断力が低下したりする。症状が重くなると錯乱状態になり、歩行が困難になる。さらに悪化すると意識を失い、心臓が停止するのだという。

阿部卯吉元一等卒の証言にこうある。

「行軍して二日目ごろから精神に異状を来すものが出ていた。（略）わけのわからない叫びをはりあげて、雪中ヤブのなかに突進するものがいた。とたんに身体がスポッとはまって見えなくなる。手をあげて助けを求めると、雪が頭に落ちて完全に埋まってしまった。それでも、助けようというものはなかった」

また長谷川特務曹長は、

「遂に無残にも凍傷に堪えずしてブラブラと漂いつつウンと唸りしまま屏風を倒すが如く斃る」（二月二十二日、東奥日報）

と新聞の取材に答えている。

ちなみに、『八甲田山死の彷徨』や映画『八甲田山』では、兵士が奇声を発しながら軍服を脱いで裸になる場面があった。だが生存者の証言や手記などに、そうした事例はない。つまり創作にほかならないのである。ただ気になる新聞記事はあった。

本格的な捜索が始まってから間もない二月三日の中央新聞には、「凍死者の状態は殆ど皆似て居る（略）多くは帽なく、銃もなく、手袋も脱《はず》れ、中には軍服まで脱いで居るのがあるそうだ（略）」とあり、二月四日の萬朝報には、「兵士は当時非常に苦辛労働せるものの如く外套も脱ぎ甚だしきは肌着一枚を着けたるままに死し居るものも見当れり」とある。

帽子は風に飛ばされ、手袋は凍ってしまいはめていなかったのだろう。外套は、生存していた者が死者からはぎ取った可能性がある。肌着になっていたというのに対しては説明がつかない。もしかすると矛盾脱衣はあったのかもしれない。

午後四時頃、第八中隊の水野中尉が斃れる。

「水野少尉が歩行困難となってきたので、私が側へ行って何うしたかと問うてみたが、何も云

わずにそのまま斃れた」（伊藤口演）

水野中尉の死亡が逓伝《ていでん》されて皆一様に驚く。

小原元伍長が話す。

（大意）「山をグルグル回っていたので兵士らは疲労が蓄積してしまう。そのうち私の中隊の水野中尉が斃れたということが伝わったわけです。いやはやびっくりしましたね。まさか死んだとは思いませんでしたから」

その衝撃は山口少佐の歩みを止めた。

「水野少尉は平生《へいぜい》、休日を利用し登山などして身体を鍛錬していたのが、将校中で一番早く死亡したので、山口少佐も驚いて鳴沢西南の窪地に露営することにした」（伊藤口演）

やはり水野中尉も外着は防寒外套のみであった。

前日の露営地を第一露営地とすると、第二露営地は第一露営地から西にわずか〇・七キロ弱の所になる。前嶽（一二五二メートル）の北東六合目付近から流れる二本の鳴沢のうちの東側にある沢で田代街道と交わるあたりだ。十三時間あまりにわたる苦心惨憺の結果がそれである。将校の半数ほどが磁石を携行していたが、方位を定めて目標に進もうとしても視界が数メートルでは目標設定ができないので、磁石による行進は不可能だった。

生存者の証言によると、露営地に達した時点で総員の約四分の一、つまり約五十名を失ったとしていたが、『遭難始末』の第二図「遭難地之図」で確認してみると、当日の経路上あった遺体は二十名ほどである。その差異はおそらく倒れ、遅れた下士卒が必死で追及していたからなのだろう。

食料、炊事具、燃料、工具等の行李の運搬にあたった兵士は、その負担に耐えられず途中で遺棄し、あるいはその荷とともに斃れていた。第二露営地には個人装備を身につけた将兵以外の者は何もなく、雪を踏み固め、まとまって風雪に耐えるしかなかった。その様子が倉石大尉の陳述書に記されている。

（大意）「各人相互に抱き合って軍歌をうたい、足踏みをして体温を保持するように努めた。各中隊はそれぞれ一カ所に密集している。寒さによる症状が重い者は密集の中央に入れ、人事不省の者は前後から抱いて蘇生を促した。第六中隊長の興津大尉は、薄暮時に人事不省となり小山田特務曹長はその介護にあたった」

興津大尉の外着は普通外套のみであった。明らかに外套一枚の将校は寒さにやられていた。郊外の集落などに一泊行軍しか実施していなかった五連隊であるから、冬山登山を甘く見ていたということなのだろう。

伊藤元中尉は口演で次のとおり語っている。

「私は残った凍った餅を嘗めながら足踏みをしていた。山口少佐もとうとう人事不省に陥ってしまった。火がなく寒くて仕様なかったので、付近の木を切ったが燃えない。そこで各自の背嚢についている木の皮を集めて焚いてみたが燃えない。ただいぶるのみであった」

さらに小原元伍長はこう証言している。

「二日目の晩が一カ所に集まりましてね（略）雪の中でじっとしていると死にますからね、そりゃどうしても体動かさなきゃならんです。足踏みしているんですね。それで疲れて倒れればそれっきりですね。本当に雪の中で死ぬということはもう簡単なものですな。（略）段々バタバタ倒れてくる。どうにもしょうがないですな。介護するわけにもなく、軍医が行ったってもう手が凍って、もう軍医だって処理できないですもんね」

この第二露営地での死者は四十名あまりになった。やはり悔やまれるのは第一露営地から動かなければ……ということだった。

筒井の五連隊本部

第二大隊の帰隊を待っていたものの、津川連隊長は悪天候のため田代に留まっているものと判断し、なにも対処していない。

「帰途に就きしも該風雪の為め進行の危険を顧慮し再び田代に引返し宿営せしならんと」（「大臣報告」）

連隊長には、遭難したという考えは全くなかった。危機意識の欠如というほかない。

一月二十五日　神成大尉の怒号と集団パニック

北海道の上川測候所（現・旭川市）で日本最低気温となるマイナス四十一度を記録している。それは強い冬型の気圧配置と寒波がもたらしたものなのだろう。

三十一連隊の教育隊

午前七時に戸来村を発って三本木村に向かった。ちなみにこの出発時間は間山日記によるもので、福島報告では七時三十分、東海記者の記事によれば六時三十分の出発としていた。

経路は赤伏（五キロ）〜松屋敷（一一キロ）〜一本松（一六キロ）〜藤島（二一キロ）〜三本木村稲生（二六キロ）となり、一本松までは村道、以後は国道（陸羽街道）を進む。

「午前六時零下四度、午後零時零度、午後六時零下三度、最下降点零下五度、最下降点場所伝法寺山、大雪西方の疾風」

積雪は戸来二・一メートル、赤伏二・一メートル、一本松一・六メートルであった。

この日の朝、一名の脱落者が出ている。

「伍長一名脚気患者となる前路の見込なきを以て下田より汽車に乗せ帰還せしむ」（福島報告）

『われ、八甲田より生還す』の「調査研究報告」には、「患者は行軍第五日に至り初めて膝関節炎を発生せり、之れ昨年僂麻質斯《りゅうまちす》に罹りたるものとす」と記されていた。行軍五日目は前日の宇樽部を発進し、犬吠峠を越えた日である。

東海記者は記事で、「伍長齋藤祐吉氏は凍傷にて足腫れて歩行容易ならず今日出立前に衆勧めて馬橇載せて五戸に至らしめ五戸より汽車にて帰営せしむることとせり」（二月四日、東奥日報）としている。ただ『われ、八甲田より生還す』によれば、齋藤伍長は三人いるものの、「祐吉」という名前はなく、おそらく「竹吉」なのだろう。また「五戸」に鉄道の停車場はなく、おそらく「三戸」としたかったのだろう。

泉舘手記にはこうある。

「此の日足を傷めたる落伍者一名を出した。橇も車もきかざる雪道なれば患者輸送に頗る困難し、村人の思附にてタライの輿に乗せ、頑強な人夫を傭うてこれを担わせ（略）」

これらのことから足を傷めた原因などがまちまちでよくわからないが、とにかく足を傷めた伍長一名が最寄りの駅から帰営したのは確かなようだ。

村長など戸来村の代表者らは金ヶ沢の村端まで一行を見送り、四人の村民は赤伏まで見送った。もてなしは朝食にも表われていた。献立には、「帆立貝、豆腐味噌汁、茄子漬」とある。山里でホタテが出されたことに少し驚く。おそらく貴重な食材だったに違いない。ただその献立は分宿していることからすると、将校だけだったのかもしれない。

教育隊が進む村道は昨夜からの雪が積もっていたものの、そのすぐ下は圧雪されおり、前日までのラッセルとは打って変わって楽に行進ができた。また山中における行軍に比べると、所々に村落があることから精神的にも明るくさせる。

午前十一時十五分、滝沢村の松屋敷に到着し昼食となる。献立は塩鮭、奈良漬であった。ここに約一時間留まり、午後零時十分に出発する。

四キロほど進むと、一本松で陸羽街道となり北上する。行進速度は約三・五キロだった。伝法寺、藤島と進むと、その先は相坂川（現・奥入瀬川）にかかる御幸橋《みゆきばし》を渡る。明治天皇巡幸の折に橋がかけられたのだという。かつては松前藩の参勤行列が船でこの川を渡っていた。

橋を渡るとすぐに相坂村となり、さらに進むと三本木平の台地になる。三本木という地名はそこに三本の木しかなかったというのが由来らしい。幕末にこの荒野の開拓事業を始めたのが新渡戸稲造の祖父傳《つとう》である。

三本木村の中央を南北に陸羽街道が通る。明治三十二年の戸数は七六六戸、人口は四九三七人、中心地は街道沿いの稲生《いなおい》で家屋や道が碁盤の目のように整理されており村役場もあった。その西側には陸軍の軍馬補充部三本木支部があり、軍馬の育成が行なわれていた。

「午后四時五分三本木村に着す金崎旅館に舎営せり其の夜村民より煮餅役場より酒菓子を待遇せられ」（間山日記）

「宿舎は村長の厚意によりて安田たか、金崎勤五郎の二家にして清酒及び菓子一折を贈くらる」（一月三十日、東奥日報）

おそらく三本木村役場の前で村長らが福島大尉以下の一行を出迎え、近くにあった宿泊場所に案内したものと思われる。

当時、三本木の宿において一流で最も評判が良かったのが安野旅館で、最も歴史があったのが金崎旅館であった。紀行作家の大町桂月が三本木での常宿としていたのが安野旅館で、料金もほかに比べて少し高い。間山伍長らが金崎旅館に泊まったのならば、福島大尉以下将校らの宿泊場所は当然安野旅館になる。

東海記者の記事には、聞き間違いか、あるいは誤植によるものなのか、地名など数カ所に明らかな誤りがあった。先の記事にある「安田たか」の名字もたぶん「安野」ではないかと思われる。

夕食の献立は「鶏肉、豆腐味噌汁」と記されていたが、おそらく一行は役場などから饗応を受けていたに違いない。

五連二大隊

完全に行き詰まっていた。現在地がどこなのか誰も知らないし、死者が続出している。まさに遭難の真っ只中にあった。
「将校以下皆普通の脳力なく茫然自失眼眸《がんぼう》拡張して物体誇大に見ゆる等種々異状を呈し来れり」（伊藤回顧記事）
この文の後に伊藤大尉は、悲惨の度を増してしまうので、「筆を擱《お》かん否言うに忍びず唯血涙に咽《むせ》ぶのみ」とし、以後二大隊の行動を順序立てていうのをやめて参考意見を述べるとしたのだった。遭難事故から九年あまり経っていたが、精神的な傷は癒えていなかったようだ。それだけ状況は惨烈を極めていたのである。

午前二時頃、兵士らが、「早く行進おこしてくれ」と山口少佐らに哀願する。

兵士の介抱で意識を回復していた山口少佐は、「待て……行軍するとますます道に迷うから、夜が明けて明るくなってから出発する」と諌める。すると兵士らは「なにこのとおりで、もう凍えて死んでしまいますから、もっと早く露営地を出発させてくれ」と言い返す。そうしたやり取りが続き、とうとう山口少佐も折れて出発を命じる。このとき、神成大尉は非常に怒ったと小原元伍長が証言している。おそらく前日に暗闇と猛吹雪の中で部隊を出発させ、彷徨して遭難させてしまい、体力を無駄に消耗させてしまった、その愚を繰り返すことになるからなのだろう。だが神成大尉は、山口少佐に対し直接注意をしたり、具申するようなことはしていない。

山口少佐の決心前には各小隊長らと協議が行なわれており、結果、「田茂木野方面に進行したらば救援隊に会うか又樵夫《きこり》、狩人に会う機会があらん」（伊藤口演）と、全く頼りにならない理屈で出発することになる。

天候は「前日と異ならず」と倉石大尉が陳述しており、長谷川特務曹長も「前日の如く大吹雪なりき」と話していた。

午前三時頃、部隊は露営地から前進を開始する。その向かった方向は南で前嶽を登っていたのだった。帰路となる田茂木野方向は北西である。

昨夕以来意識をなくしていた興津大尉は、小山田特務曹長らに携えられて進んでいたが、二〇〇メートルほど登った所で絶命する。

部隊が一キロほど登っていると倉石大尉が経路の誤りに気づく。倉石大尉の陳述書にこうある。

「行くこと約千米《メートル》突行進路の方向を誤れるを発見し転回（略）」

また二月九日の東京朝日新聞に載った倉石大尉の談話には、

「予は（略）道を取りちがえたるを発見し号令を下して急に行路を転じたる」

とある。つまり神成大尉のそばにいた倉石大尉は、自らが号令を発して部隊を反転させて第二宿営地に戻したのだった。

だが曲がりなりにも演習中隊長は神成大尉である。訓練が始まるとすぐに、山口少佐は神成大尉から指揮権を実質的に奪ってしまい、そして無謀な判断で部隊を遭難させてしまった。さらに今度は倉石大尉が前進指揮を執っていた神成大尉に断りもなく部隊を反転させていた。階級では倉石大尉が先任だったが、年齢は神成大尉が四歳上である。先頭にいた神成大尉に、くすぶっていた鬱憤がついに爆発してしまう。

「これはだめだッ。これは天が我ら軍隊の試練のために死ねというのが天の命令であるッ。だからみんなッ、露営地に戻って枕を並べて死のうッ」

その怒号によって、みんな士気阻喪したと小原元伍長が話している。

「帰るときは、あっちでバッタリ、こっちでバッタリ、もう足の踏み場もないほど倒れたんです」

反転させた倉石大尉も先の新聞で、「三十余名の凍傷兵は入り乱れて打倒れたり」と語っている。

神成大尉の叫びは将兵の士気を著しく低下させ、気力だけで歩いていた兵士らから、その気力を失わせてしまったのである。すぐに我に返った神成大尉は、自らの言動により多数の兵士が倒れたことで自責の念にかられ、意気消沈して来た道を戻ったのだった。

伊藤元中尉はこの日に、神成大尉が点呼をとったと話している。第五中隊の阿部卯吉元一等卒は第二露営地で神成大尉が点呼をとったとし、次のように語っている。

「鳴沢の高地を下って神成大尉が点呼したら、二百十名のうち六十人ぐらいしかいなかった。大尉はみんなを集め『天はわれわれを助けないつもりらしい。六十人のうち丈夫な人は弱い人を助けながら歩いてほしい』と命令して、自ら銃剣を抜いて前に立って歩いた。わたくしたちは七、八人ずつグループをつくった。しかし二、三歩いっては休むという状況で、そのうちにもバタバタと倒れてゆく。だれも助けるものがない。人のことをかもう余裕がなかったのだ」(昭和三十七年六月十日、産経新聞)

神成大尉に続く者はほとんどおらず、前進は中途半端に終わってしまったようだ。どうせついていったとしても、さまよい歩くだけだと皆が思ったに違いない。それに生きて還ろうと思っている将兵に、枕を並べて死のうと叫んでもいた。人心は神成大尉から離れてしまったのである。

集団パニック

ところで『遭難始末』に、先の往復間において約三十名が凍死し、田中見習士官、長谷川特務曹長など十数名行方不明になったと記されている。混沌とした状況下において「十数名行方不明」という言葉に違和感があった。

長谷川特務曹長の陳述書に次のとおり記されている。

「露営地に向かい帰還せる時（略）二、三の将校を越えて先頭となり前進を続行せり。この時自分は歩を速めたる為め大隊より余程前方にありたり（略）夜未だ明けず風雪激烈咫尺を弁ぜず為めに前方行進路を確定すること頗る困難なりし。この時進路は図らず急峻なる雪崖にして足を失し谷間に落ちたり」

要するに、暗闇で吹雪のなか、早歩きで主力のかなり前を歩いたものの、崖から谷間に落ち、主力から離れてしまったとしているのだった。

だが疑問が生じる。視界が悪いのにどうして前の者を追い抜いてしかも急いで下ったのだろうか。また部隊は、当初胸まで埋まる新雪をラッセルして登っている。反転後もその塹壕のような溝を下って露営地に戻っているはずである。先に小原元伍長が、もう足の踏み場もないほど兵士が倒れたといっている。それは圧雪された通路でのことと思われる。だとすれば、どこかで足を踏み外し、あるいは滑って転んだとしても深雪に埋まるだけで滑落するはずもない。

その後、長谷川特務曹長は、先に滑落していた兵卒三名とすぐ後から転落してきた上等兵一名の五名で沢を下ったとしている。だが約一〇〇メートル下ったところで先頭を歩く上等兵と意見の衝突があって別れている。陳述書にこうある。

（意訳）「上等兵は飽くまでもこの谷間を下れば青森に向かうことができると深く信じていたようで、自分は谷間より傾斜に沿ってだんだん高地に登るとの意見で、その理由を言っているうちに上等兵はずんずんと進んで行って、ついに互いが離れることになった」

つまり上等兵は部隊の行動に関係なく自らが思う方向、主力とは反対の方向に進んだのである。長谷川特務曹長はその行為をとがめることなく、また自らも登って部隊に戻るような行動をとっていない。その後、また一人の上等兵が転落してきたとして再び五名になり、さらに二等卒二名と遭遇する。

「この二名は頗る健全にして又特務曹長と共に青森に向かわんことを乞えり、是に於いて自分は大隊の行進方向を捜索するを断念し青森に到り速やかに報告せし事を決心し、三人交《かわ》る交る先頭となり西北を判断して谷を下れり」

なぜに長谷川特務曹長が安易に二等卒の要望に応じ、青森に行くというような准士官らしからぬ判断をしたのかが不思議だった。それに兵卒らの行動から判断すると、自らの意思で部隊から離反していたものと思えてしまう。

第八中隊の後藤房之助伍長が、救出された後の田茂木野で次のように語っていた。

「翌二十五日午後二時頃再び田茂木野方向を指して出発せり。然れ共凍結したる足を以て迚も一里をも歩むこと能わず。神成大尉の如きは太呼して曰く、兵卒を殺して独り将校のみ助かる筈なしとて衆を励まして進めり。斯くする中に各兵皆散乱して思い思いに方向を定めて進行し、

三度露営して翌日も又早々出発したる（略）」（二月二日、巌手毎日新聞）

要するに、訓練部隊で二十五日に集団パニックが発生し、離脱者が出ていたのだった。

ただ、「午後二時頃の出発」はおかしい。なぜならば、この日は兵士らの哀願によって、午前三時頃に第二露営地を発しているからだ。それに昼頃、倉石大尉は山口少佐以下六十名ほどを率いて田茂木野に向かっているので、第二露営地に主力はいないからである。

後藤伍長本人が語った証言の所々に疑義があった。詳細はのちになるが、例えば後藤伍長は山口少佐が露営地に戻ると絶命したと、救出後に証言している。部隊と行動を共にして第二露営地にいたら、山口少佐がしばらくして意識を回復したのがわかったはずである。

ちなみに後藤伍長の担当医が作成した病床日記にも、遭難状況が記されていた。集団パニックに関しては、（大意）「人心恐れ震えあがり、ガヤガヤとやかましくなった。多くはこのとき任意前進、人心分離して秩序なく乱れわかれ、一つ場所に集合しなかった。本患者も前進者の一人」とある。この状況は夜となっており、先の午後二時とも異なる。

では集団パニックは、いつ発生したのだろうか。

神成大尉の怒号――「これはだめだッ。これは天が我ら軍隊の試練のために死ねというのが天の命令であるッ」があったのは、前嶽を登っていたときである。だから「露営地に戻って枕を並べて死のうッ」となったのだった。その叫びによってみんな士気阻喪し、あちこちで兵士が倒れていた。このときに、「死にたくない」と思う兵士らは、そこから逃げ、露営地にも戻らなかっただろう。

前嶽登攀から反転した後に、二、三の将校を越えて先頭となり、歩みを速めたとしている長谷川特務曹長の行動は異常だった。もしそれが離脱行動だったとすると、なにも異常ではなくなり陳述内容もすっきりと納得できてしまう。おそらく長谷川特務曹長らは、谷間に落下したのではなく、第二露営地からさらに下って鳴沢を北に下っていたに違いない。また部隊が露営地に戻った以降における後藤伍長の証言は、他の複数の証言と異なるとともに大きな誤りがあり、そのことは後藤伍長が部隊から離れていたことを裏付ける。

『遭難始末』に記されている「田中見習士官、長谷川特務曹長等十数名行方不明となれり」は、反転して宿営地に戻ってから、神成大尉が点呼をとったときに明らかになったことのようだ。その行方不明者は、まだ斃れておらず歩行できたはずで、だとすると部隊からの離脱者であったといえる。

やはり集団パニックの引き金は、神成大尉の怒号だったというほかない。

人事不省

午前七時頃、第二露営地において山口大隊長がまた人事不省に陥る。将校らは風雪を避けるため山口少佐を抱きかかえて樹下に移した。軍医の指示により、火を熾して温めることにし、周りにあった木の枝を折って火をつけたが、ジージーと音を立てるだけで燃え上がらない。そこで仕方なく、背嚢の板片を焚いて山口少佐の体を温めた。その頃に神成大尉が何をしていたのかわからないが、おそらく茫然自失の状態にあったのではなかろうか。

兵卒らも背嚢を燃やして暖まった。阿部元一等卒が語っている。

「寒いので、みんなで背のうを燃やした。いっしょに暖をとることをせずに、勝手に火を奪いあった。その火でハンゴウに詰めた雪をとかし、それを飲んで飢えをしのいだ」（昭和三十七年六月十日、産経新聞）

部隊としての秩序は、すっかり乱れていた。皆生きて還るために躍起だった。

ちなみに一月二十九日の東奥日報記事に、「背嚢及び銃身を焚きて僅かに暖を取れり」とあった。だが「佐藤書簡」では、「背嚢の一部を燃料に供せるものあるに至るにも係らず」、（意訳）「兵全員、唯一の武器である銃と剣を大切にしていた事に驚くべきものが多い。死するも放さず、手で銃を握られないときは多くのものが縄で体に結び付けていた」としている。

刀は武士の魂といわれていたように、銃は兵の魂であると教えられていただろう。いくら寒いからといっても、銃の木部を燃やして暖を取るようなことはなかったに違いない。部隊の現状を見た倉石大尉が決断する。総指揮官である山口少佐に代わって、爾後の行動を示さなければならないと。

「余は古参者として総指揮を取ることとなれり」（倉石陳述）

吹雪に加え積雪は前日の倍ほどとなり、将兵は寒冷と飢餓のために斃れる者多く、倉石大尉は当てもなく行進を続けるのは到底できないと考えた。そこで一時、この地に停止して田茂木野の方向を確定した後に前進することにしたのだった。

どうして最初からそうしなかったのか。倉石大尉が、あるいは神成大尉が積極的に意見具申していたら、おそらくこんなにも悲惨な状況に陥ることはなかったのではないか。

ちょうど雪が晴れて視界が開ける。倉石大尉は決死隊の斥候を募り、田茂木野に至る経路を捜索させることにした。集まった下士卒は、倉石大尉によると十六名、伊藤中尉によると十名、『遭難始末』によると十二名としており、よくわからない。ただその多くは、第八（倉石）中隊の下士卒だった。捜索に出した斥候は二組で、各組の長は渡邊幸之助軍曹と高橋他一伍長であった。倉石大尉は、その前進方向を朝に下ってきた前嶽の反対側にある小高い山（馬立場）

の左（西）側を渡辺軍曹、右（東）側を高橋伍長として、田茂木野に至る経路を探すよう命じた。疲労困憊し今にも倒れそうな下士卒は、重い足取りで進んでいった。

倉石大尉は残った兵士を集めて、そのうちの健脚者に付近の凍死者から食べ物を集めてくるよう命じた。

そうこうしているうちに山口少佐が蘇生する。意識がはっきりすると山口少佐は各中隊長（中隊長が欠の場合は次級者）に対し、これはもうとても今までのように命令を出して行軍するのは不可能であるから、以後は各自が思った方向に進んで原隊に向かってくれと述べる。また田茂木野に行ったら連隊と連絡がつくだろうから田茂木野へ向かえとも。これまで山口少佐は訓練部隊を指揮してきたが、意識を二度失ったことで、そうした気力もなくなってしまったようだ。

ただ山口少佐が発した言葉が下士卒の間で、「各個人が任意の方向に進め」というように誤って伝わっていた。それで一部の者は自らが思う方向に進んでしまうのだった。のちに遭難を伝える新聞は後藤伍長の証言から「任意解散した」「各自の任意に従うこととなり」などと報道している。

これに関し、伊藤元中尉が口演で重大な証言をしていた。

「山口大隊長が各兵士に自由行動を命じたと世間ではいっているが、決して左様な命令は出しません」

このときの口演で伊藤元中尉は、遭難の原因は山口少佐が神成大尉に相談もせずに命令を発したからだと批判している。もし山口少佐が各兵士に対して「任意の方向に進め」と命じていたならば、伊藤元中尉が強く否定するはずもなかったのである。要するに任意解散はなく、一部下士卒が都合よく判断したことなのだった。

錯乱

不眠状態が二夜三日になり、将兵に幻覚が生じていた。

「かなた向こうの山より四列縦隊の兵が元気よく当方へやってくる。応援隊が来たものと全員が喜んだ。併し私は枯木だと思ったが、枯木といってしまえば各兵士の落胆を思い、倉石大尉と相談して報告しなかった。飢えと疲れのため視力に異常を呈したもので、あとで枯木であることが判った時の落胆ぶりはひどかった」（伊藤口演）

また倉石大尉が投稿した『偕行社記事』にこう記されている。

「行軍隊の多くが視力に変化を起せし結果樹木を認めて救援隊と誤認し喇叭手《らっぱしゅ》春日林太夫号音を吹奏せんとせし時管其唇に凍着して暫らく奏ずる能わざりし」

これに関して小原元伍長は次のように語っている。

「中隊長はねえ、木に雪が積もったことを連隊があそこから救援隊が来ているからラッパを吹いてここにいることを（略）知らせてくれっていうわけです。それも無理にラッパ手にラッパを吹かせる……ラッパの音といったら嫌な音がするんですねえ。半分死にかけていてラッパ吹くんですからねえ。まだ目に残っていますね、ブブー、ブブーと吹くのが……来ません。木の枝に雪が積もっているんだもの。来るわけないですよね」

兵士らの願望によって、物が人に見えてしまったようだ。ほかにも似た例が倉石大尉の投稿記事に載っている。

「遭難第三日払暁帰路に迷い鳴沢第二露営地に在りし時、上等兵小野寺熊次郎突然余が許に来たり告げて曰く『駒込川を下り幸畑村を発見して斥候只今帰れり』と。此任務は何人も命じたることとなし。畢竟《ひっきょう》上等兵が不眠の結果常識を失いたるの証なり」

将兵は酷寒による凍傷と低体温症、不眠による意識障害でいつ死んでもおかしくない状態にあった。この頃大橋中尉が飢えのために倒れ、永井軍医の手当を受けている。残っていた食物を与えると、ようやく蘇生したと倉石大尉が陳述していた。

午前十一時三十分頃、田茂木野への帰路を捜索していた高橋伍長が一人宿営地に戻り、倉石大尉に帰路を発見したと報告する。二十三日に鳴沢で遺棄した橇を見つけたのだった。

午後零時頃、倉石大尉は将兵約六十名を掌握して宿営地を出発する。当然、山口少佐が含まれ、弱った兵士らを励ましてのことだった。先導は高橋伍長で、まずは橇を発見した鳴沢に向かった。ただ露営地にはほかに生存する将兵六十名ほどが残っていた。伊藤元中尉がこう話している。

「この日、神成大尉は各小隊を点呼せしに三分の一は斃れ、三分の一は凍傷のため自由を失い、あと三分の一は比較的健全であった」

倉石大尉は、ついてこられない者を置いて出発したといえば語弊があるかもしれない。歩けるが自らが活路を見いだそうとしてついていかなかった者もいたのだった。第二露営地から北上して田茂木野に向かう経路上の死体数と生存者数を合わせると一二〇ほどになる。それは第二露営地に残された者の多くが、必死で部隊主力を追っていたことを裏付けている。

ちなみにその頃における身体の状態を、小原元伍長が次のように語っている。

「足は凍傷で、ちょうどシビレがきれたような感じ。そんな足を丸太を引きずるように、胸までの雪を泳ぐみたいにかきわけて歩きました（略）それから手がこごえてボタンをはずすことが出来ず大小便はたれ流しで、まず小便にぬれた足の下の方が凍り、それからだんだんシリの方が凍ってくる」（東奥日報社編集局『写真　青森県百年史』）

凍傷がひどくなると筋肉や骨に障害が起こるらしい。また血流が悪くなると細胞は死んでしまうのだという。将兵はそうした状態に陥っていたのだった。

渡邊軍曹の斥候組であるが、倉石大尉の陳述書にはその後の安否など記されていない。伊藤元中尉は、「一隊は失敗したが、他の高橋伍長来り帰路を発見したとの報告で（略）」と話している。のちの河北新報に載った「倉石大尉遭難談」によると、二組の斥候のうち一つは田茂木野に通じる道、一つは田代新湯に通じる道を探させたとしており、その可能性は高いと思われた。ただ渡邊軍曹の斥候組に追随した今井米雄特務曹長の遺体が、中ノ森南側の斜面で捜索隊によって発見されていることからすると、渡邊組も田茂木野に至る経路を探していた可能性を否定できない。

午後二時頃、倉石大尉率いる訓練部隊主力は、比較的順調に鳴沢を越えていた。

「天候は強風雪なりしも前日に比すれば稍々《やや》弱くして時々二百米突《メートル》の周囲を明かに見る事を得たり」（倉石陳述）

沢を登りきってからさまよっていたようだ。その多くが気力だけで歩いているので、途中で尽きてしまう者もいる。永井軍医もここで斃れていた。「捜索実施概況」にこうある。

「馬立場西南方平原（鳴沢に通ずる道路より約五十米突西方）に於て永井軍医の死体を発見」

午後三時頃、「再び風雪強盛となり時既に昏暮《こんぼ》に近づきしを以て一同歩度を延ばしたり」（倉石陳述）ところが、伊藤元中尉はこう語っている。

「馬立場に登る道を発見、周囲を展望することを得たときの喜びは蘇生の思いがした。進路を西にとり進んだが、何処まで行っても馬立場に着しない。（略）道を誤り、中の森東方山腹をグルグル回っているのだ。かく知ると急に疲れが出で一歩も歩けなくなり、斃れるもの続出し悲惨な有様であった。日が暮れたが、露営する元気もなく足踏みなどして夜を明かした。もはや生き残ったもの三十余名しかなかった」

将兵の遺体は馬立場頂上付近になかったもののその前後（南北）にあったことから、部隊主力は馬立場の西側を歩いていたものと考えられる。斥候の組長で部隊主力を先導した高橋伍長の遺体が、馬立場西側の斜面で捜索隊に発見されていた。斥候に出たことで体力が尽きてしまったのだろう。また中ノ森南側に遺体が集中していたのは伊藤元中尉が語っていたとおり、中ノ森山腹を彷徨していたからなのだろう。

『遭難始末』によれば、第三露営地は中ノ森と按ノ木森の中間付近とされている。吹きさらしの山中で、将兵は生き延びようと必死に足踏みをしていたに違いない。

倉石大尉が次のように語っている。

第２露営地の鳴沢付近から馬立場を望む

「此の夜予は心身の疲労と空腹とにて暫時昏睡に陥いり今泉見習士官に両三度呼び起されたり」（二月九日、東京朝日新聞）

倉石大尉は、この日の朝に山口少佐が意識を取り戻してから神成大尉が演習部隊の指揮を執ったとしており、また神成大尉と連携して行動していたようなことを陳述しているが実情は異なる。神成大尉は、朝、自らが軍刀を抜いて前に立って歩いた以降の行動は不明だった。ただ倉石大尉率いる部隊主力についていかず、第二露営地に残っていたのである。

また倉石大尉は大橋中尉が途中で遅れたとし、おそらく死亡したのだろうと語っている。その大橋中尉が率いる小隊（中隊）であるが、倉石大尉らが進んだ経路から外れ、馬立場から北に下りて渓谷（駒込川）沿いに下っている。その途中において一人、また一人と尽き、最後に大橋中尉が斃れていたのだった。

「按ノ木森東北方約三百米突の断崖に於て大橋中尉の死体を発見す」（「捜索実施概況」）

大橋中尉について、佐藤中尉が次のとおり悼んでいる。

「此頃漸《ようや》く中尉に昇進したるものにして、本人は元教導団に入り一般砲兵の軍曹となりしが、大いに勉強し士官候補生の試験を受け非常なる苦心遂に目的を達したるものなれば、其の齢亦他同期生より長す故に、僅かに一月前に娶妻《しゆさい》なる憫然たるものなり」

考課表には質朴にして気概あり。志操確実、品行方正、品格高尚にして威厳ありとされており、将来有望な将校であったといえる。

第二露営地には、歩けない者や虚脱している者、どうしようか迷っている者など六十名ほどが残っていた。

背嚢を燃やして暖を取ったと語っていた阿部一等卒は、そのまま第二露営地に残っていた。夕方になると周りに二、三人しかいなかったという。その一人が「オレはこの辺から出た兵隊だ。すぐそこに家がある白取という家で、オレの知りあいだから、いってみよう」と阿部一等卒に話しかけてきた。目をこらすと木立の中に家みたいなものが見える。躍り上がりたい気持ちで進んだものの、いくら行っても家がない。

「その兵隊は頭がおかしくなっていたのだ。ガッカリしたとたんに、その場に倒れてしまった」（昭和三十七年六月十日、産経新聞）

阿部一等卒が進んだ場所は、第二露営地から〇・二キロほど西側の沢だった。

また部隊主力についていかなかった村松伍長は、その理由を次のように陳述（以下「村松陳述」という）している。

「伍長大坪平市人事不省となりしを以て救護に努めたれども終に蘇生せず」

そのときにはすでに倉石大尉らの部隊主力が露営地を後にしており、その影もない。仕方なく第五中隊古舘要作一等卒と一緒に部隊主力を追ったものの探し出せず、それで村松伍長は青森と思われる方向を定めて進んだのだった。渓谷に沿い高地を下り、日没になると樹の根元のくぼみに入り夜を明かそうとしたが、疲労のために熟睡してしまったという。

村松伍長らは北東方向、おそらく平沢を下っていたようだ。それは田茂木野方向とは逆となる駒込川上流の田代元湯方向に向かっていたのだった。

この村松伍長の行動について、小原元伍長がこう語っている。

「自分で勝手に行ったんでしょう。何しに行ったかはわかりませんがね。(略)あとに残っている人達が皆田茂木野の方だと思って方向もろくに確かめずに行ったでしょう。それが途中で亡くなってしまう人もいましたものねえ」

村松伍長が自ら活路を見いだそうと行動したのかどうかはわからない。

あの長谷川特務曹長率いる一団は、第一露営地東側の平沢から大崩沢付近を彷徨していた。陳述には「稍々平なる雪原に出でたるを以て西北を指して直線に下れり時に午後二時頃ならんと感ぜり」とあるので、おそらくそこは大崩沢であろう。一行は第二露営地から北東に進んでおり、田茂木野(青森)の方向には全く向かっていなかったのである。

ここで地形について説明が必要になる。それは「平沢」と「大崩沢」に関し、当時の地図（工兵隊作成）と現在の国土地理院地図とでは、その位置などが異なっているからだ。『遭難始末』の第一図「捜索線之図」では鳴沢の東側一本目の沢を「平沢」とし、そのさらに東側二本目の沢を「大崩沢」としている。それが国土地理院地図になると、鳴沢から東側一本目の沢を「大崩沢」とし、「平沢」はなくなっているのである。

『八甲田の変遷』（岩淵功著）によると、大崩沢は「崩壊地」であるとし、「雪中行軍遭難現場の鳴沢の側にある沢を大崩沢としているが、白沢の誤まりで大崩沢はその南隣の沢である」としている。

つまり二つの沢は『遭難始末』どおりで、鳴沢の東一つ目の沢が平沢（白沢）、そのさらに東二つ目の沢が大崩沢となるのだった。

長谷川特務曹長らの一団は、一時八名になっていたが途中で四名が脱落し、結局残っていたのは長谷川特務曹長のほかに佐々木正教二等卒、小野寺佐平二等卒、阿部寿松一等卒の三名だった。大崩沢で、長谷川特務曹長が炭焼小屋を発見する。入り口が積もった雪でわからず手分けして探す。ようやく入り口を見つけ、その前に積もる雪を掘って中に入った。

「三分の二以上は炭俵なり、三分の一は掻き集めたる炭なりき即ち小屋の内は殆んど炭を以て満たされあるなり。依て相協力して炭俵を外に出すことに決し約三十俵を出せり」

各人が座を作り、その後、火を焚いて炭をおこす。

「先ず飯盒に雪を盛りこれを溶かして第一着に飲みたり其時の快なる何とも云い難し。日没せり炭火の為め手も稍々自在となりし」

何度も雪を溶かして飲んだ。その後、全員で保有する食料を確認すると、餅五個と糒四袋だけであった。

「其夜の食として各餅一を食することとなし、阿部壽松は疲労甚かりしを以て餅二個を食せしめたり」

乾いた喉を水でうるおし、久しぶりに温かい食べ物を口にする。きっと生き返るような思いだったに違いない。その後、雪が凍りついた外套や濡れた衣服などを乾かしていたのだろう。ただ炭を熾している場所は囲炉裏でも地面でもない。炭のくずなどが積もっていた場所で火を焚いており、その延焼を避けるために火の周りを雪の土手で防いでいたのだった。

体が暖まったことで、兵卒は深い眠りに落ちてしまう。火の番をする長谷川特務曹長も睡魔に襲われていたので、危険と考え火を消すことにする。その前に兵卒を起こし、糒を飯盒で温めて皆で食べた。

長谷川特務曹長は、こんなことも陳述している。

（大意）「火を焚くとすぐに各兵は手足を火に近づけて暖まろうとした。自分は凍えた手足をいきなり火にあぶってはいけないと注意したが、各兵は気にせずに続けたため、その指や甲はやけどのように腫れあがりつつあった。よってあぶらずに摩擦するよう命じたものの、各兵は眠ってしまい、それで凍傷になってしまったようだ。自分は、自らを鼓舞して終夜摩擦したため凍傷にならずに済んだ」

翌午前三時頃、長谷川特務曹長は火を消して眠りについたという。

一月二十九日の東奥日報に後藤伍長のこの日に関する証言が載っていた。

「翌二十五日暁、降雪また盛んなりしが再び行進を始めて（略）到底退却すること能わざれば再び前露営地に引戻ることとなりしが此時山口大隊長は全身凍えて動く能わず人事不省となり、（略）漸く介抱して前露営地に連れ行きしが此の時大隊長も遂に絶命するに至りし（略）」

後藤伍長は露営地に戻る途中で部隊から離脱したために、部隊主力が露営地に戻った後の状況を知らない。そのため大隊長は絶命したと思ってしまっていたのだった。

「二十五日の夜は又もや同所に露営するに決せしが此の時多くは凍死して其数百三十九名の多きに達せり」

後藤伍長は倉石大尉率いる部隊主力が出発した後に第二露営地に戻っているので、人員数の把握などできるはずもなく、一三九名という数字がどうすれば出てくるのかよくわからない。

残った将兵については次のとおり記されている。

「如何《いかん》ともすべからず只《た》だ夫《そ》れ死を待つのみ。是に於て或《あるい》は田代に向わんと云い或は田茂木野の近きを主張したるが寧《むし》ろ各自の任意に従うこととなり、倉石大尉の如きは独り奮然として挺身田代の方向を指して進みしまま其の影だも見えず」

倉石大尉は昼頃に将兵約六十名を率いて田茂木野に向かっており、後藤伍長の証言は明らかに事実と異なっていた。

おそらく後藤伍長は、露営地に残っていた兵卒らから自らの不在間にあった出来事を聞いていたのだろう。だがほとんどの者は意識が混濁しており、語る状況には正誤の混在があったために、デタラメな内容になってしまったようだ。

やがて後藤伍長は、強い睡魔に襲われて第二露営地で眠ってしまうのだった。

筒井の五連隊本部

第二大隊が未だに帰隊しないものの何も対処することなく、やがて戻るであろうと楽観していた。ところが、青森警察署長内田信保警視の急な来訪を受ける。『青森県警察史』（昭和四十八年）にこう記されている。

「二十五日巡査千葉小一郎より、行軍隊の一行凍死せし状況ある旨報告に接す。即時内田署長に於て五連隊に急行して協議を遂げたる結果、若干の捜索隊を発遣することに決し、翌二十六日連隊を発せし（略）」

この時点で、二大隊の遭難は判明していない。ただ田茂木野、幸畑及び筒井あたりで「五連隊は遭難した」と騒ぎになっていたようだ。遭難の第二報となる一月二十九日の東奥日報に、「雪中行軍隊の帰り来らざるの報を聞くや村民は早く既に一行の凍死を確信し居たりと」とあり、それを裏付けている。要するに千葉巡査は、村民の騒ぎを聞きつけて事情を聴き、上司に報告したということのようだった。

警察から捜索の働きかけがあったにもかかわらず、津川連隊長は捜索隊を明日出すとして悠長に構えていた。それもそのはず、この日の夕には転任将校の送別会が行なわれることになっていたからだ。連隊副官の和田大尉が次のとおり話している。

「二十五日は前日よりも大分天気が良くなりましたから連隊長も今日こそ行軍隊が必ず帰えることと信じて居たのです。又吾々はこの日松木中尉が連隊区へ転任するに付き集会所で送別会を開き、他の将校と共に行軍隊が今にも帰ったら大に歓迎しようではないかと言い合いながら今か今かと待ち暮らしたが（略）」（二月一日、時事新報）

津川連隊長は、第二大隊の帰隊が一日あまり遅れているのにもかかわらず、遭難するなどと全く思うことなく酒を飲んでいたのである。送別会ではあったが、やはり話題は未だに帰隊しない第二大隊のことだった。

「第一の問題は一体田代という処は通常の民家こそなけれ温泉宿が二、三軒あり、冬の間は例も其処へ番人が三箇月間の食料を貯えて留守居をする様になって居るから一同は食に困ることはあるまいとの説で（略）第二の問題は全然第一と反対で一同は無事ではないというのです。（略）殊に田茂木野から田代までは一軒の民家もないのだからますます心もとないという説で此両説は一時中々盛りでした（略）」（同）

おそらく連隊の将校らで田代の温泉に行ったことのあるものはいなかっただろう。だから現地の認識は噂話の域を出ないものだったのである。

和田副官は、連隊長が後の説に同意したと見えたとし、そして捜索隊を出せと命じたとしている。だがそれはおかしい。その前に警察との協議で、若干の捜索隊を派遣すると決まっていたではないか。連隊長はその開始を翌日としていたし、実際においても翌日で全く緊急性を持っていなかった。

結局、津川連隊長にとっては、第二大隊の消息よりも宴会（送別会）のほうが大切だったのである。

一月二十六日　神成大尉、田茂木野を目指す

三十一連隊の教育隊

午前八時に三本木を発進して増沢に向かった。

「午前六時零下四度、午後零時零度、午後六時零下五度、最下降点零下五度、最下降点場所三本木原、微雪西方の和風」

間山日記には、「北風弱くして出発以来無きが如く晴天なり」と記されている。積雪は三本木一・二メートル、段ノ台二・一メートルであった。

当初の予定では、この日に田代（新湯）まで行くはずだった。泉舘手記によると、数日来の不良な天候を考慮して、一気に田代まで進むのは危険だと判断、日程を変更したとしている。だが、それは福島大尉の建前にすぎない。

前年夏の準備訓練では陸羽街道を北上していたので、田代街道は歩いていない。よって福島大尉以下のほとんどが、田代街道を知らなかったものと思われる。福島大尉は三本木から青森に抜ける経路が不明なので、出発前に法奥沢役場にその経路を問い合わせていた。役場のそっけない返事に対し、再度手紙を出して、「天皇上奏の演習」と脅しをかけて支援を要望していた。そして「増沢には一泊するかも知れない」とし、増沢で道案内（嚮導）を出すよう暗に示していたのだった。

福島報告では、

「弘前より三本木に通ずる山路を熟知する伍長（進藤貞吉）三本木より田代に通ずる山路を熟知する兵卒（沢目亀三）田代より青森に通ずる山路を熟知する兵卒（小山内福松）を以て険坂通過の羅針盤とし又必要に応じ二名乃至七名の土人を現地に於て雇い出し嚮導を兼ね排雪の任に当たらしめたり」

としているが、宇樽部〜上栃棚、増沢〜大滝平での険しい山越えがある経路では、明らかに部外の嚮導によって行軍が行なわれている。特に田代街道は、猟師や炭焼を生業としていた者でなければ熟知しているはずもなく、実際、福島大尉も嚮導に全く頼っていた。

もし福島報告のとおり熟知しているのならば、増沢に泊まることなく予定どおり実行できたはずである。福島大尉としては田代に向かうためにはどうしても嚮導が必要だったが、その調整はできていなかったのである。それは、酒肴を準備している、道案内は処置するとした法奥沢村役場の回答が届く前に、弘前を出発していたからだ。結局、嚮導を期待して増沢泊まりにしたというのが実情のようである。

「三本木より段ノ台までは積雪上に行人の足跡を存じ且つ本日の行程は僅に三里のみ倉手山を廻り熊沢河岸を過ぎて増沢に達し」（福島報告）

増沢までは約一七キロで、経路は赤沼（三キロ）～矢神（七キロ）～段ノ台（一二キロ）となる。

一行は軍馬補充部の前を通過し、赤沼を過ぎて相坂川と新渡戸傳が工事に着手した灌漑用水路「稲生川」の間を西に進んだ。矢神を通ったのち、熊ノ沢川沿いに北上する。

「午前十時半相坂川沿岸の断崖に駈け降れる氷は太さ一把長さ殆んど三丈位にして恰も滝の如くなるを写真撮影せり」（間山日記）

写真の撮影は倉手山（現・鞍出山）南側で行なわれた。そこは矢神と川口の集落を連絡する道路上で、左（南）側は相坂川になる。少し進むと熊ノ沢川との合流点となる。ちなみに右手山側の上方には稲生川の穴堰《あなぜき》（トンネル）があった。

東海記者は一月三十日の記事で、倉手山に登ったとしており、積雪は層をなし、断崖は堅氷を以て覆われ、その情景はあたかも大滝を見ているようだとしている。ただ時間的なことから倉手山の頂上まで登ったとは思えない。

「此時記念の撮影を試む福嶋大尉と予とは氷柱の直きものを撰んで杖に擬し一行と共に之れに加わる」

その写真の裏書には、「第五号図は一月二十六日雪中行軍隊八甲田山に向う前日倉手山の断崖に氷筍《ひょうじゅん》の懸かるを看《み》つつ休憩するの状況なり大瀑《だいばく》の如きものは皆な氷筍なり行軍者の携る二条の白棒も亦氷筍なり撮影は之を以て最後とす」とある。太いつららを杖にしている二人のうち軍帽をかぶっているのが福島大尉、ハットをかぶっているのが東海記者だった。

撮影後さらに前進すると、法奥沢村役場の職員が一行を出迎え、段ノ台の休憩場所に案内する。途中のおそらく川口の集落前で、法奥沢の小学校職員・生徒が、「陸軍探検隊万歳」「雪中行軍万歳」「三十一連隊万歳」と三唱して迎えた。

「午前十一時川口新田字段ノ台小笠原忢次郎方に村長隊を引き入れ庭に休憩所を設け酒餅煎餅《せんべい》味相鶏の汁物鯣《するめ》新茶の待遇を受け各人に付き煙草の名大天狗一把宛寄贈す」（間山日記）

タバコは、法奥沢村と大深内村が共同して購入していた。

倉手山の断崖で休憩する 31 連隊の福島大尉（軍帽）と東海記者（ハット）ら（第5号図）

午後零時十分、食事休憩を終えて出発する。段ノ台より増沢までは人々の往来があり、経路上は圧雪されていた。一行は軍歌をうたって進んだ。戸来のときも酒が入ってから軍歌をうたっている。目的の増沢までは約六キロと短くもあった。ここでも福島大尉は、「軍歌ッ、雪の進軍、始めッ」と音頭を取っていたのだろう。

一キロほど進むと熊ノ沢である。集落の前には深持小学校の職員・生徒らが歓迎のために待ち構えており、一行が近づくと「雪中行軍隊万歳」と三唱した。一行は休憩所の小原家で新茶煎餅などのもてなしを受ける。午後一時五十分再出発し、熊ノ沢川沿いに中村、石渡と北進する。積雪は進むに従い多くなっていく。増沢では三メートルを超えていた。

「此間は山脈に沿いつつあり如来山の麓には炭焼場あり就いて問えば一日七俵位を焼くという」(一月三十日、東奥日報)

午後二時三十分、増沢に到着する。

間山日記には次のとおり記されていた。

「沢口徳右エ門方に舎営す其の夜大深内役場より酒を待遇せり　尚お夜具迄でも処々より人夫を以て運搬せしめ其の所は戸数僅か四五軒の一小村なれども村長種々尽力して少しも不便感ぜざらしめたり」

泉舘手記にはこうある。

「増沢村は一寒村なれども我等の宿営を聞くや『ランプ』を買い、敷席を新たにする等精神的の歓待には謝するに余りありたれども、俄かの事とて寝具類を整うる暇なく又余裕もなき事とて我等は家族と共に炉を囲んで宇樽部村同様榾火《ほだび》に夜をすごせしもの大半であった」

福島報告には、不満めいた所見が記されている。

「明日の準備として充分の給養を与う然れども山間寂寞《じゃくばく》の郷、三戸の家一枚の畳なく浴場の如きも村長の斡旋に依って僅に一個処を設け得たるのみ」

以上からすると、やはり宿泊する各家によって待遇が異なるようだ。福島大尉以下の将校が泊まる家はその中で一番裕福な家があてがわれる。ただ本来ならば、雪中に露営すべきことなのだ。民家に旅館のような接待を期待するほうが間違っている。

確かに福島大尉率いる教育隊は、雪中行軍において調査研究を行なっていたのだろう。だが毎日のように風呂に入り、日中の飲酒、連夜の酒宴に彼らの真面目《しんめんぼく》さがどうしても薄れてしまう。

ところで嚮導であるが、天皇上奏の演習だとした福島大尉の手紙を受けた法奥沢村役場は、大深内村役場に事の次第を連絡している。それは重大だとして大深内村長と同助役は熊ノ沢川沿いの深持地区に出張し、身体頑健で八甲田の地理に精通する住民を探した。地元村会議員の口利きもあって、八甲田案内を承諾する七名が得られた。

増沢の沢内鉄太郎（三十六歳）、沢内吉助（三十歳）、中村の中沢由松（三十歳）、梅（船沢）の福村留吉（二十六歳）、福村勝太郎（二十三歳）、熊ノ沢（柏木）の小原寅助（三十六歳）、川村宮蔵（二十三歳）である。ただ、どうして七名の大人数になったのか。当然道案内のためなのだが、山中の深雪をラッセルさせるための人数確保でもあったようだ。

道案内は二二キロ先の田代新湯までだった。嚮導は日帰りするつもりでいたが、増沢に帰るのはおそらく真夜中になる。宿泊する心づもりもあったかもしれない。命を落としかねない危険があったものの、軍隊と役場からの依頼だから無下に断ることもできずにいた。各人はそれぞれ複雑な思いを抱きながら、明日の早い出発のために準備をしていたに違いない。

五連二大隊

五個の小グループに分かれていた。ただほかにも個人や将校が率いる小グループが部隊主力を追及するなどしていたのだが、そのすべてが途中で果てていた。「佐藤書簡」によると、兵卒は直属の中隊に関係なく人望の厚い隊長（将校）のもとで行動していたらしい。

第八中隊の後藤惣助元二等卒が、次のように語っている。

「二十六日山口大隊長が下の沢すなわち大滝に下りて川に沿って青森に下ろうと命令、九人が下りた」（昭和二十九年八月十七日、東奥日報）

伊藤元中尉はこう話している。

「私は倉石大尉と相談して、このままいる時は只死を待つのみであるから、賽ノ河原より駒込川に沿うて青森へ下る方が一策であると提言し、元気ある者を集めて大滝の下を望んで下りた。駒込川をはさんで両岸は絶壁で、苦心して下り滝つぼに至り川を下らんとしたが、上流のため流れが早く川が凍うていないため歩くことができなかった。疲れのため元の位置に引返す元気もなく、進むに進まれず、進退極まってしまった。私が全員を点呼したら十八名あった。今は只死を待つばかりの十八名は水を飲み、雪をかじり岩によりかかっているうちに、渓谷の滝つぼは山上より暖いため急に連日の疲れが出てウトウトと眠った」（伊藤口演）

倉石大尉率いる部隊主力が、中ノ森東側の第三露営地から前進を始めた時刻は不明であるが、おそらく夜が明けてあたりが明るくなってからのことだと思われる。この日の青森市内の天気は前日の曇りから快晴になっているので、八甲田も前日よりは視界が良くなっていたのかもしれない。

部隊主力は按ノ木森東側～賽ノ河原東側と進み、そこから駒込川の大滝に延びる沢を下った。

その後の状況が、倉石大尉の陳述書に記されている。

「駒込川に下りこれより村落を捜索せんとして下渓せり。此日渓谷の左岸にある断崖の下に日没するに至りたるを以て一行この処に露営に決せり。中野中尉は急傾斜を下る時凍死せり。渓谷に下りて後今泉見習士官は一名の下士と共に渓中を下り村落を捜索するの目的を以て流に入り行衛不明となれり」

中野中尉は賽ノ河原の東側で斃れている。その後方には二十名あまりの遺体が縦隊のようになっていた。部隊主力には朝の時点で三十名ほどいたものと推定され、中野中尉に続く脱落は十名ほどであった。ほかのおよそ十名は、おそらく第二露営地に残っていた兵卒らなのだろう。

今泉見習士官が川に入ったことに関して、小原元伍長が次のように語っている。

「私の中隊長なんか、兵隊の銃剣持ってきて、『どうだお前、これから筏で行って連隊へ報告するから筏作るんじゃねえがあッ』、そんな調子だったんですよ。だから中隊の見習士官が川に入って報告するというわけだったんですね……今泉見習士官が川に入ったんですね……神経がすり減ってしまうのか、川の中に入って生きて報告するなんてできないはずなんですけども、あの場にいるとできると思うだにかわってくるんですな。それから中隊長の前に行って報告せっていうんで、倉石さんが万歳の声ですね。そうして川に入って流されていったんですね」

按ノ木森から、遠く青森湾を望む

後日、捜索隊が大滝の一五〇メートル下流で今泉見習士官の遺体を発見している。

さらに小原元伍長は、後日談を話した。

「中隊長は、見習士官の遺族に泣かれてすごかったそうですよ。中隊長命令でやったんだろうけども、まあそこはハッキリといいませんが。常識的に、なにも好き好んで川に飛び込んだんじゃないと。つまり中隊長の命令によって川に入ったんだと。あの当時、川に入って助かるはずはないと言うんですね。それを命令で入ったからといって大分嫌味に泣かれたということを聞きましたね」

小原元伍長は直属の上司（中隊長）であった倉石大尉の不名誉なことを、包み隠さず話していた。

倉石大尉はこの日の出来事を二十七日のこととして陳述している。それが錯誤だったのか、意図的だったのかは断定できないが、倉石大尉の陳述には所々つじつまの合わないところがあった。

第二露営地西側の沢では、阿部一等卒が目を覚ましていた。真夜中だったが近くから、「助けてくれ」、「苦しい」というような悲鳴ともうめき声ともつかない声が聞こえてくる。

「チリヂリになった六十人の隊員が、いつの間にか私の近くに倒れていたのだろう――。朝になると雪がやんでいた。歩こうとしたが、足の関節が動かない。足を引きずって手ではって歩いた。目の前にツマゴ（ワラグツ）で通った跡がある。このとおり行けば、助かるかも知れない。――そう思って足跡をたどった。途中雪のなかで死にきれずにいる隊員や、死体の上をなん度越えたか知れない。しばらく行くと、こわれかかった小屋があったので、なかにころがり込んだ。そこに先客がいた。三浦道雄伍長と高橋健次郎一等卒だ」（昭和三十七年六月十日、産経新聞）

壊れかけの小屋であったが、風雪をしのぐことができた。

田代元湯

平沢では、村松伍長らの彷徨が続いていた。

「未明目覚めてより又前日の如く渓に沿い高地を降る。此日は連日来の飢餓と疲労との為め気急ぐも足行かず僅かに五、六千米突計《メートルばかり》を歩行せしに既に午後二時半頃なれり。再び勇を鼓して前進せしが前方に小屋様のものあり。故に余はここに露営するに決して古舘と共に小屋に入る」（村松陳述）

どうやら村松伍長らは、平沢から駒込川左岸沿いを上流に向かって進んでいたようだ。小屋の中に入ると、多量の茅《かや》が積んであった。ただマッチを持っていなかったので火をつけて暖を取ることはできなかった。そこで二人は茅の間に入り手足を動かして凍傷を防いでいた。

村松伍長らが見つけた小屋は、冬期間無人の田代元湯だった。田代元湯へはどこかで駒込川を渡らなければならない。水に飛び込んで渡ることなどできるはずがないから、おそらく橋があったのだろう。

第二露営地からは直線で約二キロだった。さらに〇・五キロほど上流に進むと田代新湯で、夫婦二人が住んでいて食料もあったし、暖まることもできたのである。

大崩沢の小屋では、長谷川特務曹長らが行動を起こしていたらしい。夜が明けると小屋から出て、どの方角なのかよくわからないが歩みを進めたとしている。だが小屋から一・五キロほど進むのに午後二時頃までかかったらしく、それで長谷川特務曹長は、「とても前途望みなきを以て炭小屋に還ることに決し」とし、結局、一同は小屋に戻ったという。ただこれらのことは、長谷川特務曹長の陳述だけに基づいているので、実際のところはどうだったのかよくわからない。というのも、後年、長谷川元特務曹長が次のように話しているからだった。

「二十六日には倒れる者続出してから各自思い思いに右往左往し、私も偶然山中の炭小屋に四名の兵卒と這入り込んだ。『眠ると死ぬから眠るな』と激励したが、それから七日間半死半生

で寝て居た」（昭和十一年一月八日、東京朝日新聞秋田版）

風雪をしのげる小屋を出てあてもなく進んだとした陳述よりも、後年に話した内容のほうが自然である。

山口少佐が各中隊長らに、「以後は各自が思った方向に進んで原隊に向かってくれ」と言ったのは二十五日朝だった。これ以前に長谷川特務曹長は、宿営地に戻らず行方不明になっていたのである。談話からすると、長谷川特務曹長はやはり自らの意思で部隊から離脱し、小屋に避難して救助されるまで寝ていたということになる。

長谷川特務曹長は、陳述で自らの凍傷予防に関する話をしていた。

「炭俵を破り俵を炭上に敷き床となす然れども足部の冷気甚だしきを以て脚絆足袋等を脱却し而して頸巻（防寒外套の）の毛を以て足を纏い其上を炭俵を以て包めたり」

そして夜中に目が覚めると寝たままで手をこすり、足の運動をしていたとする。その結果、長谷川特務曹長は軽度の凍傷で済むことになる。

第二露営地では、ついに神成大尉が動き出す。倉石大尉率いる主力につかず、第二露営地に残っていたのは、そこで死ぬのを待っていたからなのだろう。だが将兵の遺体をこのままにしていいのか、一刻も早くこの惨事を連隊なり田茂木野なりに伝えなければならないのではないかと思いめぐる。やがて自らの責務を果たすべきとの結論に至ったようだ。

夜が明けると神成大尉は第二露営地に残っていた鈴木少尉と及川伍長を引き連れて田茂木野に向かった。やはり神成大尉と行動を共にする兵卒はいなかった。鈴木少尉は前日に急激な腹痛で軍医の救護を受けており、それで倉石大尉についていくのができなかったのだろう。

後藤伍長の病床日誌にはこう記されている。

「午前八時頃醒覚《せいかく》して高所に昇り回視するに前方に神成大尉、鈴木少尉及び及川伍長等あり。依て追行して前進す」

おそらく経路は、将兵の遺体が按ノ木森まで知らせたに違いない。午前十時頃に馬立場、午後零時頃に按ノ木森とおおむね田代街道を進んだ。

その頃、倉石大尉率いる主力は田代街道から北に大きく外れて崖を下りており、神成大尉と倉石大尉が接触することはなかった。

神成大尉らは胸まで埋まるような積雪の中で泳ぐように進み、どうにかこうにか大滝平に到着したのは日の入り前の午後四時頃であった。先頭を進む鈴木少尉は、青森の方向を確かめようと見通しの良さそうな右前方の小高い場所に独り進む。ところが上がった直後にその姿が消えてしまう。おそらく雪庇を踏むなどして落下したのだろう。ただ誰も助ける余力はなかった。

鈴木少尉は八甲田山に接する法奥沢村出身だった。あの「佐藤書簡」に鈴木少尉を悼む文が記されている。

「我会津人にして籍は青森に在り、士官学校に在る時胸膜炎にて非常の艱難《かんなん》を嘗め卒業覚束なかりしが、氏の非凡の勉励に由て卒業するを得て、其後着々好成績を見るに至れる、将来有為の人物なりき」

間を置かず及川伍長がその場に倒れる。神成大尉と後藤伍長は及川伍長を介抱しようとしたが、及川伍長はこれをさえぎり、「此のまま死するも苦しからず。夫れよりは一時も早く田茂木野に帰られたし」（一月三十日、東奥日報）と言葉を絞り出した。

神成大尉と後藤伍長の二人は、このまま進むのは忍びないと思いながらも、一刻も早くこの事態を連隊に伝え救援を求めなければならないとして、涙をのんで歩みを進める。

だが二〇〇メートルほど進んだ所で、神成大尉が倒れ、動けなくなってしまう。心身はすでに限界を超えていた。

筒井の五連隊本部

午前五時四十分、捜索隊が田代に向かった。その編成は隊長が三神定之助少尉、一等軍医村上其一、下士以下六十名となっている。

「田茂木野村（屯営を距《へだた》る二里弱）に於て士人の集合に時間を費せし為め午前十一時漸く同地を発し前進するを得たり」（「大臣報告」）

五連隊は時間がかかったことを村人のせいにしているが、それは事前に調整することなく突然と田茂木野で案内人を求めた五連隊に無理があったといえる。ましてや行き先は猛吹雪の田代なのだ。

「午後二時半燧《ひうち》山の頂上（田茂木野東南約一里）に達せり同地には行軍隊喫食の痕跡を認む、耗《たよ》るに第二大隊がこの地に於て昼食をなせしならん」（「大臣報告」）

五連隊は田代街道の地形・地名をほとんど知らない。田茂木野から一里は小峠である。

「尚お若干前進せしも風雪劇《はげ》しく寒感頓《とみ》に加わり士人の哀訴的極諫により止むを得ず田茂木野に帰り宿す」（同）

もし一行がそのまま前進したら大滝平到着前に日が暮れてしまう。暗夜、吹雪、酷寒という悪条件のなかで長時間の捜索活動ができるはずもなく、当然、露営もできない。間違いなくミイラ取りがミイラになってしまう。

ところで連隊長室では、頑なな態度の津川連隊長が憮然としていた。

「連隊長は筒井村長及び村民等の慰問に対し三、四十名の一小部隊ならば兎《と》も角《かく》も二百名以上の大部隊が目的地を有して進行したることとなれば確かに其地に到着し休養しつつあるに相違なし。世人が種々の想像を以て入らざる心配をするは甚だ迷惑の次第なりと語りたりという」（一月三十日、東京朝日新聞）

やはり連隊長は、第二大隊が遭難するなど露ほども思っていなかったのである。村長らの心配を想像だとした津川連隊長であるが、その連隊長が示した楽観の根拠も全くの想像で誤りだった。連隊長にとっては皮肉にな結果だった。

一月二十七日　後藤伍長救出される

この日の東京朝日新聞第一面上段に「兵士雪に阻まる」の見出しがあった。その下に「二十六日青森特発」と記され、記事にこうある。

「去《さる》二十三日歩兵第五連隊第二大隊二百余名一泊の予定にて八甲田山の麓なる田代温泉に行軍せしに大雪のため今に帰営せず救援のため食物を携え八十余名の兵と筒井村の人民一百余名今朝同地方に向えり」

五連隊の発表によるものなのか、将兵や村民の数に誤りがあるものの、おそらくこれが第二大隊の遭難に関する第一報のようだ。

ちなみに東京朝日新聞の特派員は村井啓太郎といった。一九〇〇年の北清事変時、北京の東交民巷に籠城し、清兵や義和団と死闘を繰り広げていたのだった。

三十一連隊の教育隊

午前六時三十分に増沢を発進して田代新湯に向かった。

「午前六時零下四度、午後零時零下七度、午後六時零下九度、最下降点零下十一度、最下降点場所田代、吹雪　西北方の暴風」

積雪は増沢三・六メートル、双股五・三メートル、大中台四・五メートル、田代五・一メートルである。ちなみに青森測候所の記録によると、前日の青森市の降雪は一月で最高の三五・九センチだった。

経路は双股（八キロ）〜中平（九・五キロ）〜大中台（一二キロ）〜箒場《ほうきば》（一六キロ）と進み、田代新湯までは約二二キロとなる。

天候について、福島報告では「大吹雪出発の際は尚お甚しからざりしが大中台を上りて後は非常に吹けり」とある。

嚮導からの聞き取りによってまとめられた「雪中行軍秘話」（以下「行軍秘話」という）によると、出発時には「おり良く暁の好天に恵まれ」としていたが、九キロあまり進んだ所で天候が急変して猛吹雪となり降雪も多くなったとしている。当初福島大尉以下も、この分ならば新湯まで何も心配なく行けると安心し、軽快に歩みを進めていたという。そして沢目一等卒が嚮導に、新湯には食料品その他の準備があることは調査済みだとし、同地では温泉に入って疲れを癒やすのだとも語っていた。

増沢（一五六メートル）からは、しばらく緩い登りで熊ノ沢川沿いを進む。

「途中八甲田連峰を前方に眺めながら進み愈々《いよいよ》目的の田代を目指し、威風堂々熊之沢川上流をさかのぼり凡《およ》そ二里程で俗称双股《ふたまた》に達した」（行軍秘話）

午前十時、二股（三八一メートル）に到着。そこは熊ノ沢川と北股沢（川）の交点付近で、西側にはナマコ形の大中台（六五五メートル）の裾が目の前に迫っている。

「大尉は笑みを浮かべ『行軍は急いではいけない』と此処で小憩し地図を眺める」（同）

福島大尉の余裕ある言動に、嚮導は「半ば行軍の目的を達したようなもの」と思っていた。

少しの間休んで同地を発し大中台の急斜面を登る。双股から大中台までは四キロあまりある。

間山日記には、「之より『ヲナガ平』と云う処にして急峻急坂仰見る程にて雪の厚きこと五米《メートル》突以上」と記されていた。

午前十一時頃、斜面を一・六キロほど登って少し緩やかな中平に着いた。そのとき、「驚いたことにものすごい爆音が樹上を過ぎたと思うと天候が急変し風雪を伴い瞬く間に降雪で膝を没する現状になった」（行軍秘話）

嚮導は嫌な感じを抱いて互いに顔を見合わせていたが、福島大尉らは、「何のこれしき」と勇ましく歩みを進める。

間山日記に、その様子が記されている。

「風雪激しく且つ前日の雪とは全く異なりて恰も綿の如くなれば」、（以下大意）「歩行の困難は言葉で言い尽くせず、三〇〇メートル進むのに三十分もかかる。ようやく午前十一時に急坂の中央に達し、そこで間食を食べる。なお進んで午後一時十分、田代山脈において昼食を食べた後さらに進む。寒気は甚だしく、風雪は濃くて視界がきかず、わずかな距離でも見分けがつかない。五歩ぐらい遅れるとたちまち一行を見失ってしまう。外套は凍ってラシャの性質を失い板のようにポキポキと折れてしまう」

双股から大中台を経由して田代に進む経路を考察すると、おそらく急坂の中央とは現在の大中台牧場（六六八メートル）付近で、田代山脈とは大中台の一帯と思われる。この間の行進速度は時速約一・三キロであった。

ちなみにこの日の食事について、泉舘手記ではこう記している。

「背嚢《はいのう》中の握飯は氷りて歯も立たず『之を舐れば唾も凍りて次第に太る』と笑い合った」、（以下大意）「水筒は全部氷って栓を取ることもできない。幸い菜入に梅干しを入れて持つものがいたので、それを分けて食べた。いつもは生水や雪は禁物だったが、この日ばかりは生命を繋ぐ唯一の飲食であった」

泉舘伍長は、田代の湯守が引き上げるときに米の一、二俵を小屋に置いていくというのを聞いていたので、今夜は温かいご飯が食べられるものと思い凍った握飯を捨てていた。やはり三十一連隊も田代元湯と新湯とが一緒くたになっていて、その実情をわかっていなかった。そもそも無人となる秘湯に、貴重な米を何俵も残置するなど本当にあるのだろうか。

大中台を下ると、田代街道は八甲田山の中腹沿いになる。その経路は比較的なだらかで、東側の駒込川に並行している。

午後四時頃、篝場到着。嚮導は迷うことなく三・六キロほど進んでいた。

「同所よりはいわゆる田代平といい放牧地として知られるぼうぼうたる高原平野。左方眼前に

そばたてるは八甲田連峰、遠く右手に見えるのは八幡岳、折紙山の連山が高原に連なり陸奥湾に迫っている」（行軍秘話）

ここに到着して以降、また猛吹雪となり気温も急に下がる。

行軍秘話を続ける。

（大意）「瞬く間に降雪は九〇センチあまりになって、すでに腰のあたりを越えている。加えて顔面を打つ風雪は骨髄に達する様な痛さだった。顔は少しも上げられず、前方にいる人の所在さえわからない。『咫尺《しせき》を弁ぜず』とは真にこのことかと、八甲田嵐の恐ろしさをこうむった。このことからいかに吹雪が猛烈だったかを計り知ることができる。我ら七名は道案内だからといって終始先頭に立たされた。だが雪をこぎ進むのは一〇〇メートルと続かず交互に先頭に立った。顔を伏せながらひたすら吹雪の方向へ進んだ。少しも休めず、また暴風を避ける場所もなく、ただただ勢力を増す吹雪に向かって進んだ」

福島大尉は下士卒に楽をさせるために、嚮導にラッセルをさせていたようだ。福島報告に次のような記述がある。

（大意）「広い平坦地は吹雪で、一面真っ白となり目標とすべきものが見当たらず思うように進めない。日が暮れようとしていたが新湯まではまだ遠い。雪は益々深くなり行進は停滞する。

まさしく三メートルあまりの積雪の中を泳ぐように進んだ」

福島大尉も嚮導の大変さは認識していたが、下士卒と交代させることはなかった。もはや嚮導は、苦役を課せられた囚人のように扱われていた。ラッセルを免れた将兵であったが、多少苦しんでいた。間山日記にこうある。

「午後七時頃に至るや凍傷の気味にて無感覚となり何処《いずこ》通行せんや一向方角を弁知せず」、（以下大意）「止むを得ず共に雪中において軍歌をうたっていた。だがついに進退窮まり、午後九時頃露営と決まる」

泉舘手記では、地名などを誤っているものの露営に至るまでの様子がわかる。

（大意）「風雪はますます激しくなり、そのため日は暗い。列中の前二、三人すら見えず、一同ただごとではないと感じていた。時々一段激しい吹雪が唸りをあげて襲い、その危険は言葉で表せない。列中では仲間を見失い叫ぶ者もいた。その悲惨さは実際に経験したものでなければ到底想像もできないと思われる。猛吹雪で日は暗く、目標となるものもなく、方向も現在地も見当がつかない。このような状態で、行けども行けども目的地には至らない。遂に午後九時頃、停止した場所に露営することになった」

先頭でラッセルをして突き進む嚮導の案内は、正確で田代街道から外れていなかった。福島大尉以下ほとんどの将兵は田代の地理を知らなかったようで、もし嚮導がいなかったら三十一連隊の教育隊は確実に遭難していただろう。

午後九時頃、筰場から北西約四キロの地点で露営となる。福島報告にはこう記されている。（大意）「田代に長内文次郎一家三人が住んでいるとわかっていたが、吹雪のなか屋根がどこにあるかを発見できなかったのは残念である。そうしたときに嚮導の意思が揺れ動いていたようなので、枯れた一大樹の下に露営することに決心した」

福島大尉が、田代の地理を知らないのは明らかだった。田代新湯は、その露営地から一〇〇メートルほど低い渓谷にあるので、見通すことなどできるはずもなかったのである。

行軍秘話には、福島大尉の異常な所業が記されていた。

「筰場より凡そ一里の地点に達した時、突然大尉は行軍中止を命じた」、（以下大意）「休息かなと思ったが、すぐ兵士らに命じて雪穴を掘らせ、防風の堤を造らせて焚火をしようとしていた。我らもその恩恵を受けるものと喜んでいたのも束の間、大尉から『是より新湯に行き湯主長内文次郎を連れて来い』と命じられる。嚮導一同、唖然として立ちすくんでしまった。新湯まではわずか一キロあまりだったが、疲労と空腹で進む元気もなかったのである。風雪は依然として猛威を振い、積雪はすでに肩を没するまでになっており、誰一人として動く気配はない。

しかし隊長の命であればこのままでおれない。仕方なく一同が勇気を出して出発しようとすると、大尉は何を思ったか、『携行品は全部置け、ただし七名のうち二名はここにいて五名で使いを果たすように』と命じたのである。一同は驚いたもののどうしようもなく、すぐに小原寅助と福村勝太郎を残して出発した」

嚮導はラッセルをさせられ、その上軍人でもないのに斥候のようなことを命じられたのだった。さらに福島大尉は、嚮導に携行品を残置させて逃げられないようにし、また嚮導が逃亡しあるいは遭難してもいいように道案内二名を確保したのだった。まさに悪逆非道である。しかも福島報告には、嚮導を新湯に向かわせたことなど一切記されていない。

嚮導が田代新湯に向ったのは、午後九時三十分頃になる。

間山日記によると、露営状況は次のようなものだった。

「第一に困艱《こんかん》せしは焚物にして一同諸方捜索せしに一本の枯木を発見すたるを以て各人喜び其の傍を掘りて生木等を木の根に積み点火して一環形になり」、(以下大意)「互に身体を押し合って暖をとり、足が凍えると足踏みをして決して眠らず徹夜した」

また泉舘手記にはこう記されている。

「鋸《のこぎり》を持つ者は立木古木の尖端とも見るべき焼け木を切る。之を中心に方匙《ほうじ》を持つ者は雪を掘る」、（以下大意）「付近の少し窪んだ場所は積雪が九メートルあまりあったので、三メートルほど掘ってやめた。また小斧を持つ者は燃料採集にあたったが、枯木は見当たらず止むを得ず生柴を集めた。煙は雪穴を燻《いぶ》らし、さらに生木が苦しめた。手をあぶるのは数人ずつ交替で行なった。上空は吹雪いているものの雪穴は暖まってくる。するとたちまち眠気をもよおしてしまう。眠れば命が危ないとして互に戒め合い、雪穴の中では指揮官の号令で、『わっさわっさ』と揺がし合い押し合いを行なった」

泉舘伍長は凍ってしまった携行の握飯を捨てており、露営となって窮地に陥ったのはその天罰が下ったものと悔やんでいた。

露営地は箒場から北西約四キロの地点と漠然としていたが、行軍秘話を読み進むと地名が出てくる。新湯に向かった嚮導が露営地に帰る際、「赤川で待ちわびている一行に」としていたのだった。箒場から北西四キロ付近に川（現・空川）があった。現場を確認すると、川床が赤茶色だったことから、この付近に間違いないようだ。

福島報告によると雪穴を掘り終わるまでに二時間かかっている。それから焚火を始めて落ち着いたのは午前零時頃と推定される。

福島大尉以下は焚火で暖をとり、携行する餅をあぶって食べていた。だが猛吹雪のなか、田

嚮導が彷徨中に、偶然、見つけて避難した田代の無人家屋

代新湯に向かわされた嚮導は増沢出発以来食べ物を口にしていない。田代新湯は露営地から北に約二・四キロであったが、嚮導五名は猛吹雪と暗闇で山中をさまよっていた。

「行けども進めども新湯らしき所に着かず暫《しばら》く途方にくれたがこの侭では凍死あるのみと凡そ二時間程探し求めた結果、偶然！　全く偶然！　待望の新湯ではなく一戸の空小屋を発見した」

無人の小屋は開拓者の仮住宅だった。

午後十一時三十分頃、小屋を発見した嚮導は、助かったとの思いでそこに転がり込む。

「闇を手探りして燃料を探すと幸いにも梁の上に板が多数あるのを発見し、早速焚火して初めて暖をとることが出来たが、既に五名は力尽きて気力が衰え無言の儘に車座となった」

誰とはなしに話し合いが始まる。

「吾等は生きて帰る見込みがあるだろうか？」

「食料は大尉等一行に預けて置いて来たので一食もない。吹雪は益々烈しくなるし、さりとて新湯に着くのはむずかしく此の地の鬼と化すに近いであろう」

「吾等はこの侭では唯死を待つだけであるから、彼等を残して増沢へ引き返してはどうだろう？」

生死の境にあったので慎重に話し合っていたが、結論には至らず虚しく時が過ぎる。しばらくして次のような意見が出る。

「若し吾等五名が不幸にして途中遭難！　と仮定すれば、大尉等一行も同様無残な途を辿るであろう。そうなれば彼等の消息を何人が世に伝えようか、伝える者がない。また吾等の事をも何人が家族に伝え得るだろうか。途中、命尽きて倒れる者があるかも知れないがすぐ引き返し、一行を連れて来て此の小屋で一夜を明かそう」

ほかの者もこれに賛同したのだった。

福島大尉に待遇悪く下部《しもべ》のように扱われた五人である。命の危険を避けて天候が回復するまでこの小屋で過ごすこともできた。だが仲間や教育隊一行のことを想い、決死の覚悟で露営地に向かったのだった。

五連二大隊

おそらく八割ほどが命を落としていただろう。

倉石大尉は、「午前六時頃より七時頃の間に於て（略）神成大尉、中野中尉、今泉見習士官、鈴木少尉と会合せり」と陳述している。

だが、神成大尉は昨夜からこの日の朝にかけて大滝平で歩けなくなっていたし、鈴木少尉も前日夕に大滝平で斃《たお》れている。駒込川の大滝にいた倉石大尉が、二人に会うためには標高差三〇〇メートルあまりの崖を登らなければならない。ただ、倉石大尉がその崖を登って大滝平に出たのは一月三十一日であったことから、先の陳述には全く無理がある。

たとえ倉石大尉が神成大尉と協議した日を前日の二十六日と誤認していたとしても、その日の午前八時頃に第二露営地にいた神成大尉および鈴木少尉と会えるはずもなかった。

倉石大尉と行動を共にした伊藤元中尉、小原元伍長、後藤元二等卒の証言に、二十六日以降で神成大尉らに会ったとするようなものはない。小原元伍長は神成大尉らの行動について、「四人で田茂木野の方向私らと反対の方向に行ったらしいですな。それがよかったらしいですね」と話している。小原伍長は救出された後の病室で、後藤伍長から詳細を聞いていたのだった。

神成大尉や鈴木少尉らと行動を共にした後藤伍長も、二十六日以降、自分の中隊長である倉石大尉に出会ったとするような証言はしていない。つまり倉石大尉が、ずっと神成大尉と連携していたとする証言は虚偽であったといえる。

山口少佐は岸辺の川近くで横になっていた。倉石大尉らは岸から一四、五メートル離れた大岩のくぼみにおり、風雪を少しさえぎられた。山口少佐に再三そこに移るよう促したものの、自分はすでに死を決せりこの地点から一歩も動くことなしと言って、厳として聞かなかったという。その少佐に、川の水を汲んで差し出していたのが山本徳次郎一等卒らだった。

倉石大尉は今泉見習士官が川に入ったその翌日のこととして、「佐藤特務曹長ほか下士卒五十六名は渓を下り連隊に連絡を取ることを企てたるも果たし得ず再び帰来せり」と陳述している。おそらくそれは二十七日のことだと思われる。河北新報（二月十日）に載った倉石大尉遭難談では、「佐藤特務曹長は下士外兵士を卒《ひき》へ連隊に連絡せんとして行しまま行衛不明となり」と記されており、陳述とは異なる説明になっている。

実際に佐藤特務曹長と数名の下士卒は川に入っているので、この日に行なわれたのは間違いない。小原元伍長がこんなことを話している。

「准尉の人だども（略）何にしても、もうこれで異存がないから川の中に飛び込んで報告するというので、すっかりと服を脱いでですね、そいで入ったんです」

これは佐藤特務曹長のことのようだ。実は小原伍長も佐藤特務曹長らと一緒に川に入る予定だったのである。ただこのときに理由は不明だが、小原伍長は川に入らずにいたのだった。

将兵の多くは疲労困憊と寝不足によって動けず、また精神的に錯乱した状況にあった。「どうせもう私等は死ぬ」というような思いでいたと小原元伍長が語っているとおり、ほかの者も命に任せて死を待っていたようである。

鳴沢の小屋では、阿部一等卒ら三人は雪を食べながら生き延びていた。

「なん月なん日なのか、さっぱりわからない。三人とも歩けないし、ここで一緒に死ぬことにした。眠ってしまえばよいのだから、簡単だった。高橋をまんなかに、私と三浦がかれをまくらにして寝た」

三人は何もできずに寝ているだけだった。

大崩沢の小屋では、長谷川特務曹長以外の兵卒三名はすっかり凍傷に冒されてしまい、自由に動けなくなっていた。

「各兵は雪を飯盒又は飯行李に盛り余はマントの頭巾に入れて各自の枕元に置き食することとせり」

マントとは雨衣の別称である。だとすれば、長谷川特務曹長は雨衣も携行していた可能性がある。ただ着用被服表によると、長谷川特務曹長の欄に雨衣の記載はないので、頭巾だけを携行していたのかもしれない。

田代元湯では、村松伍長が小屋から三〇メートルほどの所に湯が湧き出ているのを発見する。二人でその湯を飲んで小屋に戻ると、すぐに古舘一等卒が意識を失って倒れてしまう。

「故に余は茅にて寝床を作り此処に横臥せしめ救護せしも終に其効なし」（村松陳述）

吹雪は、前日のように猛威をふるっており寒気も強かった。
「行進を始むるも其効なきを覚り詮方なく此地に於て死を決し茅の内に横臥せり」(同)
小屋の中で風雪に晒されることはなかったが、村松伍長の手足はすっかり凍傷に冒されていた。
大滝平では、午前八時頃、すでに動けなくなってしまった神成大尉はもはや生きて帰ることなどできないと覚悟し、声を絞って後藤伍長に望みを託し命じた。
「已《すで》に兵を殺せし以上は余は生を期せざるなり汝勇を鼓して田茂木野村に出で人夫召集して死骸を運ぶに努めよ」(一月三十一日、河北新報)
そしてこうも言った。
「兵隊を凍死させたのは自分の責任であるから舌をかんで自決する」(小原証言)
強い責任感が神成大尉にあった。それならば山口少佐に強く具申するなどして状況の悪化を防ぐべきであった。
後藤伍長はむせぶ思いを殺し、意を決して神成大尉に別れを告げる。立ち上がって大任を果たすべく一人白魔に向かった。やはり積雪は深く、凍傷で思うように動かなくなった足の歩みは遅い。三〇メートルほど歩いたところで後藤伍長も力が尽きてしまい、一歩も進めなくなってしまう。意識は朦朧《もうろう》としているものの、雪に胸まで埋まっているので倒れることはなかった。

捜索隊は午前六時に田茂木野を発した。

「午前十一時田茂木野の東南約二里の処に於て雪中に直立せる伍長後藤房之助を発見す」（「大臣報告」）

「大臣報告」の中に村上軍医の「救護処置景況報告」があり、次のとおり記されている。

「午前十一時吾隊の先頭は一兵卒の半身雪中に埋設し辛じて直立し居るを認めたり。之れ伍長後藤房之助なるものなり。全身凍冱両手白色を呈し言語を発せず。直に之が救護に従事し少く人事を弁ずるを得るに至りたるを以て第二大隊の余人何れにあるかを問いしに神成大尉、神成大尉と殆んど了解し得べからざる如き微声を凍結せる口より発したり。依て兵員を猟夫とに命じ其付近を捜索せしめたるに後藤伍長の処を去る西方約十数間の山麓最も雪深き処に於て雪中に黒髪の僅かに顕し居るを認め其部の雪を掘去したるに神成大尉なり又東方三百米突許の山上に一伍長全身凍結すたるを発見したり」

「大臣報告」では、神成大尉が後藤伍長の西方とされているが、『遭難始末』第二図「遭難地之図」によれば東方になっている。田茂木野側から生存者や遺体の位置を順に示すと、鈴木少尉、後藤伍長、神成大尉、及川伍長となる。

神成大尉と及川伍長は手袋をしておらず帽子もかぶっていなかった。顔面や両手は白色になっていて瞳孔は散大している。村上軍医は神成大尉にできる限りの処置を行なったが、息を吹き返すことはなかった。及川伍長は絶命してからしばらく経っていた。

「後藤房之助は漸次回復せしも他の二名は終に其効なし」

猛吹雪の中、ここでの救護と捜索に二時間近くかかっていた。捜索隊の二等卒一名が全身凍傷になって倒れ、ほかにも手や指の異状を訴える者が出ていたので、すぐに引き返すことになる。後藤伍長と二等卒を毛布五、六枚で包み、これに縄を結び付けるなどして雪上を曳行し、田茂木野に着いたのは午後五時とされている。なお、神成大尉と及川伍長の遺体は残置されたのだった。

田茂木野での後藤伍長の様子が二月二日の巖手毎日新聞からわかる。掲載記事は捜索隊の誰かが新聞社に投稿したものを基にしており、内容は次のようなものだった。

（意訳）「看護するほどに、その効果は無駄にならなかった。後藤伍長は次第に食を求め、煙草を吸うまでになる。よって大隊はどうなったのかと問うと、二十三日（出発の日）は田代に到着することができなかった」

「翌二十四日午前二時露営地を出発して目的地の田代に向かった。（略）兵卒の中から時々倒れる者がでたので引き返して元の露営地に向かった。この途中で死ぬ者が次第に多くなり、かつ道に迷い（略）残るものは二〇九名のうち僅かに六十一名であった」

「翌二十五日午後二時頃、再び田茂木野方向を目指して出発した。（略）各兵皆散乱して思い思いに方向に進み、三度露営して翌日も早々に出発したものの、このとき残ったもの僅かに将校二名伍長二名のみで、そのうち伍長一名斃れ四回目の露営を行なった」

「翌二十七日朝、神成大尉が言われた。自分はすでに歩けない。お前はこれより行って村民に伝えよと。しかしながら思うほど前に進めず、ようやく約五〇メートル進んだがこれに三時間を要した。力すでに尽きて一歩も進めなくなったとき、ますます吹雪は激しくなり顔を向けることができないほどだった。はるか向こうに捜索隊が来ているのを見て声を限りに叫んだが、元気衰えて声がかれしまい捜索隊に聞こえなかったようだ」

投稿者はこの後に、「されば恐らくは此伍長の外一名も余さず大隊長以下二百八名遂に死亡せるなるべし」と記している。

部隊から離脱していてその状況を知らない後藤伍長は、とんでもないことを語っていたのだった。これを聞いていた皆が、生存者は後藤伍長ただひとりで、ほかは全員死んだものと判断してしまうのも無理はない。小原元伍長もこう証言している。

「自分はとにかく助かったが、あとは全部皆凍死していると。そうなったためにもう大騒ぎになって、その三神という人が引率していったが、連隊に一直線に駆け込みましたね、報告に」

筒井の五連隊本部

第二大隊遭難の第一報が伝令によって連隊本部にもたらされる。そしてしばらく後に、三神少尉の第二報が届く。その状況が「顚末書」にこう記されている。

「午後一時連隊長は報告を受領し不取敢《とりあえず》増援隊を編成して出発を命じ直に救援事業の大計画に着手せり（略）午後六時過、連隊長邸に於て将校会議を開きつつありしとき三神少尉到着す。少尉は身神疲労気息奄々《えんえん》殆んど言うこと能わざりし。暫くにして口を開き救援隊の目撃したる情況と後藤伍長口述の大意とを報告し救援困難の情況を陳述せり」

これはほとんど捏造である。連隊長の代弁者である連隊副官の和田大尉が、一月二十九日に、新聞記者らを前にしてその時の状況を次のように説明している。

（意訳）「連隊にては二十七日の午後二時頃、激しい息づかいの伝令が帰ってきた。後藤伍長、神成大尉他一名を発見したと注進したので、連隊長殿を始め一同は、神成は中隊長なのできっと先導であっただろう。神成を発見できたからには、他のものも続々と発見されるだろうと少しの望みをもって待っていたところ、午後八時頃になって三神少尉が息せき帰ってきた。連隊長殿の官舎に到着すると玄関に倒れて水々と呼ぶので、連隊長殿は何事だろうと驚いて外に出て少尉を抱き起こし、コップの水を飲まして介抱すると、少尉はようやく我に返り、後藤伍長を救出した顚末を報告したので、連隊長も大変驚かれて連隊全部をもって捜索隊として、十分に捜索することとなった」

津川連隊長の判断が、先の「顚末書」と随分と異なっているのがわかる。「顚末書」は第一報後に増援を出し救援計画に着手したとしており、連隊副官は第二報後に連隊全部で捜索するとしていた。立見師団長の談話が連隊副官の談話を肯定している。

「二十七日陸軍省に出ている中に、午後になって始めて雪中行軍に出た山口大隊の行衛《ゆくえ》が知れぬという報告を得ました。これは容易ならぬ怪しからんと思って本省にも其旨を報告しているなか間もなく第二の報告を得た、夫《そ》れにて連絡が付いて無事の見込というのであったから能《よ》い塩梅《あんばい》と聊《いささ》か安心していると又もや第三の報告があって危険に陥り凍死したという事で夫れから第四の之《これ》に応ずる前後の電報にも接したような始末です」（二月一日、河北新報）

師団長の談話から判明するのは、津川連隊長が立見師団長に、①「二大隊が行方不明」、②「連絡がついて無事の見込」、③「危険に陥り凍死した」と電報していたことである。これは連隊副官の説明と一致するが、「顚末書」とは一致しない。それは「連絡がついて無事の見込」とする状況が「顚末書」に存在しないからだ。

捏造や改ざんの疑惑は捜索隊派遣から三神少尉の報告までの間だけでもまだまだあった。例えば、①捜索隊の人員数、②二十四日と二十五日と幸畑に出迎えを出したとしていること、③三本木警察分署に電報をして行軍部隊の状況を確認したとしていること、④連隊長官舎での会議などである。これらを順番に解明すると、次のようになる。

①大滝平で後藤伍長と捜索隊の兵卒との二名をそれぞれ毛布に包み曳行していたが、神成大尉の搬送は現勢力で無理だとして残置していた。

「数十人にて辛《かろ》じて雪上を搬送し、尋《つい》で神成大尉も同様毛布に包み搬送せしとしたるも吾救護隊の力到底之を行って能わざりし」（救護処置景況報告）

三神少尉率いる捜索隊は、下士以下六十名とされていた。それに道案内の猟夫らもいた。後藤伍長と兵卒を各十名で曳いたとして、残りの四十名は一体何をしていたのだろうと当然のように疑問が生じる。

考えられるのは進路啓開《けいかい》、いわゆるラッセルである。ただ一人が通れるだけの幅をラッセルするのに四十名も必要になるはずもなく、神成大尉を運ぶ余裕はあっただろうし、多少無理をしても運んだであろう。

その疑問を、小原元伍長が解いてくれる。

「行軍隊はもう帰るくらいだけれども確か田代温泉に到着して吹雪のために延期しているんだろうと。ただし食料がないからその食料を補給しなきゃならんという問題が出まして、それで三神という少尉の人が兵隊から軍医から十四、五名連れて八甲田に向かって出発したわけなんです」

この証言は、田代で休養していると断言していた津川連隊長の思い込みと合致している。三神少尉以下が田代に派遣された本当の理由は、捜索でも救援でもなく、食料運搬にあったのである。そしてその人員は下士卒六十名を否定するものだった。

小原伍長は、後藤伍長救出の現場にいなかったので、その状況や捜索隊の人数等について知るはずもない。それが証言できたのは、入院中に後藤伍長から救出されるまでの状況をいろいろ聞いていたからだった。

また警察との協議で、五連隊は「若干の捜索隊を派遣する」としていた。普通に考えて六十名を若干とはいわないだろう。

②五連隊は「大臣報告」で、二十四日と二十五日に田茂木野へ将校一名と下士卒四十名を出迎えに出したとしているが、その意義がわからない。それに津川連隊長は、後藤伍長が発見されるまで、第二大隊は確かに田代に到着して休養しているに相違ないとして村長らの心配を甚だ迷惑だとしていた。その連隊長が自分の意思と異なる出迎えを出すはずもない。

③また同じ理由で、三本木警察分署に電報をして行軍部隊の状況を確認することもなかっただろう。津川連隊長らがそこまで考えが及ぶはずもなく、それにこの釈明は三月にまとめられた「顛末書」に初めて記されていたのである。

④連隊長官舎は筒井の営所から〇・九キロほど離れている。どうして事態に即応できない場所にわざわざ連隊の将校が集まって会議をしなければならないのか、全く不思議になる。実体は津川連隊長が、第二大隊は見つかったものと判断し、普段どおり帰宅していただけなのである。

五連隊（長）の責任逃れの虚偽には、ほとほとあきれてしまう。

一月二十八日　遺体遭遇と嚮導置き去り

東京朝日新聞に続き、この日、地元紙である東奥日報に第二大隊遭難の第一報が載った。だが肝心の新聞が残されていない。それが一月三十日から二月七日まで続くのだから、大きな力によって消されてしまったのは疑いようがない。ちなみに昭和以降、一月三十日と二月四日の新聞は発見されている。

翌二十九日の東奥日報に、その第一報の内容が窺える記事があった。

「歩兵第五連隊第二大隊山口大隊長以下二百十名の雪中行軍隊は、去る二十三日田代村に向て一泊行軍として勇ましく発程せる以来爾後三日何の消息なきを以て万一を気遣い同連隊より救援隊を派遣せること及び神成大尉外二名は途上にて殆んど凍死せんばかりの惨状に陥りつつあることは、昨日の紙上に報じ（略）」

第一報は、人々にまだ期待を抱かせるような内容だった。

青森測候所の記録によると、天気は薄曇り、気温（風速）は六時が零下五度（風速八・八メートル）、十時が零下三度（七・二メートル）、十四時が零下二・二度（四・三メートル）、十八時が零下一・五度（四・五メートル）で、降雪は二三・一センチである。一月二十日以降では気温が平均して一番高く、風が午後には弱くなっている。

三十一連隊の教育隊

雪穴で暖を取りながら嚮導が戻ってくるのを待っていた。燃料にする木を、下士卒に交代で採取させ眠らせないようにしていた。

「午前六時零下十度、午後零時零下六度、午後六時零下九度、最下降点零下十二度、最下降点場所八甲田山、吹雪　西北方の暴風」

積雪は露営地で四・五メートルだった。

午前一〜二時頃、嚮導が気力を振りしぼって行動を起こす。

「留守一人（沢内吉助、増沢本家）を残し、上がらない足を引きずるようにして再び戸外に出た。ああその決意は真に悲壮の極みといっていいであろう。然るに外界は魔の暗夜、依然として吹雪は烈しく前の方から吹きつけ身を支え難く、先程通った路は早くも形跡もない。又もや肩で雪を押し泳ぐようにして進んだが、幸に路を間違わずに赤川で待ちわびている一行に再会し隊長に小屋の発見を伝えたところ即時に同意して下さったので直ちに一行と共に引き返した」（行軍秘話）

午前三時から四時頃、将兵は喜び勇んで小屋に向かうものの、道しるべとなる歩行の形跡はすっかり消えていた。仕方なくまた嚮導の勘を頼りに進む。そろそろ小屋に到着する頃なのに全く見当たらない。

「さては方向を間違ったのではなかろうかと不安に思い、一同声を限りに叫んだが猛吹雪に遮られ応答がなく最後の力もまさに燃え尽きるかと思われたそのとき、後方でかすかに燈火を振っているのを目撃したのでその方向へ引き返し漸くにして辿り着いた頃は東の空がほのぼのと白みはじめ午前五時頃と思われた」（行軍秘話）

小屋は全員を収容できるほど大きくないので、二組に分けて交互に暖と食事をとらせた。外に待機する組には、「一、二、一、二」の掛声で歩調をとらせて小屋の周りを歩かせた。

「皆々雪穴を走り小屋に入りて朝食を喫し勇気鼓舞しつつ出発の準備をなし」（間山日記）

「もし吾等が此の掛小屋に於て多少でも休憩しなかったらならば直後に来る氷山を踏破すると き悲惨の最後を遂げねばならなかったかもしれないのであった」（泉舘手記）

泉舘手記にある氷山とは、馬立場のことである。

嚮導は小屋で増沢出発以来の食事にありつこうとしたものの、ワッパ（弁当）の飯は凍ってしまってそのままでは食べられない。小刀を借りて飯を切り取り火にあぶって食べるものの喉を通らない。嚮導は皆同じ状態で、弁当の三分の一も食べられずにいた。

「頼みの餅も同じように氷結し石のように堅くて歯が立たず、止むなくホド蒸しのソバ餅を食べて腹を満たし二時間程休憩した」

そうしたときに、福島大尉から意外な言葉があった。

「最早新湯に行く必要はない。君らは此処から引返すよりはいっしょに青森へ出る方が便利ではないか」

嚮導の皆が喜んで同意した。

午前七時、小屋を後にし、青森に向かって出発する。

「相変わらず先頭を命ぜられて進むほどに雪は小降りになったが酷寒は益々加わり積雪既に身の丈を超すあり様で胸で雪を押しながら立泳ぎの状態で前に進んだ。隊列を前方から眺めればさながら首の行列のような壮観ではなかったろうか」

福島大尉の嚮導に対する思惑は、やはり青森までの道案内であり、ラッセルであった。死を覚悟して一行を小屋に案内した嚮導の想いは福島大尉に届かなかった。福島報告では、「田代より青森に通ずる山路を熟知する兵卒（小山内福松）を以て険坂通過の羅針盤とし」と記している。だが、先頭で進路を見定めてラッセルしていたのは嚮導で、増沢からずっとそうやって進んできている。嚮導は福島大尉の冒険のために死力を尽くしていたといえる。だが福島大尉は嚮導の功績をほとんど記録していない。無かったことにしていたのだった。

間山日記にもこう記されている。

「午前八時出発し野内村出身の二等卒小山内福枩我を先導す」

繰り返すが、進路を見定めてラッセルしていたのは嚮導である。将兵はただその後ろを進んでいただけである。

小屋から八甲田山東側の中腹を西に二キロほど進み、前嶽から駒込川に流れる平沢を越えると、すぐに五連隊が一日目に露営した場所（第一露営地）になる。そこはすっかり雪に埋もれ、吹雪で見分けもつかない。約三〇〇メートル先は、前嶽から下る稜線上の小高い場所（六七一メートル）になる。その裏側斜面を下ると、鳴沢だった。

午後一時頃。

「やがて途中鳴沢から数町手前の小高い丘で軍銃の逆に立っているのをみた」

「大尉が渋い顔をしていった。『どんな馬鹿が銃を捨てたのか』と憤慨のようす。吾等に命じてその銃を担がせて進むと又も一丁発見した。これも担がせて鳴沢の峡をよじ登り（略）」（行軍秘話）

鳴沢を下りて登り終わると、右手の高地、馬立場に向かう。

「指揮官は列兵の疲労を顧慮して元気を着くる事を計り『雪の進軍氷を踏んで……』の軍歌を

自ら音頭を取りつつ進まる」（泉舘手記）
だがすぐに、馬立場の急な登りになり、列は乱れ、「参った、参った」の声がそこここから出る。
午後四時頃、馬立場到着。あの小屋から五キロほどの距離であったが、九時間ほどかかっている。時速は約〇・六キロだった。吹雪で視界不良のなか、体がすっぽり埋まるほどの雪をかき分けての前進である。それは嚮導の過酷さを物語る。
馬立場からは田茂木野まで、ほぼ下りで稜線上を進む。ただ嚮導は疲労が激しく意識朦朧の状態にあった。
「着衣は上下共（麻織製）氷結して少しも曲がらず棒の様な足で夢遊病者のように降りて行った」（行軍秘話）
嚮導が着ていた服は上下麻だった。麻布は編み目が荒く保温性に乏しい。かつて津軽藩では「農家倹約分限令」によって、農民は麻しか着ることが許されなかったという。綿花の栽培が難しかった寒冷地では、綿が高価だったからなのだろう。そうしたなかで生み出されたのが保温性を高める「こぎん刺し」という刺繍だった。寒いときはこぎん刺しの衣類を何枚か重ねて着るのだ。

嚮導が住む大深内村地域は南部になるのだが、やはり同じような刺繡がある。麻の農作業着に木綿糸で補強するもので「菱刺し」といった。江戸幕府が滅亡してから三十五年も経っていたが、農民は昔と変わらず冬でも麻の服を着ていたのだった。

ラッセルをさせられていた嚮導の服はすっかり凍ってしまっていた。その後方を歩く下士卒は、将校らに比して服装が劣るものの毛織物の制服と外套を着ており、嚮導よりは全く保温性があった。

暗闇が迫っていた。

「ふと黒色のものを発見し近寄って見ると凍死兵！　是が五連隊雪中行軍遭難兵であった。（後刻判明）嗚呼彼等はこの難所で一命を失ったのか、仰向けに打倒れ銃を握り締め眉毛に雪が凍りついている。一同は深く冥福を祈りつつ我が身に引換えこの惨《むご》らしき屍をしばらく呆然として眺めていた」（行軍秘話）

福島大尉は、「手を触るるべからず」として歩みを進める。それから一〇〇～二〇〇メートル進むと、また数体の遺体を目撃したと行軍秘話にある。

泉舘手記によると、馬立場を下ったときの状況にこうある。

「氷山を越して枯草交じりの雪中（略）に体半分埋もれたる兵士二名の死体あり。一人は喇叭手らしく今一人は防寒外套を着け居る為め等級は不明なりしも（略）正しく軍装を整えたる兵士であったので一同は思わず異口同音に『五連隊はやられた』と顔み合わせて異様の感に打たれた。喇叭は死体の肩に掛けられたるまま烈風に吹かれて『ビェウビェウ』と鳴り持主を弔い、（略）此の付近は坊主山にて何等目標とてもなく又何処に之を安置するすべもなく素通りするの無情なるを痛感せしも如何ともする事が出来なかった」

注目されるのは、泉舘伍長が遺体発見時に五連隊と認識していたことである。

間山日記では、最初に軍銃を発見した後の状況をこう記している。

「行くこと半里位にして頂上に達す一町計り降るや又た三十年式歩兵銃一挺発見せり尚お降りる事二町計りにして兵士二名凍死せるを発見す」

発見の状況は行軍秘話と似ている。ただ間山伍長が五連隊の遭難を知ったのは、田茂木野に着いてからだとしていた。

東海記者の記事にはこうある。

「山上を徘徊するや兵士の死屍二箇を発見せり（略）予は即ち傍に棄てありし軍銃二丁を肩にして山を下る」（一月三十日、東奥日報号外）

軍銃二丁と二つの遺体は間山日記と共通している。東海記者は妹に、「田茂木野について初めて五連隊が死んだことを聞いた」と話していた。そうなると、泉舘手記だけ五連隊の遭難を認識した時点が異なる。もしかすると泉舘手記は後付けしていたのかもしれない。

それはそうと、拾った銃の携行で矛盾が生じる。嚮導は福島大尉に命じられて担いだとしており、東海記者は自分が担いだとしている。それはのちに、嚮導から東海記者に引き継がれるからだった。

遭難事故に関して五連隊が陸軍省に報告をした文書に「在田茂木野木村少佐報告」がある。経緯は後になるが、五連隊の木村少佐に事情を聴かれた福島大尉の供述が記されたものだった。銃と遺体の発見に関する部分を抜き出すと次のとおり。

（意訳）「田代より田茂木野に至る通路上の頂界線において、三十年式歩兵銃が雪中に立っているのを見てこれを回収した。この時は午後一時だった。それから約一〇〇〇メートル進むとさらに一挺を発見した。そうこうして前進、午後四時頃、八甲田山の東南麓を通過するとき、通路の左右に各一人の兵卒が凍死しているのを見る。その服装は背嚢なく唯背負袋を携帯するのみ。内一名は確に喇叭手だった。大尉はそれらの現象に対して理由を見つけ出すことはできなかったとしている。そしてその遺体は田茂木野より約一〇キロの場所であるとのことであった」

この福島大尉の供述内容は、行軍秘話などを裏付けている。では福島報告にはその状況がどのように記されているのか確認してみる。

「此日は即ち八甲田山脈の通過にして積雪の深さは昨日午後に於けるが如し」、（以下意訳）「しかしながら鳴沢に達すると青森までは下り坂なので行進の困難はさらに気にする必要もない。その八甲田山脈の上方を通過するにあたり、北風が樹木を物凄く揺らし、大雪が人を動けなくして危ない。加えて寒さが骨身にしみ、厳寒は顔を襲って進むに険しい。よって互いに気にかけ励まし、注意を倍にして進んだ。日が暮れる頃に賽ノ河原を過ぎ、夜に入って火打山に達した」

あきれることに、「在田茂木野木村少佐報告」にあった福島大尉の供述内容は、福島報告に何もない。『兵事雑誌』に投稿した記事なので、都合の悪いことは記さなかったようだ。それが福島報告だったのである。

ちなみに「在田茂木野木村少佐報告」は平成十六（二〇〇四）年に見つけ出されている。それまでは、三十一連隊は五連隊と遭遇していないとする説がまさっていた。遺体を見たとする新聞記事や複数の手記などがあったにもかかわらず、根拠のない意見でそれら事実を疑問視し、あるいは否定していたのである。似たようなことは今も続いている。自らの主張を通すために不都合な事実から目を背けるのだ。

さて一行であるが、馬立場～按ノ木森《やすのき》～賽ノ河原と進んだ。

午後七～八時頃、大滝平到着。

このあたりから青森の市街地が見えるようになる。

「前方より数知れぬ人影や提灯が横隊をなし前進して来るのを微かに認めた。一同奇異を感じたが隊長の元気な『救援が来た』との言に躍り上がるような気持ちでしばらく待った」（行軍秘話）

嚮導がその方向に進路を変えると、福島大尉は、「同じ方向へ進むべからず」と叫ぶ。嚮導はなぜだろうと思ったが、提灯の列は縦隊に変わって目前に迫ってくる。

「止むなく避けようとしたが隊列は直進してくる。不思議なことに今まさに突き当たると思ったときに右に折れ、忽然として灯火が消え吾々の囲りは又元の暗闇、一同唖然として立ちすくんでしまった。狐狸《こり》の仕業か？　亡霊か？　心の錯乱か？　不思議な現象に直面して心は惑い方向を失いさまよう」（行軍秘話）

行軍秘話に記されたこの状況は、どういうことなのだろう。

実はちょうどこの日から、五連隊の本格的な捜索活動が始まっている。小峠に将兵が待機する哨所を造っており、一部は大峠や火打山まで進出して通路啓開などを行なっていたようだ。

小峠の工事は夜まで行なっていたが、完成することなく途中で終わっており、工事にあたった兵卒らは小峠に露営している。おそらく灯火は、火打山方向に進出していた将兵らが田茂木野に戻る際に使用していた提灯の灯であったと思われる。

また可能性としては列車の灯も考えられた。大滝平から青森市内が見える場所があり、夜は列車の灯も見えただろう。上野青森間の汽車発着時刻表を見ると、青森駅から上り列車が午後七時〇〇分発、浦町発七時〇七分となっており、時間帯は重なっている。

嚮導は、少しさまよいつつも田代街道を下って田茂木野方向に進んでいた。暗闇の中、風雪は弱まっている。その時だった。

「微かな汽船のドラの音に正常な意識をとり戻した。その方向は遥かに右方から聞こえる。眼をこらし全身の神経を集中してその方向を見ると電灯らしき光が点々と見えているではないか。青森であるとを直感し初めて夢から覚めた心地であった」（行軍秘話）

嚮導は現在地を概定し、青森への道を確信する。だが待っていたのは冷酷非情なものであった。突然、福島大尉が、

「汽車賃なり」

といって、嚮導七名にそれぞれ金二円を渡したのである。そして兵士に厳命するような鋭い

目つきで、

「過去二日間の事は絶対口外すべからず」

といって嚮導を見まわした後、踵を返したのだった。その際、嚮導が携行していた二挺の銃は東海記者が受け継いだのである。

「無情にも吾等を置き去りにして隊員を引率し何処ともなく暗闇の中を出発して行った。同伴をすがることも出来ず吾々はただぼう然として失神同様となってしまった。やっと気を取り戻したものの暗夜、しかも土地不案内の雪路に放り出すように残された吾々七名は生きた心地無く、田茂木野を目指して、病者の群れのごとく辿り進む哀れな身の上となってしまった」（行軍秘話）

街や家の灯りが見えたことで、嚮導は用済みとされたのだった。

福島大尉は五連隊の遭難を薄々感じていたようだった。例えば遺体に触るなと命じている。本来ならば、当然、肩章の部隊番号を確認するはずだった。また提灯のような明かりを見たときに救援が来たと発している。だが、すぐその方向に進むなとしていた。おそらく五連隊の救援隊だと判断したのだろう。そして福島大尉は、多数の嚮導を使っていたことに不都合を感じて別れたに違いない。

ただ福島報告では、田茂木野を視界に認めたときに嚮導が経路を発見したとしている。

「恐《おそ》くは田茂木野ならんと行くこと数町にして嚮導は一つの雪道を発見し遂に翌二十九日午前二時十四分田茂木野の民家を敲《たた》き喫食を行う蓋《けだ》し増沢出発以来の温食なり」

だが田茂木野は、少なくとも小峠まで行かないと確認できるはずもなく、その三キロ手前の大滝平で福島大尉は教導を置き去りにしていたのだった。当然、福島報告ではそのような事実は記されていない。

間山日記によると、青森市街の灯が見えた後にそこから灯の方向に向かって五、六時間歩き、翌朝二時十分田茂木野に着いたとしている。また泉舘手記によると、この間に教育隊では疲労困憊と睡眠不足で幻覚や幻聴に悩まされる者が出ており、眠りながら歩く者、列から外れて眠る者、幻覚を見て叫んだり、弾を込める者、それらを介抱する者等で隊伍は乱れて延長し、前後の連絡が困難になったという。二昼夜、不眠で行動していたからなのだろう。

一般的に民間人より体力があるはずの将兵がそのような状態ならば、増沢からずっとラッセルをし、新湯捜索を命じられ、食事も一度でそれもまともにとっていない嚮導はどうなるのか。

「沢内鉄太郎氏は途中やぶ蔭を見付けては幾度か眠りをとろうとした。睡魔に襲われたのである。ほとんど意識を失い吾々は幾度か呼んだが答えがない。（略）彼は八甲田の地理に詳しい数少ない存在で、終始一行の先導をし数十名の生命が常に彼の双肩にかかったことが幾度かあったのである。このような恩人を見捨て置くことが出来るだろうか」

「吾々は極度の疲労をも省みず、死なしてなるものか、死なば諸共と互いに励まし合い、抱き起そうとしては共に倒れ起きては抱き、抱きては転び正に雪だるまのようになって漸く田茂木野村と思われる部落に辿り着くことが仕来た」（行軍秘話）

三十一連隊の教育隊は、嚮導のおかげで遭難せずに済んだというほかない。福島大尉は、その嚮導に労賃を払ったとはいえ、用済みのぼろ雑巾を捨てるかのように扱ったのである。

ちなみに報酬の二円は、当時の除雪作業で考えると五日分の日当に相当した。

五連二大隊

救出された後藤伍長を除き全滅の危機にあった。残っていたのは大滝、鳴沢、大崩沢及び田代元湯にいた四個組である。「顚末書」では、「一月二十七日以降は殆んど個人の動作に止り行軍隊の運動として記すべく且つ研究すべき価値なし。故に其後は各人の陳述書に譲り行軍隊の記事は茲《ここ》に筆を擱す」として、その状況を記すのをやめている。その後藤伍長や村松伍長の陳述書は、都合の悪いことは消され、あるいは改ざんされて全く内容のないものであった。また鳴沢の小屋に避難していた阿部一等卒らの陳述書はなく、救出されるまでどのような状況であったのかが全くわからない。

「顚末書」の「捜索計画並実施」の項において生存者の救出に触れているものの、「翌三十日より捜索の結果続々生存者及死体を発見するに至れり」としているだけだった。

救出された将兵の状況を記載せずわかりにくくしているのは、津川連隊長が捜索の方針を誤り生存者救出ではなく遺体収容としていたので、後藤伍長以外の救助状況を明らかにするわけにはいかなかったからである。

この四個組が残ったのには、それなりの理由があった。三個組は小屋の中にいて風雪をしのぐことができた。一個組は風雪の直撃を深い沢で避けることができ、また標高が低く川岸だったので田代街道上よりも気温が高かったことが影響していたのである。

その大滝では小原伍長が川に入ろうとしていた。前日、小原伍長は川に飛び込み流れていけば青森に着いて助かると思い、佐藤特務曹長ら三人と相談していたのだった。そのうちに三人がいなくなったので、連中はもはや青森に着いて暖かいところで一杯やっているに違いないと思い込んでいたのである。

川べりで寝ていた山口少佐が人の気配に気づく。

「どッ、どうするッ」

「夕べ……佐藤准尉とそれから下士官と四人で川に入って、一刻も早くこの状況を連隊に報告するために約束をしたんです……私はこれから飛び込みますッ」

「待てよッ、そんな馬鹿なまね待てッ」

「夕べ一緒にいたけど、佐藤准尉なる兵隊、そこにいて死んでるじゃないかッ」

確かに川向には石像のようになって死んでいる佐藤特務曹長がいた。それを認めた小原伍長は川に入るのをやめる。疲労、寝不足、低体温が意識を朦朧《もうろう》とさせ、精神を錯乱させていた。

小原伍長は山口少佐の制止によって命拾いをする。これによって遭難事故の実相が後世に伝えられることになるのだった。

小屋に退避していた三個組はどうすることもできずに寝ていた。

筒井の五連隊本部

昨夜、連隊長の方針に基づき捜索の実施計画が立てられていた。連隊長は三神少尉から捜索状況や後藤伍長の話した内容を聞いて、営所を拠点にして捜索隊を派遣するのは困難で成果があがらないと判断した。第一は凍傷患者が発生しないよう、後方連絡の安全を確保して田代を

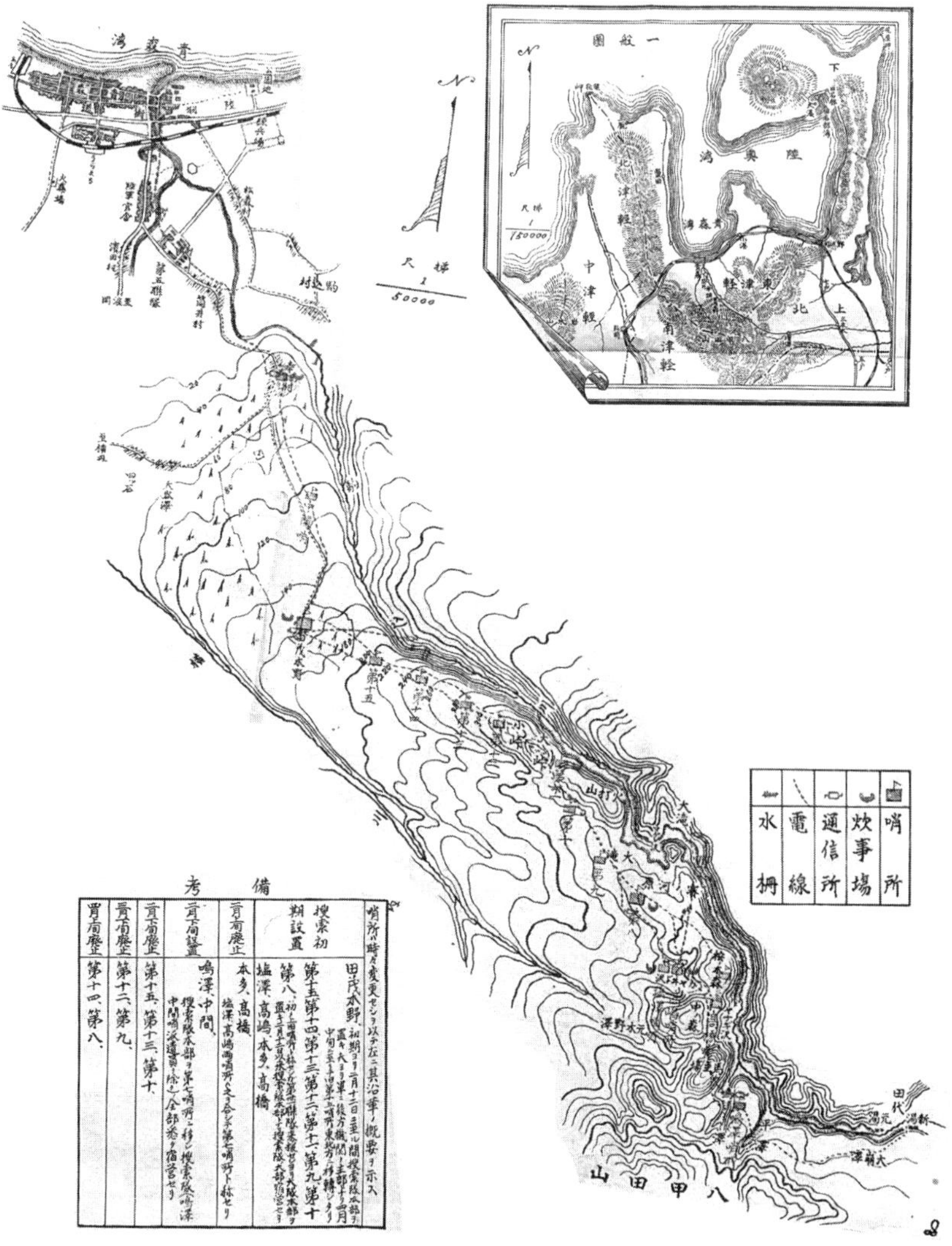

田代街道の捜索線上の要点に、田茂木野から南へ第15、第14、第13……と、哨所が設営された

捜索することにしたのだった。

「兵営より行軍出張員の露営したりと思わしき地点を目的とし田茂木野に捜索隊の本部を設置し兵営より一連の連絡線を作り目的地に近くに従い哨所間の距離を短縮し約一千米突《メートル》乃至《ないし》六百米突毎に逓伝哨所を設置す」（「大臣報告」）

細部は、まず幸畑、次いで捜索隊本部と兵站を置く田茂木野に哨所を開設し、以後田代に向かって約一キロ間隔で第十五、第十四、第十三哨所を設け、さらに第十二（小峠）、第十一（大峠）、第十（火打山）、第九（大滝平）、第八（賽ノ河原）と哨所を設けることとした。賽ノ河原から前方は第七～第一（第一露営地）までの哨所を造る予定になっていたが、賽ノ河原以南の地形等が不明なので現地に行ってからのこととなっていたようだ。また各哨所の人員は将校ほか下士卒三十五名である。計画ではこの日（二十八日）に第八哨所まで完成し、翌二十九日に第一哨所までの全部を完成するようになっていた。

天気は捜索実施概況に「雪天微風」とあった。

午前六時より十時三十分の間に、幸畑哨所及び第十五～第八哨所の将校以下四〇八名が逐次営所を出発する。これに前後して消防団員や市役所差出しの作業員三八〇名が、通路の啓開や資材運搬を行なった。また昼過ぎから作業員二〇〇名あまりが増員されている。

予定では第八哨所まで完成するはずだったが、できあがったのは第十三哨所までで、第十二哨所は途中で夜になっていた。

「佐藤書簡」には、「第十二哨処も二十八日の夜は小屋を作り兼ね全く雪中に毛布を着たるのみにて露営せり。幸いに雪降らざりしも天気寒く終夜眠る能わざりしと云う」と記されている。哨所開設の遅延は捜索活動に影響を及ぼすものの、やはり一番の問題は五連隊が捜索を実施していないことだった。津川連隊長が、後藤伍長以外全員死亡したとする三神少尉の報告をうのみにしていたからだ。そうではなくて、もしかすると生存者がいるのではないかと判断し、並行して捜索を行なわせていれば、おそらく生存者は増えていたに違いない。津川連隊長は致命的な誤りを犯していたのだった。

一月二十九日　三十一連隊の彷徨と事情聴取

東奥日報の第二面に、大きい活字の見出しが四本並んでいる。

「噫至惨《ああしさん》！　至惨‼」

「雪中行軍隊の」

「大椿事《だいちんじ》」

「全軍二百余の凍死」

同紙は、前日に捜索隊を派遣したこと、神成大尉ほか二名がほとんど凍死しそうだったことを報じていた。全容が不明なので、もしかしたらほかは生存しているのではないかという希望があった。しかし、この見出しはその希望を打ち砕いてしまう。

「昨日に至り悲報は遂に全軍凍死の惨事を齎《もた》らせり」

「二十五日迄に山口大隊長を初め百四十余名は凍死せし為め、其他六十余は任意解散せしが一昨日二十七日援護隊の向いし際発見したる神成大尉外三名は、僅かに此の日虫の音にて命を繋ぎ居りしが、神成大尉外一名は間もなく死し後藤伍長のみ万死の間に一生を得たり。同伍長の言によりて右の惨状は初めて明了せり」

後藤伍長の証言がそのまま新聞に掲載されていた。次の生存者が発見されるまで、この証言が各方面に多大な影響を及ぼしてしまうのだった。

青森測候所の記録によると、天気は薄曇り、気温（風速）は六時が零下三・九度（一・二メートル）、十時が零下一・九度（一・二メートル）、十四時が零下〇・五度（六・六メートル）、十八時が零下二度（六・五メートル）で、気温は昨日より一、二度ほど高く、風は午前中弱かった。

降雪は三センチである。

積雪は、大峠四メートル、田茂木野三・一メートル、四ツ石二・七メートル、幸畑二・六メートル、筒井二・三メートル、浜田一・五メートル、浦町一・六メートル、青森市内一・五メートルであった。

三十一連隊の教育隊

当然のごとく、教育隊は大峠・小峠付近で彷徨していた。東海記者の記事には「道を失して四方を徘徊し」とあり、福島報告にも「夜間往々方向を誤り」とあった。やはり教育隊は、嚮導なしには田代街道を歩けなかったのである。

「午前六時零下三度、午後零時零下一度、午後六時零下二度、曇天　西北方の和風」

先頭を進んでいた泉舘伍長は小道、おそらく五連隊や消防団員らが開設した通路または圧雪路を見いだし、「ああ径だ、道だ、里の近くだぞ、おおーい径があるぞ路に出たぞ」と数回叫んだという。それによって皆が元気を取り戻し、一時間ほどして田茂木野の村端に到着したのだった。

午前二時十分、村端から四軒目の門口には「死体収容所」と太筆の立看板があった。その家の主人が話すには、五連隊の二〇〇人以上が遭難し、昨日後藤伍長を見つけただけでそのほかは不明だとし、三十一連隊も登っているとあったので心配していたとのことだった。また村には五連隊の捜索隊が泊まっているとし、福島大尉ら一行にも中に入るようすすめる。泉舘伍長は話を聞いて先に見た遺体の様子を話し、その場にいる者と涙したとしていた。

「我等の到着を知りて指揮官福嶋大尉を訪ねる伝令来り。大尉を案内して捜索司令木村少佐の宿舎に伴い其他の将兵は数名づつ田茂木野村の戸々に武装の侭休憩することとなった。時は午前二時過ぎであった」（泉舘手記）

一行は分かれてそれぞれの民家に入る。そしてまずご飯を無心した。だが夜半なのでご飯のある家はまれであった。泉舘伍長が入った家には栗飯と菜汁が大鍋にたくさん余っていた。

「暖めて与えられし時は拝まん計りに有難かった」

間山伍長は温食にありつけなかったようで、予備糧食の糒《ほしい》を食べている。

福島大尉は上位者である木村少佐に田茂木野到着までの状況を問われ報告する。その内容を文書にしたのが先に一部を表わしている「在田茂木野木村少佐報告」で、次のとおり記されていた。

「唯今《ただいま》歩兵第三十一連隊雪中行軍隊司令福嶋大尉来訪該隊行軍の状況に付左の件々承知せり。

該中隊は二十六日午前八時三本木を発し増沢に至り宿営。翌二十七日午前六時増沢を発し田代に向いたり。此日より増沢土民六名を嚮導となし新湯（田代にある温泉なり）を行軍目標となせしも之を発見する能わず。午後九時頃雪中に露営せり。此日の露営は頗る危険にして困難実に寒気は氷点下十点に達して一の掩蔽《えんぺい》物を得ざりき。翌午前八時露営地出発途中田代より田茂木野に至る通路上の頂界線に於て三十年式歩兵銃の雪中に立ちあるを見之れを収容せり（略）田茂木野到着は午前一時にして当地に二時間の休憩をなし青森に向て発程去るる予定なり（略）小銃二挺は当地に於て受領致《いたし》候《そうろう》」

この中で嚮導が六名になっている。明らかな誤りであったが、どうしてそうなったのかは不明である。田茂木野到着は、福島報告や間山日記にあるとおり午前二時だった。

ちなみに福島報告では、この日の状況を次のように記している。

「風雲寒気強し田茂木野より夜行し払暁青森に達する（略）此夜は疲労の為皆な夢中に在て行進せり」

福島大尉は、五連隊の遭難に関する一切を記していなかったのである。

午前四時、福島大尉以下の教育隊は、田茂木野を発進して青森に向かった。寒気は甚だしく外套も凍って板のようだったと間山日記にある。一行は四ツ石〜幸畑〜筒井〜浜田〜浦町と進んだ。
「午前六時三十分青森市内に入り市民は我等を見て実に第三十一連隊は神の助けか九死の一生を得たりと実に感服せり」（間山日記）
また泉舘手記によると、途中、出会った人々から、「生きて来た、生きて来た」と口々に言われて迎えられ、あまりいい気分ではなかったとしている。
一方の嚮導は、三十一連隊の教育隊に遅れて田茂木野に到着していた。
「未だ夜中であったが部落の所々の家は既に起きており何やら騒々しさが感ぜられる。一刻も早く睡眠と食事を取りたいものと、さる家に宿を頼んだが無念にも断られ暫く軒先に立ち往生したが、田茂木野村であることを知る事が出来た。聞けば五連隊捜索隊の宿泊する為であるとか。止むなく乞うて土間を借り木炭を譲り受け鍋を借りて『ワッパ』の俣煮て氷となった飯を融かして之を食べた。時午前四時頃」（行軍秘話）
嚮導が食事をした時間は、三十一連隊の教育隊が田茂木野を出発した時間と重なる。ただ行軍秘話には、彼らが田茂木野において福島大尉ら教育隊と遭遇したことを窺わせる記述がない。おそらく嚮導は、偶然にも教育隊の将兵がいない家に入っていたのだろう。そうであるならば、嚮導が田茂木野に到着したのは午前三時頃と推測される。大滝平から約八キロの距離だったが七時間ほどかかっている。道に迷っていたわけではない。疲労困憊でよろよろの状態だったのである。加えて意識の薄れた者を搬送しながらの歩みだった。

嚮導が休んでいた場所は土間であったが、外に比べれば雲泥の差だった。木炭の火を囲んで弁当を食べてしまうと、すぐに睡魔に襲われて深く眠り込んでしまうのだった。

午前七時三十分、福島大尉一行は青森市一番の繁華街である大町に到着する。下士卒は「中島旅館」に投宿となる。福島大尉以下の将校らはさらに海手に進んだ浜町の「かぎや旅館」に泊まる。二つの旅館には夏の準備訓練で宿泊していた。

福島大尉の直属の上司である大隊長の門司敬亮少佐は、二十八日に青森へ出張していた。一月三十日の東奥日報に関連記事が載っており、見出しに「門司少佐の談話」とある。(意訳)「三十一連隊がたしかに到着するはずとの報があったので、一つは凍傷者の多数を気づかい、一つは五連隊を慰問するためである。それなのに一昨日夜(二十八日)はついに到着しないので、万一途中で何かあったかと思うと床についても眠られずいた。ところが昨日朝七時頃に三十一連隊が無事到着したというのを聞き、喜びのあまり床を飛び出てまず中島旅館に兵士をねぎらうため行ってみると、二晩も眠らなかったというので皆寝ていた。寝巻のまま一同を集めて、今回は様々な苦労や困難を経験して十和田湖を横断したのは誠に勇壮極まることで無事到着したのはめでたいことである。今日はゆっくりと休めと簡単に慰めた」

出張の目的が、凍傷者の多数を気遣いとしていることに、今一つしっくりこない。

泉館手記にそのときの様子が記されている。

（意訳）「門司少佐が言うには、連隊長自身が来るはずだったが、病気のために自分が代理として来た。一行の日程が予定より一日遅れたので連隊では皆非常に心配していた。昨日陸軍省と現在師団長会議で上京中の師団長に一行が行方不明である旨を電報報告し、その善後策について協議中であった。みんなよく無事に帰ってくれたと」

門司少佐は感極まり今にも泣きだしそうな顔で話し、各人と握手を始めると涙を流していた。また握手される者もつられて涙する。

次いで門司少佐は、中島旅館からかぎや旅館に向かう。

「かぎや旅館に帰って来ると▲福島大尉には不可変大変元気で意気虹の如くであったそこで▲友安旅団長に一応この報告をして今度は五連隊へ（略）」（一月三十日、東奥日報）

この記事から門司少佐と友安旅団長はかぎや旅館に宿泊していたようだった。門司少佐が中島旅館に駈けつける前に福島大尉らに会った可能性があるものの、もしかすると行き違いになっていたのかもしれない。

友安旅団長は、五連隊と三十一連隊の直属上級部隊長である。後藤伍長が発見された翌日（二十八日）に、五連隊に駈けつけて遭難の状況を把握し、その処置を指導していた。同日夕には、陸軍大臣児玉源太郎中将から捜索隊と共に多数の衛生部員に必要な救急品を携行させて遭難地に派遣しできるだけ救護の方策を講じよと電報を受けている。

同日夜、友安旅団長は命のとおり目下準備しているとし、加えて「心配なるは歩兵三十一連隊の一部被害地を通り此地に着く筈なるも未だ着かず（略）」と返信した。

翌朝、意外にもその福島大尉ら一行が青森市内の繁華街に入ってきたのだった。友安旅団長は門司少佐または福島大尉から事情を聴いてすぐに五連隊に向かったようだ。そして陸軍大臣に次の電報を打ったのである。

「歩兵三十一連隊無事今着いた」

友安旅団長は、指揮下の二個連隊とも遭難しなかったことで安堵していたようだった。

三十一連隊の教育隊が宿泊する旅館に訪問者があった。

「当連隊に入営中なる長尾見習医官の実父より酒及菓子を待遇せられたり」（間山日記）

少し前まで暗黒の山中をさまよっていたのが嘘のようだった。

午後零時頃、田茂木野で死んだように眠っていた嚮導が青森市内を歩いていた。いつまでも休んではいられない、早く家に帰ろうと覚悟を決めて出発していたのだった。浦町駅までは約八・五キロの距離なので、通常ならば三時間ほどで到着できるのだが、疲労の大きかった嚮導は、その移動に四、五時間かかっていたようだ。また途中、五連隊捜索のための資材や糧食等が積まれた馬橇が四キロあまり続いていたこともあり、その通過をよけながら移動していた。

浦町駅からは午後二時五十七分発の上り列車に乗る。嚮導が住む深持地区の最寄り駅は沼崎（現・上北町）駅で、列車は五時頃に到着した。列車を降りた嚮導は駅を出ると、二六キロほど先の自宅を目指す。皆沈黙のままひたすら歩き続けていた。話をして歩く余裕など全くなかった。それに福島大尉から「過去二日間の事は絶対口外すべからず」と厳命されていたことで口も重い。

「安否を気づかい待ちわびている妻子をしのびながら……。漸《ようや》くにして我が家の敷居をまたいだのは三十日午前二時頃。家内に支えられて倒れるように家の中に転がりこんだが、顔面は腫れあがり四肢は凍傷に冒され股引《ももひき》は脱ぐ事が出来ない。仕方なく切り開いて脱ぐあり様である。その上二目とは見られぬ容貌……に家族等皆泣き悲しんだのも当然である。それでも生きて還ったことを家族等はせめてもの事として喜んだ。その後病者のように床に臥しなどして数日を経たが、凍傷の手当の療法も判らぬうちに症状が悪化する者が続出した。中沢由松氏の如き

は回復せず十数年後、廃人同様に過し遂に死亡したのは誠に同情に値するものである」(行軍秘話)

何があったのか、どうしてこんなことになったのか、その真相を話すことはできなかった。福島大尉に呪縛をかけられた嚮導は、軍隊の影におびえ二十八年間沈黙を守っていた。当然、軍や三十一連隊から嚮導の凍傷に対する補償などあるはずもなかった。

五連二大隊

この日も捜索を行なうことなく哨所の完成を目指していた。陸軍大臣の児玉中将は、できるだけ救援の方策を講じよと友安旅団長に命じていた。当然、津川連隊長は、その命令を友安旅団長から聞いていたはずである。だがそれを実行していないのだからあきれてしまう。

天気は降雪強風。午前七時、第七から第一に至る哨所の将兵四六五名が、筒井の営所を出発して各目的地に向かった。第四哨所の長だった佐藤中尉が書簡にこう記している。

「第八哨処の地点に至るや、先ず神成大尉の屍あり。其の付近を見るに雪上に死屍累々たり(略)」

五連隊は第八哨所付近、賽ノ河原で神成大尉の遺体を発見したとしているが、実際にはそこはすでに大滝平であった。ただ五連隊が第八哨所の位置を賽ノ河原としているので、混乱を避けるために以後もそのままで進める。

ちなみに俗信的なことでいえば賽ノ河原とは三途の川の手前にある河原とされている。親よりも先に死んだ子どもはその河原で石積みをするのだが、鬼に崩されてしまう。それでも極楽浄土に行くために、子どもは石積みを果てしなく続けるのだという。それは困難に立ち向かい、前進を続ける人生を象徴しているようでもある。

この日、全哨所の完成を計画していたものの、結局第十一（大峠）と第十（火打山）の二つの哨所を造っただけである。「佐藤書簡」にこうある。

「登るに従て雪深く嵐は強く寒気は度を高め、従て身体益々意の如くならず遂に当二十九日にて第十哨処まで僅かに二個の小屋を作りしのみ、之れ後方より材料の運搬に困難なるの致す処なりしなり」

捜索実施概況では、「材料不足」のためとしていた。

佐藤中尉は哨所を開設することができずに田茂木野へ戻る。そこで将校等一同が協議し、第八哨所付近に多数の遺体があったことから、哨所を第一露営地まで延ばす必要はないと判断する。そして第八に第七を入れて第八（上田）哨所とすることにした。また第六と第五を合わせ

5連隊本部前に設けられた田茂木野への物資の集積所

田茂木野北側付近、吹雪の中で物資の運搬が続いた

て第七（塩澤）哨所とし、第四（佐藤中尉）と第三を合わせて第六（本多）哨所として按ノ木森の頂上付近に設けることにする。さらに第二と第一を合わせて高島捜索隊として、第七哨所の付近に厰舎を造ることと決したのだった。

哨所が開設できなかったために田茂木野には多くの将兵が集結しており、宿泊に支障をきたしていた。

「田茂木野には家が十軒あるも極めて狭隘にして二百人余りの大人数を宿営し得可《うべ》きにあらず。由って当夜は殆ど露営の然にて軒下に就眠せるも寒気烈しく半睡に終れるなり」（佐藤書簡）

佐藤中尉らはまだ良かったようだ。第九、第八哨所の人員は田茂木野に戻れなかったらしく、雪中に露営することになる。幅〇・九、長さ一八、深さ三メートルの穴を掘り、その上に各人が杖とした竹棒を横に置き、その上に携行の毛布をかけて屋根となし、雪穴に休んだのだった。幸いに炭火で暖を取ることができたらしい。将兵らは、さながら遭難の追体験をさせられているかのごとく、寒さに震えて夜を明かしたに違いない。

露営に不可欠な天幕であるが、捜索当初まで第八師団には装備されていなかったようだ。二月十五日の東奥日報に、天幕が陸軍省から一四〇張りあまり届き、第八哨所から漸次使用するとした記事がそれを裏付ける。

一月三十日　旅団長と福島大尉の衝突

この日、東奥日報の号外が発行されている。大見出しに「雪中行軍隊大椿事彙報《いほう》」とある。中見出しを拾うと、「援護隊の派遣」「露営中の至惨」「神成大尉、後藤伍長の遭難地に於ける現状」「陸軍省の視察員」「死体捜索の準備」等があった。気になる小見出しに「両隊の幸不幸」というのがあり、内容は次のようなものだった。

（大意）「昨日、第五連隊を訪問した佐藤師団副官が、その日に歩兵第三十一連隊の雪中行軍隊が当地に無事到着したことで、一層津川連隊長の心情が察せられると語っていた。その一方ではこのような惨事を招いたのは、当局に対してただでは済まされない大変なことであろうとする者もいる。来青中の友安旅団長は一方が無事に帰ったことはかえって今回の訓練は無謀に行なったものではなく、実施可能な計画だったことを証明しており、当局に上申する場合においても唯一の理由になると語っていた（略）」

責任問題が津川連隊長、その上官となる友安旅団長、さらには立見師団長まで及ぶことから、各級において思惑がうずまく。

この日の報知新聞に、師団長会議で上京中だった立見師団長の談話が載っている。

「僕は二十四日に弘前を出発した、前日来降りつづいた雪は此日に至り猛烈なる吹雪となり其寒気と云ったら実に堪えられぬ位、それが為め予定の発車時間に遅れ停車場へ来て火鉢に暖を取っても尚寒かったから汽車中でも今回の遭難隊が昨日（二十三日）行軍したが此雪では堪《たま》るまい、どうか無事であれかしと属官とも話し合て来た。（略）天災は仕方もないが、如何《いか》にも悲惨千万の事だが言わば天災で致方《いたしかた》も無いが、近頃追々火の手の強くなる吾々軍人の分捕《ぶんどり》一件には困るよ、人為の災いは于──」

立見師団長は二十四日の暴風雪に遭遇していたことから、五連隊の遭難原因を天災とし、仕方がないとしていた。そしてそれよりも馬蹄銀事件のほうが問題だとして、矛先を転じようとしている。将兵二〇〇名ほどが凍死したと伝達されていたはずだったが、その人命を失ったことよりも馬蹄銀の横領事件のほうが重大だとしていたのだ。

どうすればそうした考えに至るのか理解できないが、自らの責任から逃避しようとしていたというほかない。

この日は日本にとって重大な転機を迎えている。ロシアの南下政策に対抗して日英同盟が調印されたのだった。日本はロシアとの衝突に備えて一手進めたともいえる。

青森市の天気は晴れ。気温（風速）は六時が零下五・八度（二・七メートル）、十時が零下〇・一度（六メートル）、十四時が三・二度（三・二メートル）、十八時が零下三・四度（二・四メートル）で、日中の気温は昨日より三度ほど高く、風も強くない。降雪は零センチだった。

三十一連隊の教育隊

午前七時三十分に青森市を出発して浪岡を目指した。経路は国道（羽州街道）で、西滝～新城（六キロ）～鶴ヶ坂（一五キロ）～大釈迦（二〇キロ）～徳才子～杉沢と進み、浪岡までは約二六キロである。積雪は西滝二メートル、新城・鶴ヶ坂三・二メートル、徳才子二・七メートル、杉沢二・五メートルだったが、人馬の通行があり、行進上特に問題はなかった。

当初の予定では梵珠山麓を進み原子を経由して弘前に帰営するはずだった。ところが五連隊の遭難事故によって、師団からまっすぐ帰るよう命じられたのである。二月四日の東奥日報に「友安旅団長と福嶋大尉」と見出しがあり、その経緯が載っている。

「最初三十一連隊雪中行軍隊の行軍予定は青森より油川を経て梵珠岳を横断し夫《そ》れより原子山の連山廻渓を通過して帰営の目的なりしなるが」、（以下意訳）「待ちかねていた友安旅団長は教育隊に言われた。第五連隊の惨状を見る今日なれば、一行にもし怪我等あれば申し訳ができない。諸官らは酷寒の絶壁峻険なる八甲田山を通過した憤発とその気力によれば何れの高山も何れの深渓も越えられるのはすでに十分証明された。今日は最早予定通り実行するには及ばないとして心からこれを止めた。福島大尉は非常に意気盛んで、なお予定通り梵珠諸山の行軍実施を願い求める。しかしながら許可されず、遺憾ながら青森より浪岡を目指して行進したのである」

友安旅団長は、訓練の中止は師団からの命令であるものの、穏便に終わらせようとなだめるように話していた。だが八甲田（田代）を越えて意気高揚の福島大尉は強く反発したのだった。比類なき計画の実行によって自らの名誉の獲得ができるものと強く信じていたからにほかならない。この衝突によって二人にわだかまりが生まれる。それが意外にもすぐ同じ部隊で勤務することになるのだった。

午前十一時十五分、鶴ヶ坂に到着する。ここで一時間の昼食休憩になる。献立は灼魚《やき》とたくわんであった。

午後零時二十分に行進を再開し、同四時五分浪岡村に到着する。いくつかの民家に分かれて宿泊したようだった。手記等にはここでの宿泊に関する記述がほとんどない。予定外の経路と宿泊地なので、役場に対する福島大尉からの支援要請もなかったはずである。よって手厚いもてなしもなかったに違いない。夕食の献立は魚肉、大根、味噌汁、たくわんとなっていた。

五連二大隊

遭難して行方不明となっている隊員の家族に対し、前日からこの日にかけて、「コウグンチウユクエフメイ」と電報で通知していた。また営所に駈けつける隊員家族に対応するため、営所内に家族係を設けている。

捜索における各哨所の人員は、その設置工事を行なって完成に努めていた。遭難現場では将校の判断によって捜索隊が編成され、ようやく現地での捜索が始められるようになる。それでも連隊長が、後藤伍長を除いて全員凍死したとしていることから、捜索の焦点は遺体の回収になっていた。

午前六時、第八哨所以下の将兵と高島捜索隊が田茂木野を出発する。天候は「佐藤書簡」には「幸福なるかな天大いに穏やかに降雪なく太陽を見るを得たり」とあり、捜索実施概況では「晴天微風」としている。

兵卒らは背丈ほどの細い竹棒を手にして進んだ。

「殆んど平地に居るの感ありき。由て歩行極めて容易に午前十一時三十分、第八哨処に達するを得たり。即ち賽ノ河原にして死屍山の如く（形容に過ぎたるも）兎に角、（略）各処に散布しありて計三十余に之有《これあり》候《そうろう》」（「佐藤書簡」）

捜索実施概況には「中野中尉以下死体三十六発見」とあった。この日は準備不足で第八哨所に集めるのがやっとだったようで、ここで軍医による検死が行なわれていた。

佐藤中尉はこの賽ノ河原で部下に昼食を命じる。ただ兵卒、特に新兵には厳しい状況だったようで食べ物をもどしたり、食べなかったりする者がいたという。昼食を終えて午後零時三十分に出発し、〇・五キロほど進んで午後一時には按ノ木森に到着する。ここは賽ノ河原に比べて、その寒気と風の強さは尋常でなかったと佐藤中尉が記していた。

到着後直ちに兵卒七十名をもって廠舎造りに着手する。地面まで雪を掘らせたが、午後五時になってもまだ地面が見えずにいた。防寒のために重ね着をしていたので動きは鈍かった。体は作業で暑苦しかったが、手や指は凍えて思うように動かない。完成できなかったのにはそうした影響もあった。

日が傾くに従い北風はますます激しくなり、じっとしていられないほど寒くなる。午後四時頃からは風雪が激しくなっていた。腹が減り、夕食準備の人員を差し出さなければならなかった頃、佐藤中尉は雪掘りを中止して屋根を造らせた。不完全ではあったが三メートルほど掘っ

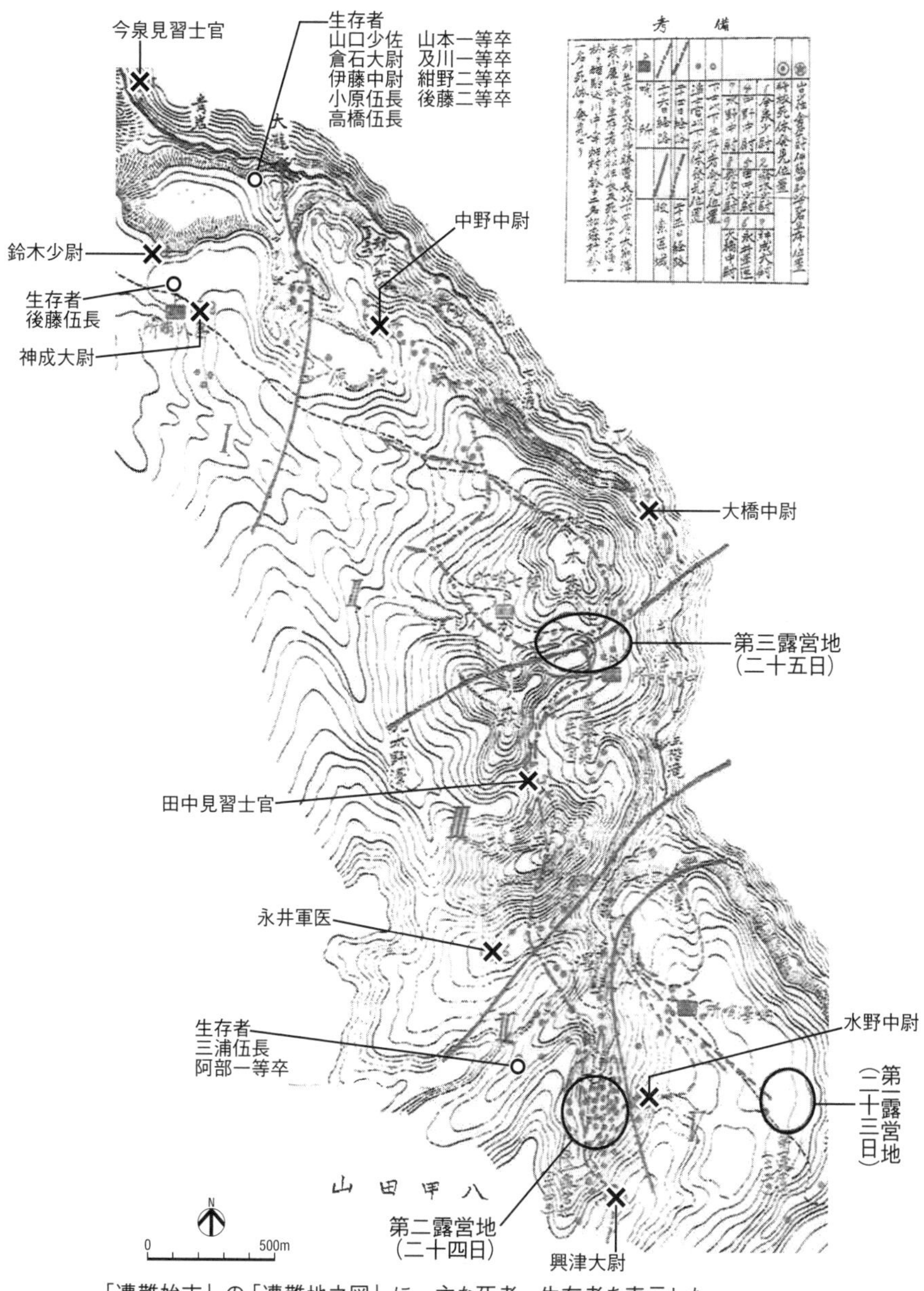

「遭難始末」の「遭難地之図」に、主な死者、生存者を表示した

ていたので、これで一晩は過ごせるものと判断したのである。

すべての作業が終わってその廠舎内に入ったのは、午後七時三十分頃で外はすっかり暗くなっていた。

「午後十時頃漸く夕食を終り十二時頃眠りに就きしが、雪中は至って暖かなるものにて前夜田茂木野の宿営に勝る」(「佐藤書簡」)

この日の夜遅くに地震があった。

大崩沢の炭小屋に避難していた長谷川特務曹長の陳述書にも、「一月三十日及三十一日両度の強震は積み上げげたる炭俵を動揺(略)」とある。二月一日の巖手日報がその地震を記事にしている。

「一昨夜十時五十六分、同十一時十五分及び昨日午前十一時の三度に強震ありたり」

だが雪壕で休んでいた佐藤中尉は、地震よりも二メートルほど雪を溶かして地面まで達していた炭火が危なかったとしている。

「予等は井上の網の上なる魚の如く若し誤て落ちなば運動し難き炭火上の雪穴中に葬られしならん」(「佐藤書簡」)

屋根の上には九〇センチほど雪が積もっており、屋根が潰れなかったのは幸いであったとも

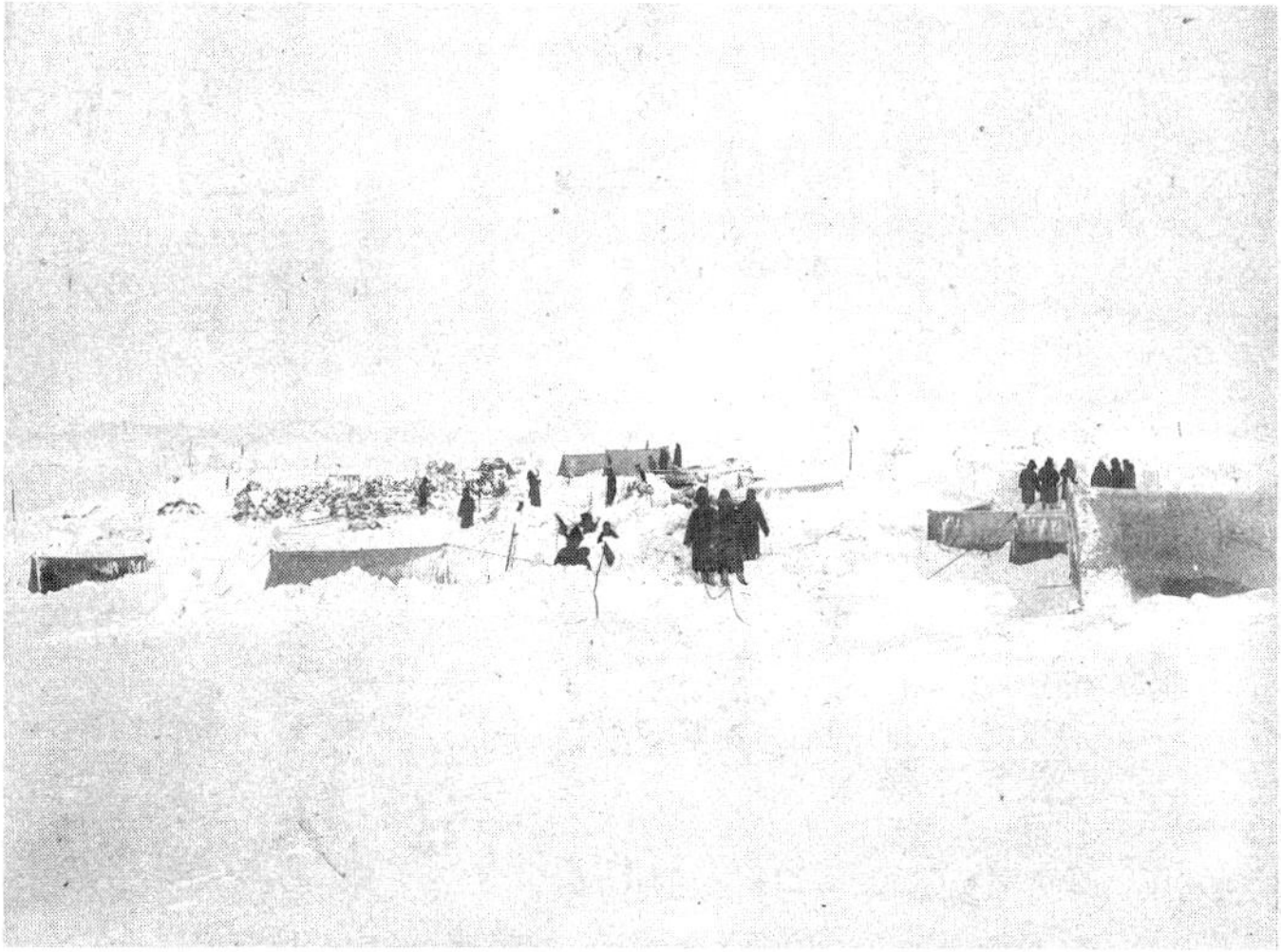

賽ノ河原に設けられた第8哨所の全景。天幕が多数張られている

第8哨所の内部。屋根は筵で覆われ、側壁は雪だった

している。

田茂木野から賽ノ河原の第八（上田）哨所まで、電話線が架設され連絡が容易になる。捜索態勢の強化が徐々に進められていた。

この日の明けがた、時事新報の石濱鉄郎記者が取材のため賽ノ河原（第八哨所）に向かっている。第八哨所に到着したのは午前十一時頃だった。そこでしばらく休んでいると、一兵卒が慌ただしく駈けてきて近くにいた将校に報告する。

「哨長殿申し上げます。是れより千米突上ヤシノキノ森という処に兵の死体五、又田代街道を越えた処の坂に無数の死体が横たわり居りますと報告したり」（二月二日、時事新報）

石濱記者がすぐに現場に行ってみると、五、六メートル先に五つの遺体を認める。それから街道に出て横に接する下り坂を見ると、真っ白な雪面に黒いものが点々と散っていた。石濱記者は深雪に脛が没するのをためらわず、一人、その斜面を下った。途中二度肩まで埋まり、何とか顔を雪上に出している状態になった。

「吾れながら気も遠く此儘凍死者の跡を追うかと思われしを辛うじて其難を免がれ尚お懲りずまた先きへ先きへと志し唯一人雪中を探し廻れるに果せるかな其付近に於て十九の死体を発見したり。死体は何れも着衣のまま強直となり或は仰向き或は俯き面部手部は凍傷の為めに暗赤色と変じ中には出血せるものあり。余は嘗《かつ》て身を軍籍に置き日清戦役の際備《つぶ》さに艱楚《かんそ》を嘗《な》め尽せるもの眼前に此光景を見ては争《いか》で同情の涙を禁じ得べき思わず男泣きして雪中に佇《たたず》む」（同）

そのとき（午後一時頃）、年配の男が坂上から三つ目の遺体を見るなり雪に転がるように歩みより、

「『コレ長、ナゼ言わぬ』と泣き喚き尚お死体の被り居る帽子を手に取り七中隊と書しあることを見て再び『オー長よ』と叫び腫れたる顔を眺めては萶《しき》りに涙を催し居りたり」（同）

遺体は行軍の前日に親戚へハガキを出していた第七中隊の長内長幸一等卒だった。その父親と数名の親戚がなかなか進まない五連隊の捜索にしびれを切らし、山に登って長内一等卒を探していたのである。

遺体は広範囲に分散していた。第二露営地から大滝平までは直線距離で四キロほどある。この間において縦横に散り雪に埋まった遺体の中から、長内一等卒を捜し出すことは極めて困難だったといえる。それでも家族が長内一等卒を探し当てたのだから、その不可思議さを感じてしまう。ましてや行軍前日に投函したハガキのこともある。

この日は、ほかにも遭難した下士卒の家族らがその現場に向かっていたという。だが捜索の妨げになるので、翌三十一日には、遭難隊員の家族や一般人の遭難現場への立ち入りが禁止さ

れてしまう。
新聞記者は、許可を受ければ遭難現場での取材ができた。

一月三十一日　山口少佐救出される

三十一連隊の教育隊

午前七時三十分に浪岡を出発し弘前の営所を目指した。経路は下戸川（四キロ）～水木（六キロ）～撫牛子《ないじょうし》（一四キロ）～和徳《わっとく》（一六キロ）～東長町～百石町《ひゃっこく》～新寺町と進み、三十一連隊の営所までは約一九キロになる。天気は晴れのち雨、降雪零センチ、西方の和風。
見渡す限りの雪原を進む一行の右手に岩木山がそびえ立っている。左手には八甲田の山々が見える。岩木山は八甲田の大岳より四〇メートル高く、青森県で一番高い山になる。太宰治は取材旅行で岩木山を目にし、やはり感激していた。そして次のように書き表わしている。
〈したたるほど真蒼で、富士山よりもつと女らしく、十二単衣の裾を、銀杏《いてふ》の葉をさかさにたてたやうにぱらりとひらいて左右の均斉も正しく、静かに青空に浮かんでゐる〉（『津軽』）
八甲田の山中で絶体絶命の危機にあった将兵は、岩木山の秀麗さに胸がすく思いで歩いていたに違いない。その足取りは行軍最終日なので軽い。また人馬が往来する国道を行進しており、沿道には民家もあるので、ぶざまな姿を晒すわけにはいかないとして気合も入っていただろう。

午前十一時三十分、撫牛子村に到着し、そこで昼食休憩となる。献立は塩鮭、たくわんで所要時間は一時間あまりだった。

午後零時四十分にその地を出発、軍歌を唱和して進む。

午後一時十分、和徳町に入り進修尋常小学校前にさしかかると、整列していた全生徒が万歳三唱をし、また弘前市や周辺村役場の職員らも並んで一行を歓迎した。弘前市の関銀行が小学校内に休憩所を設け、酒や肴のもてなしをしている。またタバコ一包が各人に配られていた。

一時四十分、行進を再開する。東長町、百石町には多くの市民が集まり一行を歓迎した。残留の三十一連隊将兵らは、新寺町から営門まで道路の両側に並んで迎えた。

午後二時三十分、営所の門をくぐり連隊本部に向かう。舎前に二列横隊となり福島大尉は前列最右翼で連隊長に帰隊を報告する。二月四日の東奥日報に「行軍隊の慰労会」とする見出しがあり、次のように記されていた。

（意訳）「児玉連隊長は姿勢を正しくし真摯なる言葉で、行軍隊が艱難《かんなん》に打ち勝った勇壮を賞するとともに行軍中の注意を賛美して切に慰労の辞を述べられた。行軍隊一同は感激の表情にあった。言葉が終わると解隊した」

その後、連隊の第三号雨覆場（屋内訓練場）において慰労会が催される。

（意訳）「この宴が開かれるにあたり、児玉連隊長は慰労のため盛会を開くはずだったが、連隊の兄弟である第五連隊に事故があっていろいろと遠慮したので諸官には了承してもらいたいと挨拶した」（二月四日、東奥日報）

連隊の将校はお酌に回って接遇した。従軍した東海記者もこの宴に参加している。連隊の宴会が終わると、集会所において下士候補生らの慰労会が行なわれた。ただ帰隊した将兵は、浮かれて酒を飲んでいる場合ではなかった。『われ、八甲田より生還す』の調査研究報告「患者の景況」に、

「凍傷は、殆んど全隊の三分の一に発生せり、手指末端の軽き知覚異常の如きは、殆んど全隊皆犯さるるに至れり」

とあり、患者は速やかに手当てを受けなければならない状態にあったのである。

東海記者の妹が当時のことを話している。

「帽子も外套もしみついてしまって、死ぬだろうと思ったと言っていた。それにハラがすいてどうしようもなく、在からもらった干しモチをかんで助かったとも。足が凍傷にかかって十日

ぐらい医者にかかって、そのあと大鰐温泉に湯治に行った。丈夫な人だったが、山ではしみでしまって命がないと思ったといったのを覚えている」（昭和五十二年一月二十三日、東奥日報）

福島大尉が率いた教育隊の皆が死ぬような思いで行軍をしていたのである。東海記者も増沢の嚮導と同じように凍傷に悩んでいたのだった。おそらく足袋で歩行したのが良くなかったのだろう。

五連二大隊

予想もしていなかった生存者を発見する。『遭難始末』の「捜索救護計画並に実施」の項に次の内容がある。

「天気晴朗第八以南の各哨所は厰舎の補修に要する一部の人員を残し他は尽《ことごと》く捜査に従事す。午前九時頃味岡中尉の指揮する捜索隊は鳴沢の炭小屋に於て生存者伍長三浦武雄、一等卒阿部卯吉を発見」

捜索実施概況では天気が午前晴れ、午後雪天強風となっていた。『遭難始末』で、一部を除き全員が捜索に従事したというのは事実と異なる。「佐藤書簡」には、各哨所が全員でもって小屋造りをしていたと記されていた。味岡中尉は高島捜索隊に属していたことから、この日の捜索は高島捜索隊だけで行なわれていたようだ。

陸軍大臣から事故状況視察のため青森に派遣されていた、医務局衛生課長の武谷水城一等軍医正が生存者の発見状況を話している。

「鳴沢の露営でもしたらしい所の近辺にポツポツ炭小屋が在るので、或はそこらに兵が居りはしないかと思って居ると、一番近い小屋の中で人声がする様であるから早速行って見るとそこには三名の兵士が居るので直ちに応急手当てをしたが、一名は遂に死し他の二名は漸々《ようよう》元気が付いて来たので先ず第五哨舎に収容して治療をすることにした」（二月四日、巖手日報）

ここで救出された阿部一等卒が、後年の取材で救出された当時を次のように語っている。

「そのうちワイワイ騒ぐ音がした。小屋のすき間から二、三十人の隊員が中腹を歩いているのが見える。三浦伍長が助けてくれと叫んだが、声にならない。それでもだんだん近づいてきた。私と三浦伍長は小屋からはい出で、二本の木を雪に刺し、それで身体をささえて、すわったまま迎えた。涙が出てどうしようもなかった」（昭和三十七年六月十日、産経新聞）

阿部一等卒らは、小屋に六日間もいたのだった。高橋一等卒はすでに亡くなっていた。

阿部一等卒の談話から、ツマゴの履き方がわかる。

「ツマゴもクツ下も足にくっついて、ナイフでけずるようにして切りとった。足の皮もケロリ

前嶽方面への捜索状況。長い竹を雪に深く刺しながら、遺体の有無を確認して進んだ

第2露営地（鳴沢）付近の捜索状況。捜索隊が多数集まっている場所は、興津大尉の発見地点

とむけたのに、われながらびっくりしたものだ」

やはり靴下に直接ツマゴを履いていたのだった。

ところで大滝にいた伊藤中尉は、川岸で進退窮まってしまってからずっと眠っていた。すっかり目を覚まして立ち上がったのが、五日後のこの日である。

「何日かの夢から醒めてみると、お天気がよい日であった。山を見ると烏《からす》が二、三羽いるのを見たから、倉石大尉と相談して烏という鳥は人里の近所に住む鳥であるから、付近に人家か炭焼小屋があるに違いあるまい。このままここにいても死ぬのだ。勇を鼓して山の上に登ってみようではないかと相談をかけたら賛成してくれたので、残っている兵士に命じたら誰れも動かない。仕方ないから屈強な兵士二名を無理強いにつれ、四人が急な山をよじ登ることにした。

（略）一歩誤れば大滝の滝つぼへ落ちる危険にさらされながら、永い時間かかってよじ登った」

一緒に登ったのは、倉石大尉、小原伍長、後藤惣助二等卒である。

武谷軍医が先の炭小屋での救出に続いて、次のように話している。

「余は帰営する積りで仕度しおったら、余の使役した人夫が向うの山の半腹に人が見ゆるというのである。出て見たら人が集まって来るので余も人夫の指した方を見ると慥《たし》かに人らしい者が四個ある。其の内声がしたとか云うので余も大声を揚げて三回程呼んだら最後には応答した

馬立場〜鳴沢間で、通路が開かれた

大滝平。斜面が交じり合う所から100メートルあまり下が駒込川で、山口少佐らが留まっていた

ので、何とか早く救援しなければと思うてるうちにヤスの木森の向いの方から一隊の兵士が顕《あら》われ段々其方面さして進み行くので先ず是れでは大丈夫と思うたから田茂木野へ帰り（略）」

神成大尉が発見された第八哨所付近から北側には、駒込川に下りる急峻で入り組んだ沢がある。その中腹に大滝から這い上がった四人がいたのだった。二月四日の報知新聞に「山口少佐を救いし人夫の実話」という見出しがあり、その四人の救出状況が記されている。

「私は青森市の人夫内村久次郎と云うものですが、（略）第八哨舎と第九哨舎との間にある大沢と云う所に人夫が四、五人集まり連隊長と筋の沢山ある帽子を着《つけ》た軍人（武谷軍医正ならむ）も居り騒いで居りますので、何事かと聞くと、此の谷の下の崖の所に人が居るので救うつもりであるが、谷が深くて縄が届かぬで困って居るが、御前方も手伝って呉れないかとの話がありましたので仲間の中川、関など相談して手伝うことになりました」

人影があった場所は少し先に見えるものの、恐ろしいほど斜面が急で谷は深い。かといって迂回しようとすればいやになるほど遠くなる。突然、内村作業員が雪面に座り、ズルズルと滑りながら入り組んだ谷を越えて大滝の上まで下ったのである。

「傍に寄って見ると二人は将校方で二人は兵士でしたが、其前にチャンと合図が出来て居りましたので何れもお喜《よろこび》でしたが、倉石さんは一番元気で『俺達は是迄出て来《きた》が此谷の下に大隊

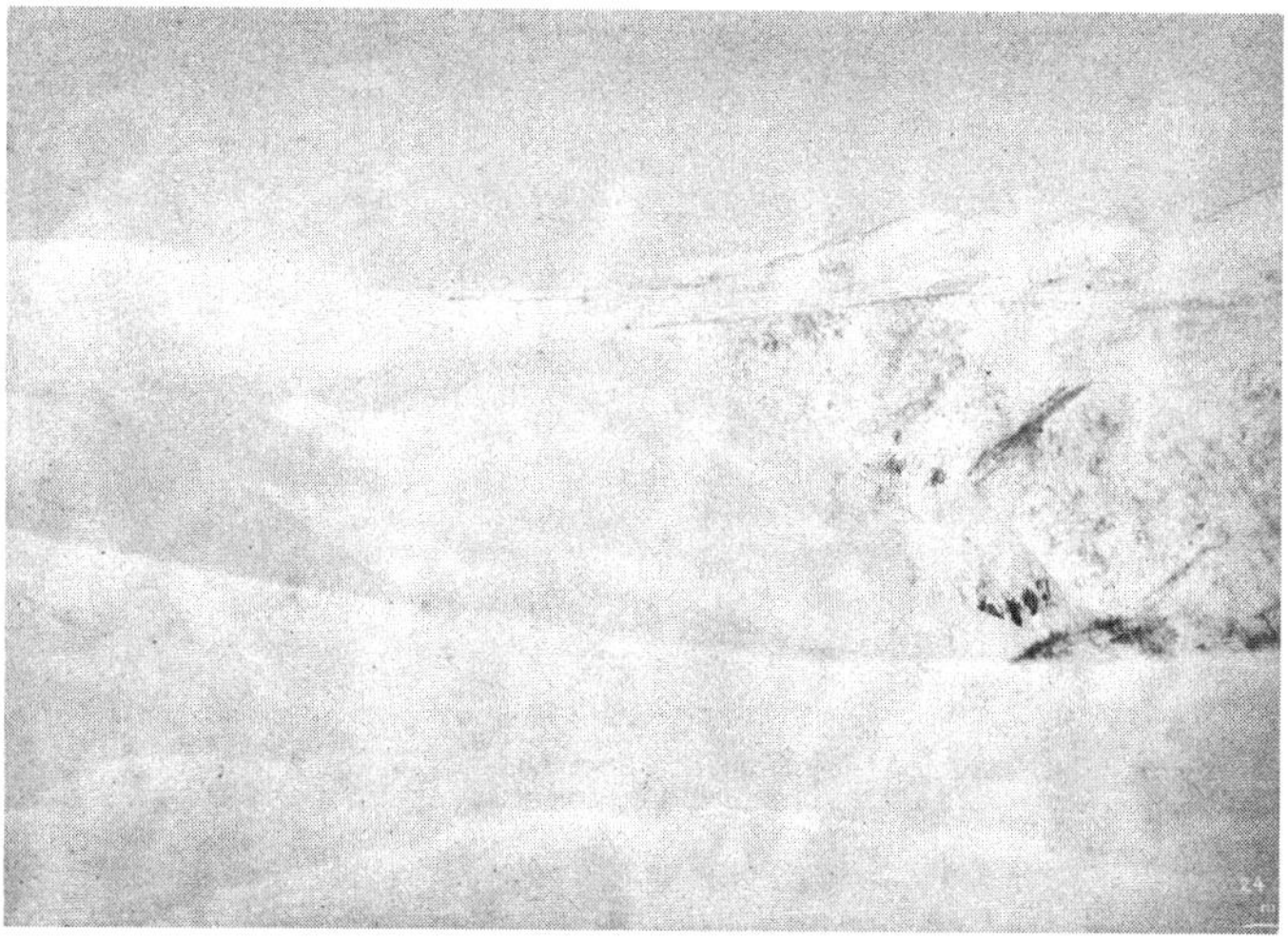

大滝で山口少佐らが救助された。写真の右側崖下が大滝で、救助された地点

長も居《お》れるから其方へ速く行て呉れろ』と仰いましたが、此時倉石さんは深ゴムの靴を召し、伊藤さんは靴の上に呉座《ござ》を巻いて脚絆の様にして居られました」

後藤元二等卒は、救出されてから五十年あまりして幸畑陸軍墓地と遭難場所を訪れている。その際に新聞の取材にこう答えていた。

「捜索隊をはじめカラスの群れだと思った。黒い点が集まったかと思えば散ってしまい、声をからして叫んだがなんらの反響がなかった。そうこうしているうちにこのままでは死んでしまうと思ったので適当の隠れ穴を探そうと思って立上ったところ、山の上の方から誰だという声がかかり〝兵隊だ〟というと〝動くとあぶないから伏せていろ〟という声があり、三十分もしたら上から真黒いものが落ちてくると思ったらそれが捜索隊であった」（昭和二十九年八月十七日、東奥日報）

伊藤元中尉は、そのときの状況を次のように話している。

「登りつめると烏がいる所まで、もう一つの峰がある。所が二羽の烏が三羽になり四羽になり、それが三十羽に増え、私達の方へ進んで来るようである。後でよく気をつけてみると、それが皆人間であった。兵士のうち人夫も混っている（略）他の三人は兵に背負われたが、私は比較的元気であったから拒んで救護所まで歩いて行ったが、疲れのため遅く、ために勧められて背

負わされて第七哨所に行った」（伊藤口演）

倉石大尉の陳述書には、次のとおり記されている。

「午前八時頃歩を起こしたり。約二百五十米斗の峻坂《しゅんぱん》を攀登《はんとう》するに午後三時頃に至れりこの時微かに高地上に人の徘徊するを認め全行者四名一声助けを呼びて救護隊に為めに救助せられたり」

小原元伍長は、捜索隊がなかなか救助に来てくれなかったと語っていた。

「ずうっと向うにカラスのごとく人影がある。それがこっちを見ても何回見ても助けに来ないんですね（略）それから一生懸命になって叫んだところ、（略）助けに来まして（略）そのときはじめて捜索隊とわかったんですね」

捜索隊や民間作業員らは、生存者はいないものとして遺体捜索を行なっていたので、遠くで叫び声がしていても、しばらくは生存者という判断に至らなかったのである。武谷軍医と共に五連隊へ派遣されていた田村少佐の「大臣報告」にもこうある。

「生存者発見の報に接するや皆意外の感に打たれたり（略）今に於て山中積雪の間に生存者あらんとは」

行軍出発から八日、後藤伍長が救出されてから四日過ぎていた。生存者がいたことに皆が驚いた原因は、後藤伍長の証言が大きく影響していたとしても、やはり状況判断を誤り遺体捜索とした連隊長にあったといえる。そもそも初動の捜索が数日遅れたのは、連隊長の短慮にあったのは疑いようもない事実である。

内村作業員は倉石大尉に言われたとおり、山口少佐を救出するためさらに斜面を下った。

「段々谷を下りていくと谿川《たにがわ》があって其水が青く瀧の音が鞺々《どうどう》と聞えて物凄い所へ出た。其処に恐ろしい大岩がある。其岩の隅に三人居った。其岩は川から二間ばかり離れて居るが川と大岩との真半辺《まんなか》に山口大隊長が屛風の様に積んだ雪にもたれて仰向けになり両足を出して憩《やす》んで居られるのを見付けました。目は開いて居られたが休憩《やす》んで居られるよりは半分死んで居られた様なものでした」

山口少佐は外套を二枚着ていた。藁靴の下部は雪面と一緒になって凍っており、軍医が藁靴を脱がそうとしたが足も藁靴に凍りついてしまっていたのだった。ハサミなどで切り離そうとしたがダメで、ようやくノコギリで切り離している。山口少佐はなにも語らなかったという。ただモッコ（網）に入れて引き上げるときに、強くさわると腕が痛いというようなことを言ったらしい。

「フト水際を見ると一人の伍長が半分水につかって死んで居りましたが、此伍長は今朝まで生

大滝崖下の駒込川。この川を下れば、筒井の営所に帰れると信じて何人も飛び込んだ

きて居り水を飲もうとして川端へ行った時身体は疲れ眼くらんでヒョロヒョロと川の中にヒョロケ込んで死んだそうです。夫《そ》れから川向にも一つの死骸がありました（略）其外にも死骸がありましたが大隊長の膝元に手ばかり出て雪の中に死んで居ったのは最も無惨でございました」

救出は困難を極める。隊員はモッコに入れられ、それを上にいた大勢が縄で引きあげた。特に山口少佐は重傷で、これを引き上げるのに二〇〇人も要したらしい。

按ノ木森の第六（本多）哨所も夜には概成していた。午後七時過ぎに第八哨所から山口少佐らを救出するための応援要請が届く。すぐに佐藤中尉は兵卒二十名を率いて現場に向かった。

生存者の救出は午後十一時三十分頃までかかっている。ここで救出された将兵は崖を登っていた四名のほかに、山口少佐、高橋房治伍長、及川平助一等卒、山本徳次郎一等卒、紺野市次郎二等卒の五名で、全員が第八哨所に収容された。

佐藤中尉らが任を終えて按ノ木森の第六哨所に戻ったのは午前零時頃である。途中、提灯の火が消えてしまい、暗黒の中で佐藤中尉らは道に迷ってしまう。非常に怖がる新兵を励ましながら、佐藤中尉は地形と風向を判断して進んだ。そしてようやく哨所に無事戻ったのだった。

この日最初に救出された三浦伍長、阿部一等卒の二名と神成大尉の遺体が営所に運ばれていた。

二月一日　捜索隊と現場取材

五連隊は営所に残留していた兵卒二〇〇名を捜索隊に加えた。また三十一連隊から支援として平岡少佐以下二一八名が差し出され、幸畑に村落露営している。この日の捜索実施概況には「捜索の結果得る所なし」「山口少佐以下九名の生存者並に中野中尉、水野中尉、鈴木少尉の死体を屯営に搬送す」と記されていた。

捜索隊本部が置かれた田茂木野村は、わずか十一戸の山村である。住民によると、とにかく村は将兵と民間作業員とでいっぱいであったとし、薪が山のように積まれていて人が通るのにも容易でなかったという。

「毎戸兵士人夫等室内は勿論庭厠《かわや》物置小屋の差別なく悉《ことごと》く人を以って満たされ家人の如きは台所の一部と寝室を有するに過ぎず而《しか》して日夜間断なき往来に人々睡眠時間とては全くなく（略）」（二月五日、読売新聞）

その捜索隊本部は、川村左エ門次郎の屋敷内にあった。

「入口に筵《むしろ》をつるして吹雪を防ぎ六畳ばかりの座敷の隅に毛布を敷きて木村少佐以下熱心に其

の事務を為《と》れる」（『遭難実記雪中の行軍』）

午前七時、田茂木野村の「新聞記者休憩所」から青森市役所の職員、東奥日報と読売新聞の記者各一名が按ノ木森の第七哨所に向かう。圧雪された経路は、昨日の雨と夜からの寒気によって凍っていた。とても滑るので気を抜くとバランスを崩して転倒してしまい痛い思いをしてしまう。一キロほど進んで振り返ると、青森平野が見えた。

「左方は曠渺《こうびょう》たる原野満望の雪は皚々《がいがい》として其の尽くるところの陸奥湾は蒼黒の色に漂い津軽半島の連山乱雲の如く蓮亘《れんこう》し、処々白髪を垂るるは山上の積雪ならん」（二月五日、読売新聞）

近くに第十五哨所があった。その構造は雪を四角に切って掘り、それを外側に高く積み上げていた。屋根は垂木《たるき》を渡して莚または菰《こも》が張られている。その中の広さは二十畳ほどあり、天井から垂れる毛布または莚で区切られた将校室や台所、物置などがあった。地面には藁が敷かれていて炉が設けられている。ただ支柱が一本もないので、多量の降雪に対処しなければ屋根がつぶれる恐れがあった。

第十四、第十三哨所と進み第十二哨所に到着する。そこは小峠の北西にあった。

「第十二哨所は急峻なる坂下にあるを以て炊事場の設けあり為めに哨舎の構造も稍々大なり兵士等は忙《いそが》はし気に焚火して炊事中の模様なりし」（同）

田茂木野の将校宿舎。軒下近くまで雪が積もっていた

田茂木野の物資集積所。掲示板には用件に応じてその担当に赴くよう注意を示している

一行は先を急いでさらに第十一、第十哨所（火打山）と進む。第九哨所（大滝平）近くで、後藤二等卒を搬送する橇に遭遇する。

橇の上に毛布が二枚ほど敷かれていて、横臥する患者をさらに二枚の毛布で覆っていた。その中ではカイロをもって体を温めている。また患者が揺れ落ちないようひもで橇に身体を固定していた。橇は前後各一名を以って曳き、ほかに三名ほどが橇の脇についている。だがやはり坂を上り下りするときに非常な困難をきたしていた。そのため、のちには田茂木野までの遺体の搬送に橇を使用せず、毛布に包んだ状態で曳くことになる。

「やがて第九哨所に着く時に鹿討中尉等哨前に立って第六中隊の生存者山本徳次郎の橇を迎え親しく慰めつつありしが余の聞き得たる患者の言は左の如し（問いは中尉其他なり）

問、苦しからんが今直ちに田茂木野へ着くから我慢して居れ。何か食べたいなら食べさせるから。

答、アアホントニ苦しい。他の人達は火に暖まって居るだろうに私は四日も五日も物を食わない。二度も雪崖を上がったのだからこんなになったのだ。今食わせるに宜いなら食べさせて下さい。

何等悽絶《せいぜつ》の言ぞ一同思わず面を掩う。やがて中尉は粥の汁を勧めしに彼れは甘い甘いと頻《しき》りに言い、藤本曹長はどうしたと問いしに、私の後から来たようだが死んだでしょう、其の外何中隊の某も何中隊の某も皆死にましたと尚お語らんとせしかど付添いの軍医は発言を禁止せし」（同）

この壮絶な状況に至らしめたのは、津川連隊長である。

ちなみに第九哨所の長は鹿討義郎中尉で、後の日露戦争で戦死し、あの幸畑墓苑にあった倉《くら》石《いし》少佐の墓碑と並んで埋葬されていた人物である。

新聞記者ら一行がさらに歩みを進めると、山口少佐の橇に合う。山口少佐はたいそう弱々しい声で、雪か水を与えよと言っただけであった。顔色は非常に悪く、凍傷で処々が紫黒《しこく》色に腫れていた。

ところで、「山口少佐を救いし人夫の実話」という見出しの記事を書いた報知新聞の福良竹亭記者は、この日の朝に営所から田茂木野に向かっている。

「雪中に作りたる一筋道には材料を運ぶ馬橇引きも切避くべき道とてなければ股を没するばかりの雪中に踏込みて其通過を待つのみ。田茂木野近くなる儘に数名の兵士橇を護して来るに逢う。橇の上には赤毛布にて包みたる患者らしきものを乗せたるが帽子目深に冠りたれば誰人とは知る由なく護衛の兵士に問えば是れなん駒込川の谷間にて救われたる伊藤中尉にぞありける。余等之を見、悽愴《せいそう》の感に耐えず。しばらく黙礼して其橇を見送りぬ」

福良記者は田茂木野の捜索隊本部、炊事場を見て回り、新聞記者休憩所に入った。炉のそばでお茶を飲みながらしばらく休んでいると、市役所の雇った民間作業員数名がドヤドヤと入ってくる。これ幸いと炉辺に招いて話を聞くと、その一人に山口少佐を救助した内村久次郎がいたのだった。

昨日、山口少佐らの救出支援に出た佐藤中尉の哨所では、深夜に事件が起きていた。

「午前二時何者か予の背上を烈しく打ちしものあり。これなん屋根の薄弱なる積雪の大重量を支える能わずして墜落せしなり。予等将校四人従卒四人は全く五尺程の雪の下に埋められたり」

直ちに兵卒らに掘り出されて無事であったものの、その修繕は明け方までかかっていた。

佐藤中尉はこの日の夜に、明日の田代捜索を命じられている。これによって指揮下にある兵卒が大きく動揺しだす。遭難事故以後、多くの兵が田代の地を疑い不安がっていた。おそらくは魔の場所だというようなものだろう。新兵が多数を占めている捜索隊内では恐怖病が蔓延していて、佐藤中尉も閉口したと記している。それでも兵士の士気を鼓舞することに努めて、翌朝の捜索に備えていたのである。

二月二日以降　全遺体収容と責任者処分

民間の案内人三名を含む佐藤（第四捜索）隊は、午前八時に按ノ木森を出発、田代新湯に向かった。隊は三個の並列となり、中央の隊は当初田代街道沿い、右の隊は八甲田山麓沿い、左の隊は駒込川沿いにそれぞれ連絡を維持して馬立場〜鳴沢〜第一宿営地〜平沢と前進する。それから田代新湯（駒込川）方向に進み、途中になる大崩沢の炭小屋を捜索すると、生存者四名を発見する。

長谷川特務曹長の陳述書には、次のとおり記されている。

「捜索隊の案内者たる此炭小屋の持主来りて小屋の捜索隊に示すとき炭を押したる為か不意に炭の一俵は兵の上に転落せり。是に於て各兵は横臥の侭《まま》、誰かと始めて大声を発せり然るに不思議にも上方に於て誰何《すいか》せるものあり（略）暫くして入口の炭を除き入り来るものあり捜索隊にして則ち救助さられたるなり」

ここで救出されたのは長谷川特務曹長、阿部寿松一等卒、小野寺二等卒、佐々木二等卒の四名であった。佐藤中尉は四名の介抱と搬送の手続きなどを命じる。そうしたときに鴨沢恒造少尉率いる捜索隊と遭遇したことで生存者の搬送を後続に託した。

午前十一時三十五分、佐藤隊は再び田代新湯に向かう。途中で佐藤中尉が双眼鏡で小屋を認める。田代元湯であった。同行する案内人に遭難者が避難している可能性を問うと、見たとおり傾斜が急で険しく、凍傷者が行けるような場所ではないとの答えがあった。だが佐藤中尉は双眼鏡でさらに注意して見続ける。すると窓の戸が少し開いているのを認めたので、兵士らに崖を下るよう命じた。

午後二時にその小屋に到着し、中にいた村松伍長とすでに亡くなっていた古舘一等卒を発見する。村松伍長の陳述書にはこう記されている。

「小屋内に横臥の侭日を送りたり。然るに二日に至り人声の遥に聞ゆるや覚えず大声を発して救助を乞いたり。是れ佐藤中尉の捜索隊に救助せられしなり」

佐藤中尉は、村松伍長を介抱後すぐに搬送しようとしたが、暗くなる前に按ノ木森の第六哨所まで戻るのは難しいと判断して、この元湯に宿泊しようとした。だが案内人の意見によって田代新湯に向かうことに決したのだった。運搬方法をどうしようか少し悩んだのちに建物から戸を一枚はずし、これに村松伍長を載せて搬送させる。新湯までは直線で〇・五キロほどの距離だったが、崖状の川岸や入り組んだ沢がその前進を拒み、回避して迂回するなどしなければならなかった。その労苦は大変なものとなり、田代新湯に到着したのは午後十一時になっていた。

「其家に老夫婦が居り佐藤中尉の捜索隊が行った時などはあらん限りの貯えを出し非常に御馳走したそうです」(二月十日、時事新報「知事の談話」)

佐藤中尉は田代新湯の建物の広さなどに言及していないものの、家が十軒ほどあった田茂木野に将兵二〇〇人あまりを宿営させることはできなかったとしている。また先の『十和田・八甲田』には、客舎はあるがその設備は不備で年間の利用は五〇〇人超とあった。そうしたことからすると、田代新湯の収容人数は多くても数十人程度であっただろう。

ただ陸軍省に報告された捜索状況に、二月三日、工兵大隊一六〇名が田代新湯に宿泊したことが記されている。これは雪中の廠舎内を写した写真にあったように、将兵らが胡坐《あぐら》をかいて密着した状態でいたものと思われる。

新湯に運び込まれた村松伍長であるが、家の中で徐々に暖まっていったことから体に痛みを感じだして唸りつづけていた。そのため佐藤中尉らは夜通し介抱していた。翌三日午前十時頃、新湯を出発して村松伍長を第八哨所に送っている。

佐藤中尉は父に宛てた手紙の中で、後日、写真師を随行して遭難地を撮らせ、でき次第送るとしていた。田代新湯で撮影した写真が佐藤中尉の遺族に残されていた。中央に長内夫妻、その両脇に本多大尉と佐藤中尉らが写っている（カバー写真）。添え書きには、村松伍長とともに世話になったこと、徹夜でその看護をしてくれたことなどが記されており、「ともに撮影し一葉を頒て以《わけ》て君の厚恩に感謝する所」としていた。

遭難事故での生存者は村松伍長が最後となる。結局、演習参加者二一〇名のうち、救出されたのは全部で十七名であった。そのうち六名が予後不良で死亡しているので、遭難事故の最終的な生存者は倉石大尉、伊藤中尉、長谷川特務曹長、後藤伍長、小原伍長、村松伍長、阿部卯吉一等卒、山本一等卒、及川一等卒、阿部寿松一等卒、後藤二等卒の十一名になる。

倉石大尉、伊藤中尉、長谷川特務曹長の三人は、足に凍傷があったものの比較的軽く、二月十八日には退院している。下士卒八名は程度の差はあるが、重傷で手術によって手や足を切断されていた。『兵事雑誌』（明治三十五年七月八日発行）に掲載された八名の写真を見ると、その軽重がだいたいわかる。及川一等卒が比較的軽く、次いで山本一等卒になる。

ところで捜索隊は、劣悪な環境に苦しんでいた。「佐藤書簡」に、二月四日から四日間、猛吹雪で廠舎から全く出ることができず、後方の通路は雪で埋まり食料も届かなかったと記され

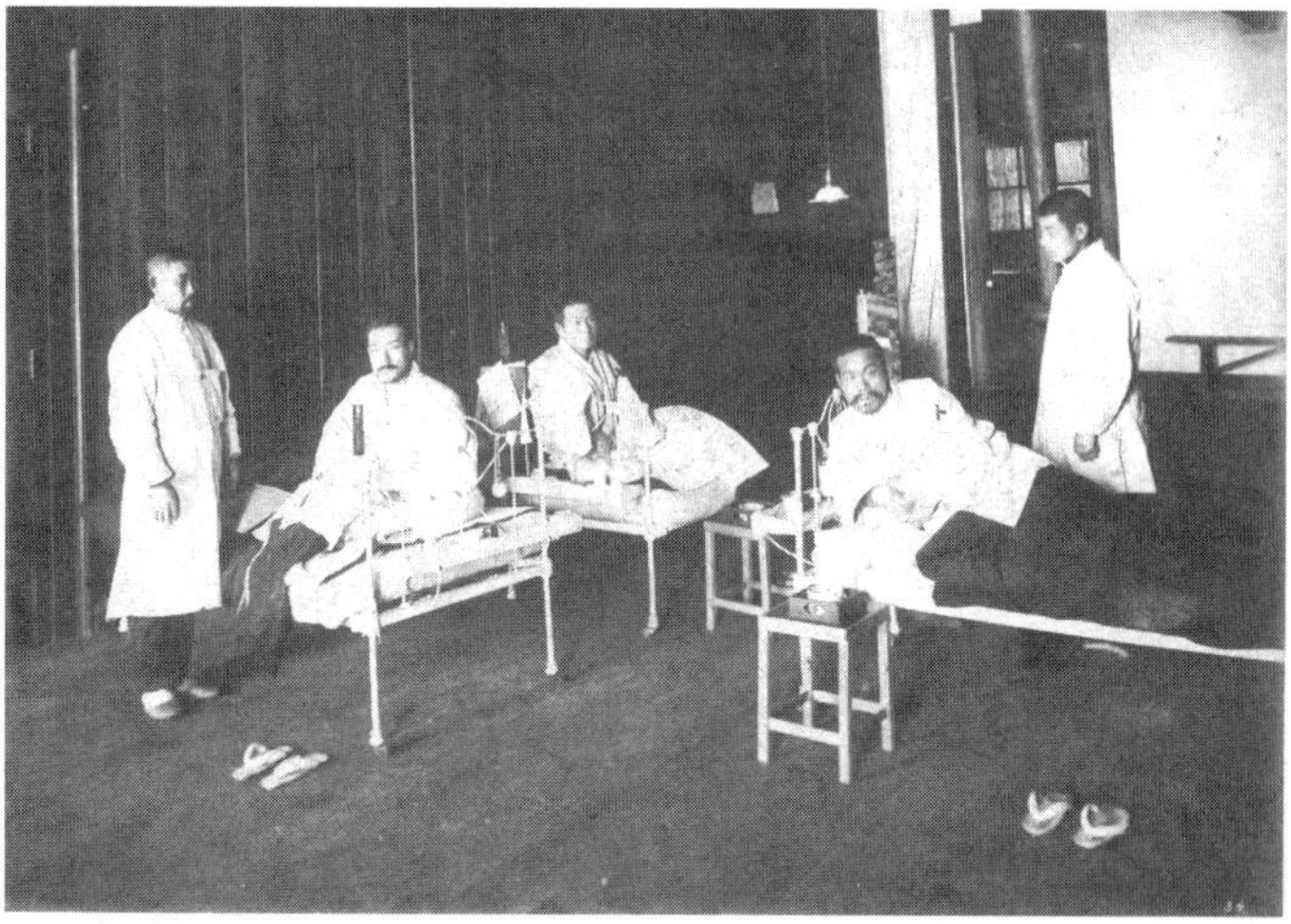

浅虫温泉の衛戍病院にある将校の病室。ベッド上には左から、長谷川特務曹長、倉石大尉、伊藤中尉

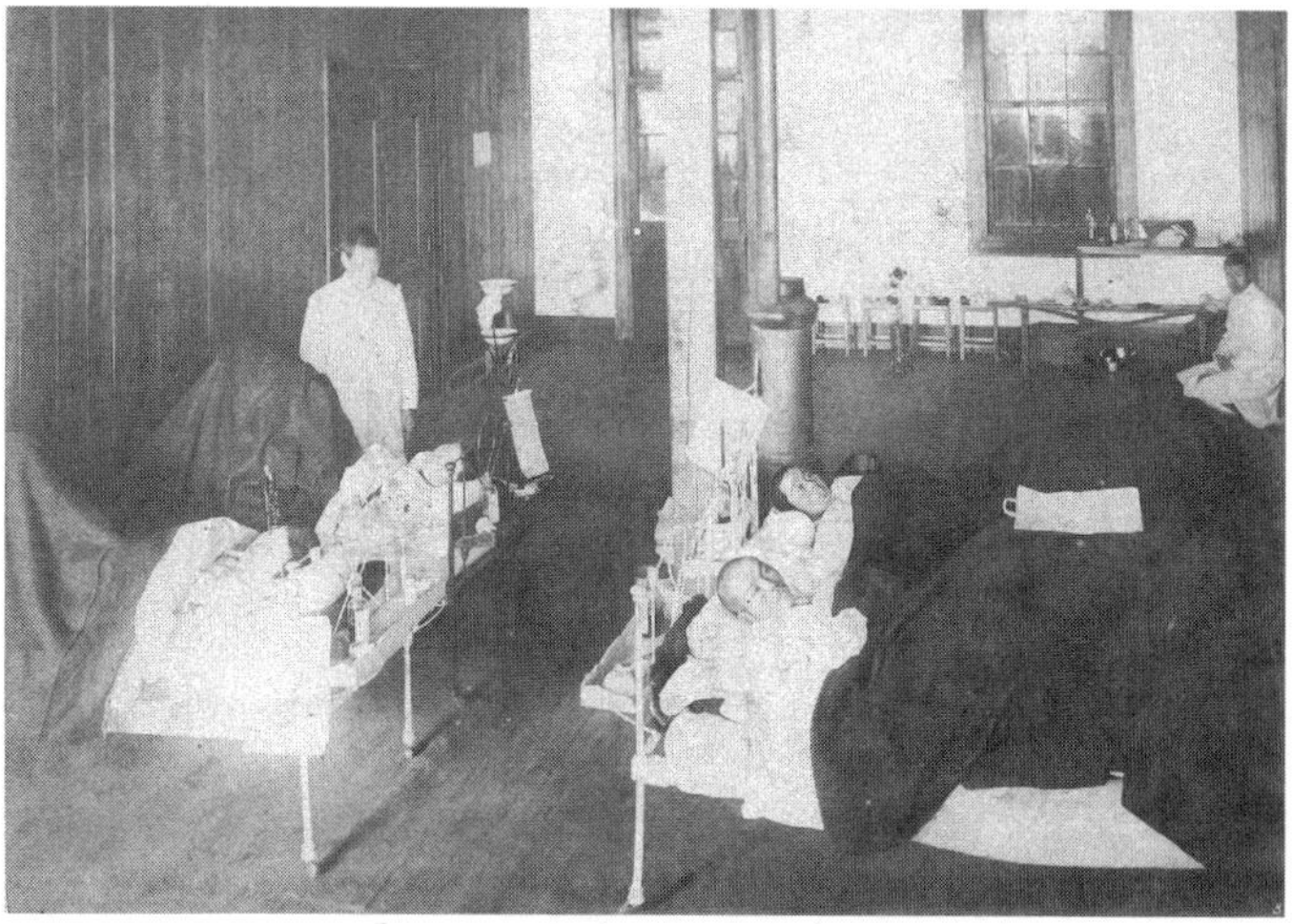

下士卒の病室で。前列左が小原伍長、右が後藤伍長、後列左が阿部（卯）一等卒、右が及川一等卒

ている。

「大吹雪の時は山も谷も全く弁じ難く実に一寸先は闇とは此事に候、一列にて行進する直ぐ前の歩行者の足は通常見得ざるなり、尚百人位の人を用うるも、通路を踏付けて置く事能わず、直ちに埋まるなり（略）」

また一酸化炭素中毒で十四、五人倒れたのですぐに外に出し、廠舎を壊して空気を通したともある。

捜索実施概況の二月五日には、「雪天烈風」「高橋本多両哨所は昨夜又々陥落し終夜安眠する能わず。凍傷寒冒等患者発生し計百二十有余名を後送す」と記されていた。

このような状況から捜索隊は、適宜交代して運用されるようになっていった。

田茂木野の死体収容所

遭難現場から搬送された遺体は、様々な体勢で凍結していた。そのため死体収容所で遺体を解かしている。莚や毛布を敷いた鉄製の寝台に遺体を置き、下から炭火をもって温めて姿勢を直すのだ。その後に制服を着せて納棺し、筒井の営所に運んだのである。

「死体の融解は概《おおむね》子六時間乃至《ないし》十二時間を要し（略）凍傷によりて腫脹し靴の如きは全く穿《うが》

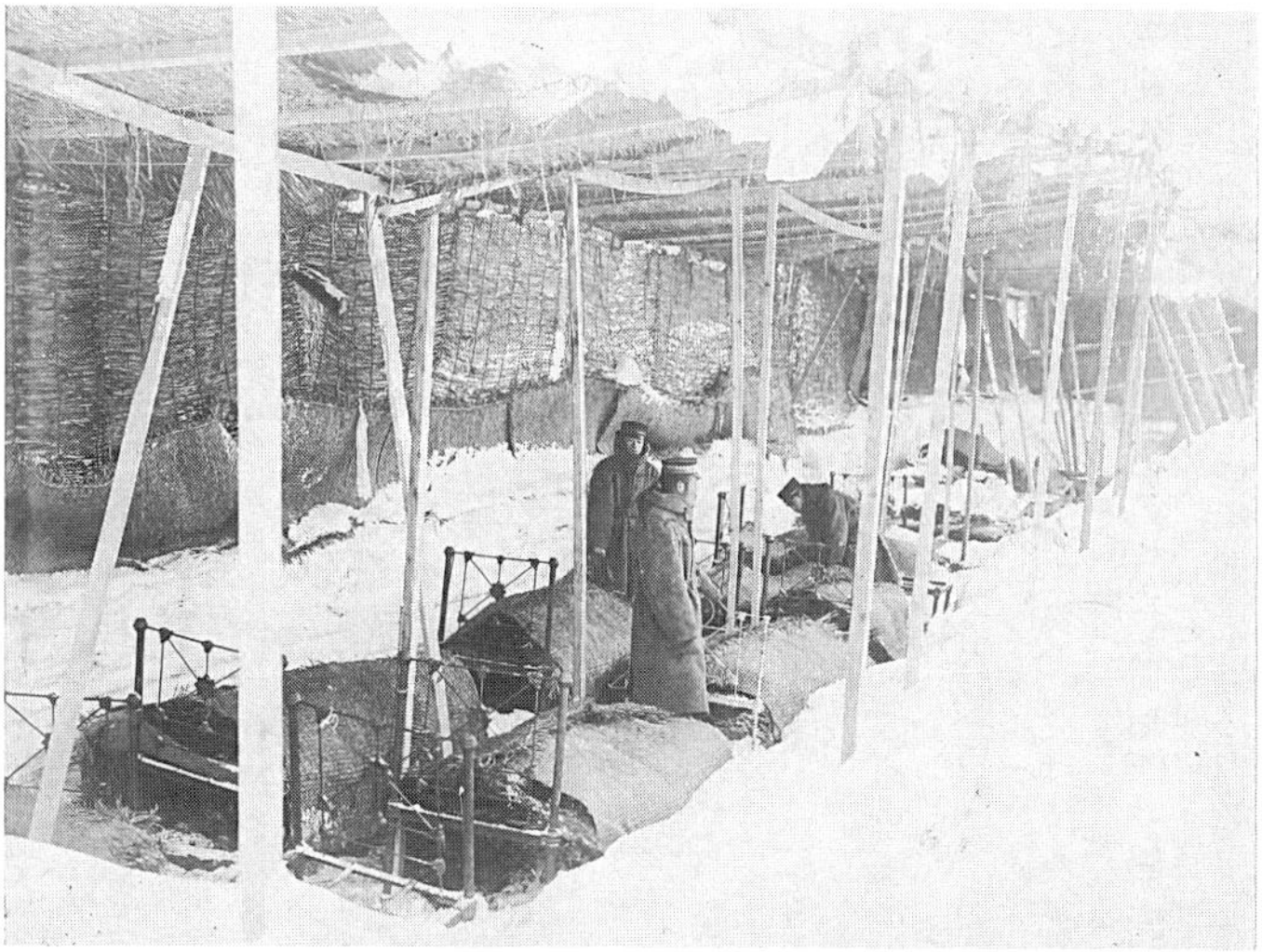

死体収容所で。凍った遺体を解かしている。中央の将校は三神少尉

興津大尉の遺骸に敬礼をする将校たち

たしむること能わざるものあり止《やむ》を得ずして之を棺中に納めたり」（『遭難始末』）

ちなみにこの田茂木野死体収容所の編成に、将校として原田大尉と三神少尉がいた。最後の行方不明隊員が遺体で発見されたのは五月二十八日である。営所を出発してから四カ月あまりたっていた。泳ぐようにして進んだ山中の雪は、日陰や凹地を除いてほとんど消えてしまい、その地形や植生をあらわにしている。草木が勢いよく生茂り、背丈ほどもあるクマザサなどが捜索を阻害した。『遭難始末』にこう記されている。

「第九中隊は三階滝上方に於て第六中隊上等兵佐藤勝治の死体を発見せり茲《ここ》に死体全部の発見を終り捜索の目的を始めて完了す」

ただ武器・装具がすべて回収されていないので、捜索隊の規模を縮小して捜索は継続された。未回収は銃二挺、銃剣八本となっていたものの、六月二十日を以って捜索を終了している。『遭難始末』に記された理由は次のようなものだった。

（大意）「捜索を反復すること数百回、わずかなところも見逃さずに拾得してきたので、ほかに捜索する場所は駒込川の谷底だけになってしまった。だが人力で谷底を捜索するのは無理があるので、捜索業務を完結して哨所を撤去した」

草木の生茂るなかでの捜索は体力的にも精神的にも過酷だった。草を分けて探すのだから根気が必要になる。一日、一生懸命探しても何も見つけられないことがほとんどなのだから精神的に参ってしまう。ただ将兵にとっては捜索する立場で良かったといえるだろう。

立見師団長は、遭難者の最後の遺体を回収したことで一つのけじめがついたと判断し、天皇皇后両陛下に事故の顛末を上奏するため、六月五日列車で東京に向かった。

「九日は天皇陛下に十日は皇后陛下に拝謁事件の顛末を奏上し併せて御礼を申上げたりと」（六月十三日、東奥日報）

その言上の控えが「歩兵第五連隊雪中行軍遭難事件書類（緊急文書）」に綴られている。中央部に「第八師団司令部」と印刷された起案用紙五枚にわたって記された控えの冒頭にこうある。

「臣尚文謹で奏す曩《さき》に歩兵第五連隊第二大隊雪中行軍に於ける遭難の惨事叡聞《えいぶん》に達するや直ちに侍従武官を差遣あらせられ優渥なる　聖旨を賜り次て祭粢《さいし》の料を賜り（略）聖恩《せいおん》無量臣感激涕泣《ていきゅう》措く所を知らず」

そして、平時において、このように悲惨な経験をさせてしまったのは私の不明の致すところで誠に恐れ入ってかしこまる感情を抑えることができないとし、以下事故発生までの経緯、遭難状況、捜索状況、一般住民感情等を述べ、このような惨事を起こして陛下のお心を悩ませてしまったとして再び詫びた。

当時、日本の軍隊は天皇が統率するとされていた。つまり天皇は軍隊の最高指揮官で階級は大元帥である。平時における陸軍の最大単位部隊は師団になるので、立見師団長はまず大元帥に対し多数の将兵を訓練で死亡させてしまったことを詫びるのが普通だと思われる。冒頭の言上に違和感を覚えたのはそうしたことからだった。

この日、津川連隊長に軽謹慎七日の処分が下された。理由は次のとおり。

「右は部下歩兵第五連隊第二大隊が本年一月二十三日雪中行軍を為し不慮の災害に遭遇したるに際し速《すみやか》に救護の処置を為すべきに緩慢時機を失し遂に将校以下二百余名をして悲惨の極に陥らしめたるは其職責を尽くしたるものにあらず」（歩兵第五連隊雪中行軍遭難事件書類　緊急文書）

中岡黙陸軍少将を長とした七人の委員から成る取調委員会は、遭難の原因を不慮の災害とし、津川連隊長の過失を救援遅延とした。処分案は津川連隊長のみであった。ただ参謀総長の大山巌元帥は懲罰だけでなく連隊長の職も解けと意見し、教育総監の野津道貫大将は捜索の遅延は師団長と旅団長の責任で連隊長を懲罰する必要はないとしたのだった。困った陸軍大臣の寺内正毅は聖裁を仰ぐ。結果、委員会の案どおりとなり、師団長の進退伺書と旅団長の待罪書はそのまま返付されたのである。

旅団長はともかく、五連隊の遭難事故は福島大尉の冒険に乗ってしまった師団が訓練練度を引き上げたことに一因があったといえ、師団長の責任は軽くない。それに事故発生当初、遭難事故は天災だから仕方がない、それよりも馬蹄銀事件のほうが問題だとしていた。一九九名に及ぶ将兵の人命を軽視するような発言は許されない。

だが、高級将校に対する処罰は回避されるのが陸軍の風潮で、すでに陸軍の上層部では失敗しても責任を取らない、取らせないという空気がはびこっていたのだった。

それにしても津川連隊長が受けた軽謹慎という処分はどういうものなのか。陸軍懲罰令によると、勤務に服することや居宅から外出することなどが禁じられるものの、重謹慎と異なり上官から命じられると出務できるのだった。また重謹慎は俸給の一〇分の五、軽謹慎は俸給の一〇分の二が減じられるとある。

急に訓練を命じ、速やかに捜索をしなかった連隊長に対する処分としてはあまりにも軽すぎるといえた。

青森衛戍病院に入院していた下士卒八名は、四月二十三日から五月八日までの間に浅虫温泉で転地療養をしている。浦町駅から浅虫駅まで汽車で移動し、療養所で温泉に入り傷を癒やしたのだった。

余談ながら太宰の『津軽』に、〈この青森市から三里ほど東の浅虫といふ海岸の温泉も、私には忘れられない土地である〉とあり、二十四歳のときに書いた私小説『思い出』の中から次の一節を記していた。

〈秋になって、私はその都会から汽車で三十分くらゐかかつて行ける海岸の温泉へ、弟をつれて出掛けた。そこには、私の母と病後の末の姉とが家を借りて湯治してゐたのだ。私はずっとそこへ寝泊りして、受験勉強をつづけた（略）〉

『津軽』にはこんなことも書かれている。

〈津軽に於ては、浅虫温泉は最も有名で、つぎは大鰐温泉といふ事になるのかもしれない〉

三十一連隊に従軍した東奥日報の東海記者が、凍傷で湯治に行ったのは大鰐温泉であった。ところであの小笠原孤酒も浅虫温泉近くの国立療養所青森病院に入院している。肺結核をわずらい昭和五十年から二年あまり療養していたのである。そうした境遇において、雪中行軍で手や足を失い療養していた彼らに自分を重ねて思いを巡らしていたに違いない。

ただ孤酒は取材を口実にたびたび外泊しては、青森市や十和田市などのバーや小料理屋などで酒を飲んでいたようだ。

孤酒自身も『雪中行軍記録写真特集（行動準備編）』の中で、「入院とは名ばかり、飲み通しの療養生活であった」としており、ビールグラスを手にして楽しげに写る孤酒の写真もあった。入院する前年九月に『吹雪の惨劇』第二部を発行していたが、脚光を浴びることはなかった。もしかすると孤酒は失意の日々を酒で紛らしていたのではないか、そんな気がしてならない。

話を本題に戻す。

七月頃、倉石大尉がほかの部隊に移動することになったらしく、生存者十一名が再び会うことはないだろうからとのことで記念撮影が行なわれている。一見すると皆、普通の軍服姿なのだが、義手や義足で繕われていた。

九月十日、入院していた八名が衛戍病院を退院し、同日付で兵役免除となった。通常の満期除隊なら祝うべきことで、料理屋などで宴会が行なわれ、上司、同期らと別れを惜しみ、無事に務めを果たしたとの名誉をもって意気揚々と郷里に帰ることができた。

だが彼ら八名は、多額の義援金を付与されたとはいえ、以前のような普通の生活ができない体となって帰ることになる。

それぞれが帰った郷里の駅では町村民らが日の丸の小旗を振り、まるで凱旋したかのように歓迎してくれた。だが自宅に入ってしまうとすぐに問題が発生し、その現実が家族にも知らされる。手足が不自由なので室内の移動、食事、用便等あらゆる動作に支障をきたし、時には介護が必要になるのだった。

〈郷里岩手の山村にかえり　新妻とささやかながらも庵をむすんだ　やがて小原さんは　義足のないまま村役場に勤務することになるのだが　往復雇う馬車賃の方が　給金を上わまわるということで役場を辞め　自宅で細々と駄菓子屋を営んだ　だがそれも束の間　手術痕の傷口が悪化したため　東京の廃兵院へ入院加療を続ける身となった〉（小笠原孤酒『吹雪の惨劇』第二部）

小原元伍長は不満を口にしていた。

「中隊長も軍人、伊藤中尉も、長谷川准尉も皆凍傷にかからないでしょう。それで評判がやっぱり悪いこともあったんですね。若い将校は全部死んでいるでしょう。日清で凍傷にかかって傷の治し方なんか知っているんですよ……私の中隊長なんか、夜になると靴を脱いで一生懸命足をもんでいましたからね」

倉石大尉は革靴の上にゴムのオーバーシューズを履いていた。伊藤中尉は私物の藁靴を履いて脛をハバキで覆っていた。長谷川特務曹長は裸足に防寒外套の毛皮を巻きつけそれを炭俵で

雪中行軍遭難事故生存者の記念写真。遭難事故から半年ほど経った明治35年7月、将校集会所の庭で撮影された

覆っていた。確かに三名は凍傷予防のために工夫をしていて、その結果軽度の凍傷で済んでいる。下士卒は代用品を準備できなかったこともあるが、凍傷について特に留意することもなくほったらかしにしていたというのが実情だった。それは凍傷予防に関する教育がおざなりで徹底されていなかったからである。おそらく当時は、凍傷についてそれほど重要視していなかったのだろう。その結果、天地ほどの差を生んでしまったのである。ただ凍傷を悪化させた最大の原因が、速やかに捜索を行なわなかった津川連隊長にあったのは間違いない。

ちなみに義援金は負傷の程度が最も重かった村松伍長が約二七〇〇円、最も軽かった及川一等卒が約一〇〇〇円だった。当時伍長の一つ上の階級になる二等軍曹の給料（月額約五円、年額約六〇円）を基準に考えると、村松伍長は四十五年分、及川一等卒では十六年分あまりの金額になるのだった。

だが郷里に帰る汽車賃しかなくても、五体満足で除隊したほうがいいに決まっている。

三月十四日　福島大尉の転任

福島大尉は八甲田（田代）を越えたことで訓練は成功した、第八師団においても比類のない快挙であったと自負していた。

二月四日の東奥日報の第一面を見ると、下半分の三段のうち二段が福島大尉率いた教育隊の行軍に関する記事になっている。東海記者の「雪中行軍記」（小国〜切明、金沢〜三本木）がその一段を埋めており、ほかの記事の見出しには「友安旅団長と福嶋大尉」「行軍隊の慰労会」等があった。五連隊の遭難に関する続報は、第二面以降で第一面にはなかった。三十一連隊の記事で注目されるのは次の内容である。

「●行軍記録　此度歩兵第三十一連隊に於て福嶋大尉以下雪中行軍の状況を調査し完全なる記録を編製し其筋に報告すると云うが此報告は天覧を辱《かたじけの》うするとの事なり名誉なりというべし」

要するに記録をまとめて天皇陛下に見てもらうとしているのだった。福島大尉は二年前に自ら実施した雪中露営訓練の成果報告を『兵事雑誌』に投稿している。成果報告は掲載され、その口絵には雪中露営の写真が「供天覧」として差し込まれていた。福島大尉はこれを「天覧」としていたのである。

二月十五日の東奥日報には「雪中行軍写真叡覧に入らん」の見出しで、

「歩兵第三十一連隊の雪中行軍は（略）未曾有の快挙を演じたるものなるも行軍中各所に於て

撮影したる写真は一見当時の実況に接するの想いあらしむる由なるが右は乙夜《いつや》の覧に供する都合なりと（略）」

と記されていた。各所で撮影した写真は天皇陛下の読書に提供するとしているのだった。やはり福島大尉は兵事雑誌などに投稿して天皇陛下に見てもらおうとしていたのである。

三月八日に発行された『兵事雑誌』（第七年第五号）の巻頭に、「雪中行軍隊八甲田へ前進の前日黒倉山難路通過の状況」とする写真が載っており、これまでの経緯を裏付けている。

その頃、師団は五連隊の遭難事故対応で逼迫しており、三十一連隊の雪中行軍などに構っていられない状況にあった。ただ立見師団長が進退伺を提出しており、事故の責任問題に師団は神経質になっていたといえる。そうしたときに、三十一連隊の成功記事が新聞に載っているのだから、師団の参謀らはさぞかし腹立たしく思っていたに違いない。三十一連隊の成功は五連隊遭難の問題を際立たせてしまうからだ。

だが師団に全く評価されないことに不満を抱いた福島大尉は、さらに、齋藤記者に記事を書かせた。見出しに「弘前雪中行軍隊の名誉」とある。

「予報の如く（略）五葉の写真は今回同連隊より其の筋の手を経て天覧に供したりと云う。尚お各省各師団各旅団及び陸軍各将校其他地方に於ては県郡市役所等へ夫々配布したりと云う」

（三月十四日、東奥日報）

通常、上位に対する報告等は連隊であれば師団を通すものであるが、今回の写真については師団が関知していないのがわかる。

行軍出発前、福島大尉は父親に「充分に成功せば之を天皇陛下に上奏する次第」と手紙を送っており、法奥沢村役場には「天皇上奏の演習」として饗応を受けている。「上奏」は直接申し上げることであるのに対し、新聞記事の「天覧」は目にとまるかもしれない偶然の出来事といえる。訓練終了後における用語の低調さは上奏の可能性がないこと、加えて福島大尉の妄想を裏付けているようでもあった。

今回の訓練に関する「雪中に於ける山岳通過実施報告」もまとまっていた。直属の上司である門司大隊長、児玉連隊長の批評を得て、最後となる友安旅団長の批評を得たのが三月十四日だった。

この日突然、福島大尉が転任になる。

「歩兵第三十一連隊中隊長歩兵大尉福島泰蔵氏は歩兵第四旅団副官に補せられ仝連隊付歩兵中尉瀬戸幸次郎氏は歩兵大尉に任ぜられ中隊長に補せらる」（三月十八日、東奥日報）

これは師団が中尉の昇任によって福島大尉を三十一連隊から出すために行なったものと思わ

れるような人事であった。先にもあったとおり、旅団は戦時における運用編制なので旅団長以下五名しかいない。平時においては閑職といえた。つまり福島大尉に、しばらくおとなしくしていろと師団が引導を渡したのだろう。

ただ旅団長は雪中行軍の継続で衝突していた友安少将で、五連隊の遭難事故により待罪書《たいざいしょ》も出していた。本来ならば福島大尉を受け入れるはずもなかった。友安少将は福島大尉を好ましく思っていなかったようで、先の報告文書の批評にもそれが表われていた。

「報告も亦《また》概して可なり。然れども唯々《ただただ》惜む。行軍の実施を密にし実施に依て得たる調査の粗なる感あり是遺憾とする所なり」

友安少将が下した「可」とは、「秀、優、良、可、不可」の評価において最低の合格となり、うれしい評価とはいえない。また、「惜む」「遺憾」の言葉もあった。

門司大隊長の結びの言葉は「茲に大尉の労を謝す」であった。児玉連隊長の最後の文章には「報告の記載法も亦その要領を得たる者と認《ママ》む。行軍並びに露営の状態を述ぶる当り形容詞を以て飾るるの嫌なきに非ずと雖《いえ》ども実際は形容し得られざる辛酸を嘗《な》めし者なりと察す」としており、否定的な意見で終わった友安旅団長とは異なっている。

それがどうして旅団副官なのかといえば、友安旅団長と児玉連隊長の出身地が周防国（長州）

であったことが関係していたからというほかない。おそらく師団から福島大尉の転任を迫られていた児玉連隊長は、友安旅団長に福島大尉の引き取りをお願いしたのではないかと思われる。友安旅団長は同郷のよしみで、快諾ではないものの了承したということなのだろう。

ちなみに第四旅団司令部は三十一連隊から東へ一キロほどの場所にあったことから、二人は軽易に会うことができたのである。

四月八日発行の『兵事雑誌』には太いつららを杖にした福島大尉と東海記者らが写る写真が巻頭にあった。広告の頁には「雪中強行軍の写真額面」の大見出しで、「天候激変の為不幸にして悲惨の最期を遂げたる山口大隊と日を同じうして他方面より此の峻嶺を横断したる福嶋大尉の一個中隊が百難を排して行軍中巧に撮影したる貴重の写真五種を広く公衆の参考に資せん為（略）」とし、四月三十日からその五枚の写真を一枚六銭で販売するとしていた。

結局、福島大尉が思い描いた「天皇上奏」や「天覧」はなかった。ただ慰みは「雪中に於ける山岳通過実施報告」が、四月八日の号から連載が始まり十一月まで続いたことである。

明治三十六年（一九〇三）九月、福島大尉が山形に転任となる。

「歩兵第四旅団副官大尉福島泰蔵氏は歩兵第三十二連隊中隊長に（略）転補せらる」（九月十七日、東奥日報）

雪中行軍の継続で衝突していた福島大尉と友安旅団長であるから、円満な関係が築けるか当初から懸念はあった。比較的短い期間での異動にはそうした理由があったに違いない。山形は師団や旅団の司令部がある弘前から遠く、また旅団が異なるので二人が顔を合わせることはほとんどないといえる。

「大尉は昨年雪中行軍に於て万難を排し其の目的を達して名声を博したる人精悍進取の気象《ママ》に富み将来有望の将校なるが氏の如き気骨ある人を今の第四旅団の副官に失いしは惜むべしと云うものあり」（九月二十日日、東奥日報）

おそらく友人である齋藤記者がはなむけの言葉として載せたのだろう。

送り出した友安旅団長も、十二月の将校現役定限年齢改正で服役年限が短縮となり現役を退くことになる。

「歩兵第四旅団長友安少将は既報の如く今般定限年齢満期にて予備編入にありたれば本日弘前出発山口県へ帰郷さる由」（十二月六日、東奥日報）

あの冬の出来事を消そうとするかのごとく、関係者が一人また一人と青森から去っていった。

第五章

山口少佐の死因と遭難原因

自殺説と暗殺説

山口少佐は二月一日に衛戍病院へ入院し、翌二日夜に死亡している。

陸軍省から派遣されていた武谷軍医正が上司の医務局長へ宛てた報告文書「明治三十五年二月二日の所見に拠る凍傷患者の予後に関する意見」には、山口少佐の「生命上の予後」を「疑わし」として、その左下に「(二日夜死)」と記されていた。また二月五日付の「大臣報告」の「生存者病況の概略」には、「二月一日収容、両手両足第三度凍傷　少くも両手両足を失うべき凍傷にして足は膝迄を手は肘まで強く腫脹《しゅちょう》しあれども脈及び呼吸悪しからず精神又昏乱しあらず、興奮の処置をなせり、仝日午后八時俄然呼吸及び脈不良となり心臓麻痺に陥り仝三十分死亡す」とあった。

武谷軍医正は、「大臣報告」で山口少佐の死亡日を一日誤って記載していたが、病状が悪化して死亡したことを伝えていた。

山口少佐と同じ場所から救出された高橋伍長は、二月一日に心臓麻痺で亡くなっていた。同報告にこう記されている。

「二月一日収容、（略）収容後三時間にして俄然呼吸脈不良となり同九時四十分諸方に执し心臓麻痺を以て死亡」

おそらく武谷軍医は、錯綜により山口少佐の死亡日を誤って記載したに違いない。

この報告は通信帳（陸軍の報告用紙）に記載されていることから郵便で大臣に送ったものと思われ、正式な文書といえる。

遭難事故から七十年ほどして、五連隊遭難事故研究家の小笠原孤酒が、「山口少佐拳銃自殺説」を唱えた。それは孤酒が山口少佐の親族から自殺の経緯を聞いたからだということになっている。その内容が昭和五十二年十一月十一日の東奥日報に載っている。

ただ孤酒が山口少佐の親族に会ったのは「昭和四十五年秋」としている。孤酒の『雪中行軍記録写真集』に、山口少佐の墓前で後ろ姿の老婦二人が写った写真がある。その説明には「（昭和四十五年十月十日）幸畑の陸軍墓地を訪ねてくれた」「今は亡き母も生前（手前）山口少佐の姪（米田みねさん）とともに」とある。

おそらくそのときに、自殺の経緯を詳しく聞いたのだろう。七年ほどして新聞に掲載された理由はわからないが、この年に公開された映画『八甲田山』の影響があったようだ。記事の内容はだいたい次のようなものだった。

「少佐の実兄・成沢和行退役砲兵中佐が遭難後、少佐発見の報に東京から青森へやって来て、死亡する前の少佐に会っている。その時少佐は『遭難のてん末を津川謙光連隊長に報告したうえで、武人らしく身の始末をする』と語った。成沢中佐はそのあと帰京、自宅に帰ったら青森から電報が届いていて、少佐が病死したという報に『病死とは信じられない』と家人に語った」

「成沢中佐は再び青森に来て津川連隊長に会い『弟が凍傷のため衰弱死したとは思えない。自殺したはずだ』と主張した。これに対し連隊長は『山口少佐は武人らしく立派に自殺した。しかし自殺が公表されると生存した倉石大尉ら三人の士官もまた、大隊長だけの責任ではないとして後追い自殺する恐れがある。対露戦役が予測されるだけに、これ以上将兵の損耗は許されない。残念だが目をつぶってほしい』と説得した」

「成沢中佐は涙をのんで帰京し家人に対して『弟は名誉ある軍人だった。しかし自殺のことは世間に言ってはならない』と口止めした」

以上が孤酒の話した内容であり、親族が成沢中佐から聞いた話ということになる。

また記事には、自殺に使われたピストルがほかの親族によって保管されていたものの、孤酒がそれを譲り受け、今は陸上自衛隊第九師団（青森）の資料館に陳列されているとあった。

元新聞記者だった孤酒は「特ダネ」をつかんだとほくそ笑み、早く発表したいと思っていたに違いない。だがこの話をよくよく調べてみると信憑性に欠けているのがわかる。

まず第一に、「見舞いの有無」である。

山口少佐の実兄、成沢予備砲兵中佐は東京に住んでいた。東京で発行されている新聞に東京朝日新聞、報知新聞、読売新聞、時事新報、萬朝報等があった。五連隊遭難とした記事が掲載されたのは東京朝日新聞が一月二十九日、ほかは一月三十日だった。大体の内容は下士一名のほか全員凍死となっている。山口少佐が生存（可能性も含む）とした記事は、時事新報が一番早く二月一日であった。他紙は翌二日だった。

成沢中佐が新聞を見てすぐに青森に向かっていれば、二月一日か二日の夜に山口少佐に会える可能性はあった。だが面会した形跡は全くない。

山口少佐が衛戍病院に入院したのは二月一日の夜で、「僅に人事を弁す」状態にあった。翌二日に報知新聞の福良記者が生存者を見舞いに衛戍病院を訪問している。

「先刻侍従武官の見舞われし時も一々患者の病床に就きて有難き陛下の思召《おぼしめし》を伝えて慰さめ（略）」（二月五日、報知新聞）

侍従武官は宮本照明砲兵大佐で、午後二時頃から午後四時頃まで連隊及び衛戍病院を見舞っている。よって福良記者は、それ以後に医員の案内で病室を回っていたことになる。記事には家族の面会についても記されていた。

「此日の午前大尉の母堂来りて見舞われたれども五分間以上の談話は禁じあれば顔を見たるのみにて帰りし由なるが生存者の家族にして患者と面会したるは大尉の母堂が初めてにして其他は死者の遺族を遠慮して面会に来るものなしと云う（略）山口少佐は病勢危篤なりとて面会を許されざりき」（報知新聞）

大尉とは倉石大尉のことである。患者と面会したのは倉石大尉の母親が初めてで、それ以外の面会者はいなかったとしている。そうした事情は病院関係者である医員らから聴取したようだ。また山口少佐は面会謝絶となっていて医療従事者の注意を集めていたといえ、おそらく看護手がついていただろう。もし、成沢中佐が山口少佐に面会していたのならば、病院関係者が気づかないわけがない。

福良記者は、倉石大尉や伊藤中尉と言葉を交わしている。

「第三室に至れば伊藤中尉は静に寝台に横《よこた》わりぬ（略）『今度は非常なる困難で……』と云いしに中尉は頭を擡《もた》げて『遠路有難《ありがた》うムい《ござ》ます』と答えらる」

「其次の室に入り倉石大尉を見舞う特派員枕元に近づきて簡単に見舞の言葉を述べしに頭を擡

げて『それはどうも……』とて特派員の好意を喜ばれぬ」

この後に医員から生存者の容態を詳しく聞き取ろうとしたが、夜に入り医員も多忙そうに見えたので福良記者は挨拶をして帰ったのだった。この頃山口少佐は、もはや面会などできる状態になかっただろう。

「二日午後八時に至り様態俄かに変じて危篤に陥り同三十分眠るが如くに逝去せられぬ。臨終の際病院より家族を呼び夫人禮子駈け付け来たりし時には既に間に合わざりき。夫人は入院後他の遺族の手前を憚《はばか》り面会にも赴かざりしに（略）」（二月七日、報知新聞）

このような状況から、成沢中佐が弟の山口少佐に面会したとは考えられない。

第二に、「拳銃の有無と射撃音」である。

本訓練で山口少佐は軍刀を携行していたが、拳銃は携行していない。当時は軍刀や拳銃は自弁であった。そうなると拳銃で自決するためには、連隊の誰かが山口少佐に弾薬入りの拳銃、おそらく山口少佐の拳銃を渡さなければならない。当時そんなことが行なわれたとは、とても思えない。

それでも拳銃による自決があったとしよう。映画では、白の患者衣を着た大隊長が寝台のわきでイスに腰かけていて、右手に持つ拳銃を左胸に当てて引き金を引く場面である。

銃を撃てば、当然病院内に「パン」と銃声が鳴り響く。それは病院内に山口少佐の自決を知らせる。だとすれば、自殺を公表すればほかの士官も自殺するので目をつぶってほしいとした連隊長の懇願などあるはずもない。そもそも生存者から山口少佐が自殺したという証言はないのだ。

第三に、「遺体の損傷」である。

山口少佐が拳銃で自殺したのであれば、遺体にその痕跡があるはずで遺族らはそれに気づくものと思われる。自殺の裏付けが、連隊長の証言だけというのは全く不可解なことである。

以上から山口少佐が自殺したという話は、どこかで創作されたものと思わざるをえない。

繰り返すようだが、五連隊に派遣された武谷軍医は陸軍大臣の一幕僚であり、事実をそのまま大臣に報告するのが任務である。しかもその報告文書（書簡）は関係者以外読むことができないもので、自殺を病死とする必要性が全くないことから、やはり山口少佐は病状が急変して心臓麻痺に陥り亡くなったというほかかない。

当時の新聞に、山口少佐の父が自刃を勧めたというような記事があり、自殺説が噂されていたらしい。だが兄の成沢中佐が、父は亡くなっているとして新聞記事を否定していた。

「某新聞の青森特報に郷里の父君より打電して氏に死を勧めたる如き一項ありしが、本社員は氏の実兄なる成沢氏宅に就いて之を質《ただ》せしに氏の両親は共に今より十年前に死去し妻女なる実家にも母親のみにて父親なく右特電は全く何かの誤聞なるべし云々とのことなりし」（二月六日、報知新聞）

実兄の名字が成沢なのに弟はどうして山口なのか。それは山口家に嫁いでいた鈱の姉が亡くなって山口家が絶家したので、その跡を継いで山口姓を名乗ったということらしい。

当時の新聞も他社を抜くような「特ダネ」を探して記事にしていたようだが、なかには事実と異なる捏造記事もあったのである。

遭難事故から九十八年後、新聞に、「八甲田雪中行軍の謎　山口少佐死の真相」と題した投稿記事が九回にわたり連載された。その要旨は、当時の陸軍大臣児玉源太郎が、訓練の責任者である山口少佐が生存している可能性が高いとの判断から、山口少佐の暗殺を計画したというものである。そして、刺客として山形衛戍病院の中原貞衛一等軍医が青森に派遣され、山口少佐に高濃度のクロロホルムを吸入させて死に至らしめたというものであった。

記事では暗殺説の決め手が中原軍医にあるとしている。

「青森衛戍病院と弘前衛戍病院には十分な数の軍医がいた。したがって遠隔の地から、わざわざたった一人の軍医の応援を求める必要はなかった。秋田衛戍病院にも軍医はいた。しかし、立見師団長は山形衛戍病院の中原貞衛ただ一人に応援を求めたのであった。立見師団長から中原に出張命令が下ったのは一月三十一日であった。従来の資料にはその理由は一つも記されていない」（平成十二年一月二十四日、東奥日報夕刊）

しかしながら、山形衛戍病院に軍医の派遣要請をしたのは現場で医療指導をしていた師団司令部の前川栄二等軍医正である。

「三十一日午前十一時過二名の生存者発見の報あり午後に至り続々発見の報告に接したるを以て直ちに最後方哨所に於ける軍医をして生存者発見地付近の哨所に派遣し（略）尚続々発見の模様あるを以て同時に師団司令部へ打電し弘前在勤の軍医看護長看護手の出来得べき人員派遣を乞うと共に山形衛戍病院に打電軍医一名を招致せり」（歩兵第五連隊雪中行軍遭難事件書類「報告の部」）

前川軍医は現場において自らの判断によって処置を行なっている。立見師団長は師団長会議で二月一日まで東京にいた。またこの派遣要請に関する電報が青森と東京間でなかったことから、立見師団長から前川軍医に何かしらの命令指示が伝達されるはずもなく、その余地もない。ましてや児玉陸軍大臣からの命令指示などあるわけがない。逆に児玉陸軍大臣は遭難が明らかになるとすぐ、友安旅団長に多数の衛生部員に救急品を持たせて遭難地に派遣し、救護するよう命じていたのである。

そもそも山口少佐の生存が確認されたのは三十一日の午後三時過ぎで、しかも現地大滝平でのことだった。田村少佐が二月一日午前十一時三十三分に陸軍大臣へ送った電報には、「山口少佐は生存の模様但し確かならず」としていることからも、二月一日時点で、まだ不確かな情報であったことがわかる。そうした状況において、児玉陸軍大臣が三十一日に暗殺指令を出したなどとなれば、全くおかしな話になってしまう。

ではなぜ、前川軍医は山形より近い秋田衛戍病院に派遣要請をしなかったのか。

それは秋田からの派遣は期待できなかったからである。二月一日の秋田魁新報にこう記されている。

「青森及び能代間の鉄道距離は僅かに百余里で平常は約六時間を費せば青森に達することが出来る。然るに今や此間は独り六時間にて到り得ざるのみならず一日若くは二日甚だしきは数日を要せねばならぬというに至りては実に甚しき不便と謂《い》わざる可《べか》らずだ▲現に去月二十三日より二十七日まで能代より若くは青森より一回だも列車を運転して居らず恰も鉄道が通ぜざる当時と異らならざるは実に何たるブザマの次第であるが而《しか》して此原因は一に雪の為めであるというに於ては宜しく相当の設備をなし除害せねばならずと思う」

つまり秋田衛戍病院に派遣依頼しても、交通事情ですぐに来れなかったのである。しかも秋田から東能代までの約六五キロはまだ鉄道が開通していないのだ。令和の今でも青森能代間は大雪で列車が運休することがあるのだから疑いようがない。もはや暗殺説は破綻してしまっている。

ただ暗殺説の理由付けはほかにもあるので、そのうちの重点が置かれた一つに反証しておくことにする。

二月二日二時三分に第八師団長名で青森から発信された陸軍大臣への電報がある。陸軍省と印刷された起案用紙に記された内容は次のとおり。

「今夕迄に発見せし生存者将校三下士三兵卒六計一二死者将校四下士五兵卒六二合計七一　シジハシシカ　死亡輸送」

この電報に関して、記事にこうある。

「私はこの『死亡輸送』の四文字が児玉大臣と立見師団長との間に取り交わされた、「山口少佐を消す」という密約の暗号と考えている」

まずこの電報は誰が発信したのかである。この時、立見師団長は青森に向かう列車に乗っていたので立見師団長ではない。青森から発信していることから、五連隊に出張している師団司令部の参謀長らであるのは間違いない。

実は遭難事故発生以降からこれまで、青森または弘前から第八師団長名で発信した電報はない。それは立見師団長が師団長会議で東京にいたからである。青森や弘前に師団長がいないのに師団長名で青森や弘前から電報を発信できるはずもないのだ。二月一日に帰団を命じられた立見師団長はその日の午後六時に青森行きの列車に乗っていて、翌二日午後四時頃には青森に到着する。そうしたことから二日には青森から師団長名の電報が発信できるようになる。先の電報は重要性が比較的低い捜索結果の報告なので、参謀長らの認証・決裁によって発信できた。

また立見師団長と師団参謀長との間において連絡が行なわれたのは、一月二十八日の一回のみで、しかもそれは参謀長からの遭難状況と捜索・支援状況に関する報告であった。よって仮に暗殺に関する命令や指示があったとしても、第八師団の参謀長らに伝達される手段や機会がなかったものといえる。そうなると参謀長らが密約の暗号など発信できるはずもない。立見師団長にしてもこの電報に一切かかわっていないし、その内容すら知らなかったものといえる。

そもそも電報は、同一回線を利用する各通信所にも伝わるので、通信手らにはその内容が筒抜けになる。暗殺の命令や指示などを秘密裏に電報で送信できるわけがないのだ。また独自の暗号を使って送信したとして、その暗号を受けた側はどうやってそれを解読するのか、できるはずもない。

ちなみに青森での電話交換業務開始は日露戦争直後の明治三十八年十月であった。したがって東京と青森の間や青森と三本木の間などでの電話通話は存在しないのである。

すでに暗殺説は破綻しているのだが、さらにダメ押しをしておく。

モールス信号（符号）は、長音と短音の組み合わせによって文字や数字などを表わす。受信状況、特に感度が悪いときなどは誤まって聞き取ってしまったりすることがある。そうなると異なる文字や数字に変換されてしまう。

電報の送受信作業においては「陸軍電信用紙」を使用しており、それを清書したのが先の電報である。その作業用紙が残っていて確認すると、本文の「シジ」から左端の空白に線が引かれ、そこに「（シシ）死亡」と記されている。これは通信手がモールス信号（トンツー）を受信した際に「シジ」と聞取り記録したものの、意味がとおらないので、通信手があれこれと考察して「シシ」と判読したのである。「シシ」は「死亡」の略語である。通常、電報はその秘匿性を高めるために生の文では送らずに陸軍共通の略語等を用いて発信していた。

ただ、「死亡輸送」という言葉は軍隊用語としてなじまないので誤まって判読された可能性が極めて高い。

もし、「シジ」が「シル」であったならば「将校」となり、「将校輸送」という語になる。

前日（二月一日）の捜索実施概況には、「山口少佐以下九名の生存者並に中野中尉、水野中尉、鈴木少尉の死体を屯営に搬送す」と記されていた。前日までの生存者は後藤伍長と鳴沢の炭小屋の二名、搬送した将校の遺体は神成大尉だった。それも加えて大臣に報告したのが「今夕迄に発見せし生存者将校三下士三兵卒六計一二死者将校四下士五兵卒六二合計七一」となる。

そして死者のうち将校四名は屯営に搬送したという意味で、最後に「将校輸送」が加わるのではないか。

繰り返すが、判読を誤った可能性が極めて高い「死亡輸送」を「密約の暗号」としてしているのだから全く無理がある。

ピストル自殺説にしても暗殺説にしても、事実から乖離している。

結局、山口少佐は陸軍大臣の幕僚報告にあったとおり病死（心臓麻痺）だったというしかない。

原因は将兵の訓練不足

戦地である満州の宿営地で、倉石大尉は自中隊の下士卒に凍傷予防の教育をしている。その教授原稿（手記）は手直しされて『偕行社記事』に投稿されていた。掲載された手記は「前書き」に続いて「第一　凍傷に就いての覚悟」となっている。

「寒気厳烈にして更に雪と風との加わるときは全軍の将卒をして甚だ危険に瀕《ひん》せしむるものなれば衛生上の注意は勿論勇気と耐忍とに由《よ》りて此危難を予防せざるべからず夫《そ》れ四肢寒冷の為め知覚を失うに至れば勇気頓《とみ》に挫け易きものなり」（『偕行社記事』明治三十八年一月）

厳しい寒さによって手足の知覚が失われてしまうと、積極性や困難に立ち向かう気持ちが急になくなってしまうとしている。注目すべきは次の部分である。

「遭難第一日夜の露営設備不完全なりし為め翌日の災難に適当の処置を執る能わざりしは畢《ひっ》竟《きょう》将卒の経験に乏しかりしに因ると雖も亦勇気挫けて作業進行せざりしこと遂に遭難の第一著を演ずるに至らしめたるなり」

あのときの遭難事故に関し、倉石大尉は訓練初日の露営設備が不完全だったことや彷徨時に適切な対応ができなかったのは、将兵の経験不足によるものであったと打ち明けているのだった。また寒さに挫けてしまったことで作業の実行が徹底されず、おざなりになってしまったからだともしている。

やはり二大隊が遭難した最大の原因は訓練不足だったのである。

平時において、部隊が「経験（訓練）不足」という烙印を押されるのは、所属する将兵にとって屈辱的なことである。倉石大尉はあえて恥を忍んで事実を明らかにしたものといえる。それは自らの経験によって得た教訓を部下に教え、凍傷にならないように願ったからにほかならない。

一般的なことをいえば、軍隊における経験は教育訓練や実戦によって積み上げられていく。その経験によって正しい状況判断と適切な処置ができるようになる。二大隊はその経験がなかったことで雪壕が掘れず、採暖もできず、揚げ句の果てに猛吹雪の暗夜、帰路不明のまま前進したのである。

連隊の教育訓練に関する全責任は連隊長にあることからしても、津川連隊長の処分は軽すぎたといえる。また師団も師団長会議に合わせて雪中行軍を行なわせていたことで、訓練不足を助長してしまった責任がある。

将兵のほとんどが低体温症に陥り凍死している。その主な要因はマイナス十八度（計算値）程度まで低下した寒気、貧弱な下着と靴、加えて疲労の蓄積にあったといえる。雪壕で退避を続けていたら、その多くが生還できたに違いない。

かつて五連隊と三十一連隊の遭遇はなかったという説がはびこっていたように、遭難原因もさまざま推測されていた。整理すると未曾有の悪天候、指揮系統の混乱、装備不良、情報不足、人間実験の五つになる。だが雪中行軍をしたこともない人が様々な理屈をこねて遭難原因を唱えたとしても、倉石大尉が書き残した遭難原因の前では無稽《むけい》でしかない。

明治三十八（一九〇五）年一月二十七日、黒溝台を攻撃する第二大隊の後方となる蘇麻堡《そまほ》で、第三中隊を率いる倉石大尉はロシア軍の反撃を阻止していた。その状況下、望遠鏡で敵情を確認していた倉石大尉は直撃弾を受けて死亡したのだった。

翌二十八日、歩兵第三十二連隊第三大隊第十中隊長の福島大尉は、敵弾下において奮進中、敵砲弾が面前で破裂し死亡していた。

ちょうど三年前福島大尉は猛吹雪の田代街道を青森市に向かっていた。そして倉石大尉は駒込川の大滝で、どうすることもできずにいたのだった。

終章

日露戦争が終わり、国内もようやく落ち着いた明治三十九（一九〇六）年七月二十三日、田代街道の道標馬立場において銅像除幕式が挙行されている。ただこの日の重大ニュースは遭難事故当時に陸軍大臣だった児玉源太郎大将が脳溢血で急死したことであった。

銅像のモデルはあの後藤伍長である。主な参列者は、前連隊長の津川少将、来賓として第八師団長渡辺章中将、青森県知事、青森市長、そして遺族四十人あまりである。その中には神成大尉の妻子、中野中尉の母もいた。遭難事故当時に師団長だった立見尚文大将は体調を崩していてこの七月に休職となっていた。

悲壮なるラッパの吹奏後、津川少将が奉告文を読み上げる。

「歩兵第五連隊は明治三十五年雪中遭難記念碑の除幕式を挙げられ謙光は前任者として特に当時の責任者として之に参列せり（略）像の後藤伍長を採りしは予が最も挺身し来り救援隊之を収容して事の真相を知り得たるを以て也（略）諸士の遺訓は日露戦役に果して多大の効験を現したり（略）負傷自衛の力を失いたるものの外殆んど凍傷に罹りたりるものなく遺憾なく活躍

を継続せり諸士の功や又偉大なりと云うべし（略）該記念碑が長に行路の人を護して風雪の災厄を免れしめんことを望む謹んで奉告す」（七月二十四日、東奥日報）
事故当時連隊長だった津川少将が自らに「挺身」という言葉を恥じる様子もなく使っていることにあきれてしまう。訓練部隊が帰隊しないのに津川連隊長は一日あまり何も対処せずにいた。あろうことか、二日目の夜には宴会をしていたのだった。捜索・救援の遅れで多くの将兵が死亡し、わずかな生存者もその多くが手足を失うことになったのである。
「後藤伍長（房之助）は当時凍傷の為め切断したる手足に義手足を穿《うが》ち人に扶《たす》けられて此の除幕式に加わりたることとなり」（東奥日報）
遭難事故における津川連隊長の処分理由に、「速やかに救援の処置を為すべきに緩慢時機を失し」とあった。つまり後藤伍長らが手足を失ったのは津川連隊長のせいであったともいえるのだが、無責任体質がはびこる陸軍において津川連隊長は少将に昇任し、歩兵第八旅団長に栄転となる。義手義足で身体不自由な後藤元伍長をすぐそばで見て、その罪悪感に苛《さいな》まれることもなかったのだろうか。
後藤元伍長は、当時の連隊長から銅像を「よく見ろ」といわれたものの、照れくさくてなかなか見られなかったらしい。

歩兵第５連隊雪中行軍遭難記念碑。シベリアに向かって立つ後藤伍長

「郷里の宮城県栗原郡姫松村（現・栗駒町）に戻ってからは結婚して五人の子供を育て村議も二期務め、二四年七月、脳溢血で亡くなった」（二〇〇二年一月二十四日、東奥日報）

遺族によると、後藤元伍長は雪中行軍の話になると避けるようにしていたという。田茂木野で自分以外は皆死んだと話したことで救助が二日あまり遅れてしまった。もしかすると後藤元伍長は、そのことで自責の念にかられていたのかもしれない。

馬立場の後藤伍長像を設計したのは多胡《たこ》実敏《みつとし》である。その子息実輝氏が八甲田山の銅像記念碑について記した書簡がある。

「兵は山上から、シベリアをにらんでいるところ、即ち救援隊を待っているのではなく、雪中行軍は来るべき露国との斗《たたか》いにそなえる為の軍の訓練であって、将兵は露国に対し、国の御楯とならんとしての意図より発したのである」（『青森市史　別冊雪中行軍遭難六〇周年誌』）

おそらくそこに訪れた人のほとんどは、そうした意図など知らないだろう。ただロシアが北方四島を不法占拠し続けている現状をみれば、その想いは今でも通用し戒めとなる。

また同氏は台座の碑文が父親の意図と異なる漢文にされたことを批判していた。

「それは当時、すでに漢文をよむ力が一般になくなりつつあったので、後世にのこすモニューメントには小学生にも分かる和文でなくてはならず（略）しかるに、当時のガンコな軍人はこの設計をいれず、遂に漢文の題字となってしまった。果たしてあのモニュメントの前に立って根気よくあの漢文を読みこなす者は幾人あろうか（略）」（昭和三十五年一月二十四日、東奥日報）

明治の良識ある人が漢文の記念碑に憂いていたとおり、今それを読める人は少ない。だが明治以降日本の各地に漢文の記念碑が建立されている。当時の高級将校らは漢詩を嗜《たしな》んでいたようで、そうしたエリート意識から一般人民が読めないような漢文でもって優越感に浸っていたのかもしれない。あの乃木将軍は、各戦場において戦没した将兵を弔うために漢詩を詠んでいたという。六万人近くの死傷者を出した旅順攻撃の責任者が、その様相を悠長に漢詩にするなど浮世離れした所業にほかならない。確かに高級将校らは社会的身分や地位が高いかもしれないが、それは唯我独尊の土壌を醸成したといえ、それに無責任が加わるのだからたちが悪い。そうした土壌に育ったのちの高級将校らが無謀な戦争を起こし、日本国を滅亡の危機に至らしめたのである。さらには日本から軍隊を消滅させてしまったのだ。愚人の極みである。

彼らに久慈軍曹のような崇高な志操や覚悟があったのだろうか。

「軍人として、一度戦場に臨《のぞ》まば、生還は固《もと》より期せざるところである。然《しか》しながら肉体はたとえ満州の土となっても、魂魄《こんぱく》は再び護国の鬼となるの覚悟がなければならない。（略）願わくば此所《ここ》を我等の墓地と定め未来永久に国を護ろうではないか」

先の大戦において、軍の中枢部で特攻作戦や玉砕を強要した将校らの多くは、その責任を取ることもなくおめおめと生きながらえた。久慈軍曹には到底及ばない。

日本国を滅亡の危機に至らしめた高級将校らのなかには、戦死ではないものの国家のために一命を捧げたとして靖國神社にその御霊《みたま》が祀られている。だが八甲田雪中行軍で命を落とした歩兵第五連隊の将兵は、敵と戦って死んだ場合に比べてその意義が異なるとして閣議にかけられることもなく、申請書類を突き返されていた。

実戦だろうが訓練だろうが、その使命感に違いはない。将兵は国のために戦い、有事に備えて訓練をしていたのである。国のために命ぜられたことを実行して命を落としているのにどういった違いがあるというのか。理不尽な話である。

昭和三十七（一九六二）年六月九日、敗戦後の混乱で中断されていた雪中行軍遭難記念式典が幸畑の旧陸軍墓地で挙行されている。参列者の中に八十三歳になる阿部卯吉元一等卒がいた。「義足、義手のため不自由な身体を付添人に助けられ、焼香し追悼のことばを代読してもらうさまは、満場の会葬者の涙をさそった」（『青森市史　別冊雪中行軍遭難六〇周年誌』）

その追悼の言葉は次のとおり。

「日ごろ一度は参拝いたしたいと思っておりましたが、手足の不自由と遠隔のために実現できなかったことをお許しください。今日ここに大隊長殿をはじめ百九十九名の勇士が整然と眠る配列墓標を見て、猛吹雪と戦ったあの悲壮な状況が、今しきりと私の脳裏を去来しています。誠に万感胸にせまりて、いうべき言葉もありません。皆さん心安らかにお眠り下さい」

もし追悼の言葉を代読ではなく阿部元一等卒自身が行なっていたら、おそらく胸が詰まりその思いを述べることなどできなかったに違いない。


昭和四十六（一九七一）年から毎年、陸上自衛隊第五普通科連隊は、遭難事故の慰霊と雪中行動の練成のため、冬の八甲田山において訓練を実施している。それは幸畑旧陸軍墓地の参拝から始まる。

早朝、部隊は正面の墓碑に正対して整列する。開式の辞のあと、英霊に対し「捧げ銃《つつ》」を行なう。すぐさまラッパ隊による追悼の譜「国の鎮め」が吹奏された。次に連隊長や来賓らによる献花が行なわれ、その後に連隊長の訓示、来賓の激励があって閉式となる。

若かりし頃、その列中にいた。粛然さを感じつつも、遭難事故に関する知識はほとんどなかった。娯楽気分で見た映画『八甲田山』も、この墓地と結びついてもいなかった。なぜ八甲田山で雪中行軍をしたのか、遭難の原因は何だったのか、どれくらいの将兵が亡くなったのか、とにかく何もわかっていなかった。

また上司らが話す歩兵第五連隊の遭難事故は、小説や映画から引用されたものであった。その原因を突き詰めると、津川連隊長、遭難事故当時の師団や陸軍省の上級将校らが保身のために遭難の核心的事実を隠蔽してしまったからにほかならない。

準備（訓練）不足、深雪での橇利用、雪上での炭熾し、経路不明時における移動等々。要するに五連隊は、基本行動が何一つできていなかったにもかかわらず雪中登山を行なったのである。失敗するべくして失敗したのだった。その責任のほとんどは津川連隊長にあったといえる。その責任を回避するために事故報告は改ざんされたのである。師団長会議に合わせて訓練期間を早めたことにより、各部隊の練成期間をなくしてしまった師団も責任は免れない。

そして陸軍省の取調委員会は、

「全く予測し得べからざる天候の激変にして避く可《べか》らざる災厄なりしことは明瞭なりとす」

と結論づけて、世論の批判をかわしたのである。

これらのことによって遭難で露呈した様々な欠点がほとんど是正されることなく日露戦争へ

突入してしまったのだった。

あのとき、小峠において食事をしようにも飯や餅は凍っていて食べられなかった。黒溝台会戦でも携行の飯は凍っていた。

満州軍第二軍の軍医部長森林太郎（森鷗外）が調査したところによると、第八師団の兵は携行食を背嚢に入れていたという。そして五十三名中十二名が飯を携行しており、その飯はすべて凍結していたとしている。

五連隊や八師団は、遭難事故以後の三年ほど一体何をしていたのか。何もしていなかったのである。遭難は天候が悪かったからだとして、欠点は何も改善されることなく、旧態依然の訓練が続けられていたのだった。

また黒溝台会戦時における第八師団と後備歩兵第八旅団の凍傷患者（負傷による凍傷を除く）は五一五名であった。ただ凍傷に罹患していても気づかず、あるいは申告しない者もいたようなのでその数はさらに増える。これに関しても森軍医部長は、第八師団の検診状況から、健康者の五〇パーセントは軽度の凍傷にかかっていたものと推測できるとしていた。その主な原因は靴下が湿っていたにもかかわらず、そのままにして仮眠などしていたからである。

やはり凍傷予防に関する教育やその確行《かっこう》が徹底されていなかったようだ。

旅順攻撃において乃木第三軍は敵情不明のまま人海戦術によってコンクリート要塞に攻撃を始めている。戦場は瞬く間に日本軍将兵の死体で埋め尽くされた。そしてその失敗は改善されることなく繰り返され、死傷者を増やしていったのである。

日露戦争後、超一流のエリート集団である参謀本部で、その戦史編纂が行なわれている。その編纂時における注意として、「軍隊又は個人の怯懦《きょうだ》、失策に関するものは之を明記すべからず（略）」（「日露戦史編纂綱領」）というのがあった。要するに勇敢でないことや失敗に関することは書くなとしていたのだった。古来、軍隊にとどまらず国内の様々な集団で同じようなことが行なわれてきたであろうことは想像に難くない。

どうやら人は失敗から何も学ばないようだ。そして、その失敗や都合の悪いことを消し去ろうとしてしまうのだった。

昭和六十（一九八五）年頃の八甲田演習で五普連の一部が遭難しかけたらしい。八甲田山中は猛吹雪で情報幕僚が訓練の中止を具申したにもかかわらず、指揮官が訓練を強行したのだった。早朝に始まった訓練は途中で連絡のつかない部隊が発生したことで中止になる。その不明となった部隊は夜遅く救出されたらしい。

そのとき不明になった部隊と行動を共にしていた隊員がのちの退官パーティのスピーチで、

「自衛隊生活で一番怖かったのは八甲田演習で遭難しかけたことです。あのとき、自分はもう死ぬと思った……」

と話していた。五普連にとっては不都合な事案であったが、重大な教訓を得られたものと思われる。ただ、おそらくこうしたこともすでに語り継がれることもなく、忘れさられているに違いない。

つまるところ事故や失敗から教訓は得られず、また得られたとしてもその教訓が生かされることはないものと思えてならない。

あとがき

今年は雪が多い。「松の内」の青森市は例年に比べて三倍の積雪で、一時一三〇センチ超あった。冬型の気圧配置が強まり、上空に猛烈な寒気が流れ込んでいたからだった。

このドカ雪によって市民は除雪を強いられ、車道は渋滞している。ＪＲ奥羽本線の弘前から大館間が終日運休となるなど、雪による混乱はすぐには収まる様子がない。

全国ニュースは、青森市中心部から二七キロほど離れた八甲田山中の一軒宿「酸ヶ湯」の積雪が四メートルを超えたと喧伝している。

その酸ヶ湯から直線で六・六キロ北の馬立場（銅像茶屋）一帯はひっそりとして静寂に包まれていた。小峠から銅像茶屋までの県道四〇号（田代街道）は閉鎖されて雪に埋まる。

五連隊が遭難した当時に遡ると、鳴沢から大滝平までの田代街道沿いに一九〇あまりの遺体が雪に埋まっていた。その多くは徴兵で入営した岩手や宮城の青年である。きっと彼らは、満期除隊後の生活を夢見て厳しい軍隊生活に耐えていたに違いない。

八甲田山中において彷徨し、周りにいた将兵が次々と斃《たお》れ、ついには自らも動けなくなってしまい、あるいは意識が薄れていくなかで何を思ったか——。彼らの無念を思うと心が痛む。

そういえば、二十七年ほど前になる十二月下旬のあの日も大雪だった。その日は国会図書館で五連隊の遭難事故に関する資料を得ようと、吹雪のなか青森空港に向かっていた。飛行機が飛び立つとすぐに窓から吹雪の八甲田山が間近に見え、しばらくすると雲上で太陽が燦々と輝いていた。雪雲がなければ、五連隊は遭難することもなかっただろうと思われ、無情を感じていた。

五連隊の遭難事故を調べていくと、計画や行動の無謀さ、連隊長の愚鈍かつ無責任さが際立っていった。急遽実施された雪中行軍は連隊長の命令であり、第二大隊が独自に行なったものではない。その点は少し理解できるとしても、帰隊するはずだった日の翌日に、捜索など何もすることなく将校の送別会をやっていたのは万死に値する罪である。

一方、遭難はしなかったものの、増沢からの嚮導七名を捨て駒のように扱った福島大尉は、利己的で傲慢に過ぎた。

次々に明らかになる真相を目の当たりにし、書き残さなければ八甲田雪中行軍の真実が俗説に埋没してしまうといった危機を感じ、ペンを執っていた。

準備の余裕なく行軍に参加させられ、斃れていった下士卒は本当に浮かばれない。また福島大尉の脅しに怯え沈黙していた嚮導には恨みに近い無念さがあっただろう。そうしたことを少しでも晴らすようなことができればとの思いもあった。

権力を持ってしまった者が、尊大な態度をとったり、無理を強制したりすることはよくある。それは謙虚さの欠如で、資質の問題なのだろう。そうした者に権力を与えないよう見ていかなければならないと思う。

冬になると毎年のように五連隊の遭難事故を扱った番組がある。それらが知らせる教訓的な報道に首を傾げていた。

ただそれは、五連隊の事実隠蔽や改竄によって失敗の本質が作成者にわからないから仕方がないことなのだろう。

陸軍の取調委員会は、この遭難事故の原因を「天候の激変による災難」とした。もしかすると軍上層部は目をつむっていたのかもしれない。

先の大戦後、海軍の高級将校らによる反省会が行なわれている。数々の教訓が浮かびあがり、開戦責任までも言及していた。このように、失敗を包み隠さず明かさないかぎり、真の教訓は生まれない。ただ教訓を得たとしても、なかなか生かされないようだ。

物理学者で随筆家の寺田寅彦は『津浪と人間』で、昭和八（一九三三）年三月に東北の太平洋沿岸を津波が襲い、多数の人命と多額の財物を奪い去ったとし、明治二十九（一八九六）年六月の同地方で起こった「三陸大津波」とほぼ同様の自然現象が再び繰り返されたと記している。そして、〈度々繰返される自然現象ならば、当該地方の住民は、疾の昔に何かしら相当な対策を考えて此れに備え、災害を未然に防ぐことができていてもよさそうに思われる。（略）それが実際は中々そうならないというのが此の人間界の人間的自然現象であるように見える〉とした。

平素から地震や津波に備えていたら、平成二十三（二〇一一）年三月の東日本大震災（東北地方太平洋沖地震）で、二万人あまりもの犠牲者が出ることはなかっただろう。

教訓が生かされていない事実に弱気になるものの、それでもやらなければならないことは、悲劇や教訓を忘れず、伝えていく努力なのだろう。

灰色の雪雲に覆われた八甲田山は、人を拒むかのように吹雪いているに違いない。そうした八甲田山を見て想うことは、やはり我が国の平和と人々の幸せである。

佐藤中尉の書簡に関して、日本ヒマラヤ協会理事長の伊東満さんに大変お世話になりました。特に資料として添付していただいた佐藤中尉の手紙を、新たな作品に用いることを快く了承していただきました。また佐藤中尉のご親族が近くにお住まいであったことから、直接お会いして手紙からの引用許可もいただいてくれました。本来であれば、私がするべきことで、感謝の言葉もありません。

執筆から本になるまで、山と溪谷社の神長幹雄さんにとてもお世話になりました。お礼申し上げます。さらに参考にした文献の著者や出版社に感謝申し上げます。

二〇二五年一月吉日

伊藤　薫

参考文献

●関連書籍

遭難実記雪中の行軍　福良竹亭　明治35年3月28日
鴎外全集　第十七巻　森林太郎　大正13年12月21日
津軽　太宰治　平成2年4月27日
私の創作ノート　読売新聞社　昭和48年6月15日
八甲田山死の彷徨　四十七刷　新田次郎　昭和52年5月30日
吹雪の惨劇第一部　六版　小笠原孤酒　昭和52年5月31日
吹雪の惨劇第二部　八版　小笠原孤酒　昭和63年9月20日
雪中行軍記録写真特集（行動準備編）　小笠原孤酒　昭和55年8月30日
われ、八甲田より生還す　高木勉　昭和53年3月30日
新岡日記　鬼柳惠照編　昭和60年10月10日
日露戦争　児島襄　平成6年4月10日
八甲田死の行軍事実を追う　三上悦雄　平成16年7月22日

●軍関連

勅令閣令省令告示　明治二十一年　陸軍省　防衛研究所
密大日記　明治二十九年　陸軍省　防衛研究所
貳大日記　明治三十二年九月　陸軍省　防衛研究所
肆大日記　明治三十三年三月　陸軍省　防衛研究所
乾大日記　明治三十四年三月　陸軍省　防衛研究所
大日記附録　明治三十五年歩兵第五聯隊雪中行軍遭難事件書類　陸軍省　防衛研究所
大臣官房　明治三十五年歩兵第五聯隊雪中行軍遭難に関する書類　陸軍省　防衛研究所
歩兵第五聯隊遭難に関する取調委員復命書　陸軍省　防衛研究所
歩兵第五聯隊遭難に関する委員復命書付録　陸軍省　防衛研究所
陸軍服装規則　附　勅令、省令、陸達　大日本陸海軍兵書出版　明治30年5月23日
明治三十七～三十八年戦役陸軍衛生史　第一巻　衛生勤務　陸軍省

遭難始末　歩兵第五聯隊	歩兵第五聯隊	明治35年7月23日
田名部近傍路上測図	歩兵第五聯隊	明治33年10月6日
歩兵第五聯隊史	帝国在郷軍人曾本部	昭和6年11月1日
歩兵第五聯隊史	帝国聯隊史刊行会	大正7年12月28日
機密日露戦史	谷壽夫	平成21年6月23日
明治卅七八日露戦史第七巻	陸軍省	防衛研究所
歩兵第三十二連隊史	帝国連隊史刊行会	大正8年9月30日
軍隊生活	兵事雑誌社編	明治31年
国民必携陸軍一斑	久留島武彦	明治32年9月25日
偕行社記事　明治三三・三八年	偕行社編纂部	
兵事雑誌　明治三三〜三五年	兵事雑誌社	
日本軍隊用語集	寺山近雄	平成4年7月8日
図説陸軍史	森松俊夫	平成5年12月
陸奥の吹雪	第五普通科連隊	昭和40年6月23日
小原忠三郎元伍長談話（昭和三十九年十二月二十日）　録音テープ	陸上自衛隊青森駐屯地	
明治三十五年一月廿日雪中行軍日記	間山仁助	
八ッ甲嶽の思ひ出	泉舘久次郎	昭和10年1月24日

●地誌関連

日本歴史地名大系第二巻　青森の地名	下中邦彦	昭和57年7月10日
青森県地誌	青森県教育会	大正9年7月30日
みちのく双書第十五集新撰陸奥国誌第一巻	青森県文化財保護協会	昭和39年10月日
十和田・八甲田	青森林友会	昭和12年2月11日
八甲田の変遷	岩淵功	平成11年2月10日
気象データ（明治三十五年一月）	青森地方気象台	
気象データ	気象庁	
写真　青森県百年史	東奥日報社	昭和43年11月3日
青森市の歴史	青森市史編さん委員会	平成1年3月10日

青森市史別冊　歩兵第五聯隊八甲田雪中行軍遭難六十周年誌	青森市史編纂室	昭和38年5月10日
青森市史別冊　雪中行軍遭難六〇周年誌	青森市史編纂室	昭和57年2月25日
青森県警察史　上巻	青森県警察史編纂委員会	昭和48年9月25日
青森県史資料編　近現代Ｉ	青森県史編さん近現代部会	平成14年3月31日
新聞販売通史　東奥日報と百年間	福士力	昭和61年8月20日

●郷土関連

十和田市史	十和田市史編纂委員会	昭和51年9月1日
十和田湖町史	十和田湖町史編さん委員会	平成16年12月
新郷村史	新郷村史編纂委員会	平成1年3月
平賀町誌	平賀町誌編さん委員会	昭和60年3月1日
復刻版西田源蔵著油川町誌	油川町・青森市合併五十周年記念事業協賛会町誌復刻委員会	平成1年8月27日
東奥年鑑	東奥日報社	
油川町の歴史	木村愼一	平成5年7月24日
新史蹟玉松台の墓	吉岡龍太郎	昭和18年5月30日

●資料

十和田市立柏小学校　創立九十周年記念誌（八甲田山麓雪中行軍秘話）	協賛会記念誌編集委員会	昭和57年7月4日
雪中行軍遭難秘録	十和田市立三本木中学校社会科部会	昭和59年10月12日
トムラウシ山遭難事故調査報告書	トムラウシ山遭難事故調査特別委員会	平成22年3月1日
防衛館内　展示物	陸上自衛隊青森駐屯地	
防衛館ご案内資料	陸上自衛隊青森駐屯地	
青森電話局七十三年のあゆみ	青森電話局	昭和54年1月10日

●新聞

秋田魁新報／朝日新聞／岩手日報／巌手毎日新聞／河北新報／産経新聞／時事新報／日本／中央新聞／デーリー東北／東奥日報／報知新聞／山形新聞／米澤新聞／読売新聞／萬朝報

八甲田山雪中行軍関連略年表

西暦	明治	月	日	事柄
1871	4	11		弘前に第二十番大隊設置
1875	8	6		歩兵第四連隊第二大隊に改編
		12	16	歩兵第四連隊第二大隊　青森移転
1876	9	4		歩兵第五連隊第一大隊と改称
1878	11	5	1	五連隊連隊本部開設（連隊創立記念日）
1894	27	8	1	対清宣戦布告（日清戦争）
1895	28	4	17	日清講和条約（下関条約）
1896	29	4	23	三国干渉（露・独・仏）
				第八師団　弘前に新設
1900	33			歩兵第三十一連隊新設
		6	21	北清事変
1901	34	2	8	福島大尉　岩木山麓雪中行軍実施
		2	26	五連三大隊　雪中行軍失敗
		8		福島大尉　十和田湖方面への行軍実施
1902	35	1	16	五連隊軍旗祝典
		1	20	三十一連隊教育隊　行軍開始　小国泊
		1	21	三十一連隊教育隊　行軍二日目　切明泊
		1	21	五連二大隊　行軍実施の命令下達
		1	22	三十一連隊教育隊　行軍三日目　銀山泊
		1	22	五連二大隊　将校以下数名経路偵察
		1	23	三十一連隊教育隊　行軍四日目　宇樽部泊
		1	23	五連二大隊　行軍開始
		1	23	五連二大隊　田代新湯不明　鳴沢付近泊
		1	24	三十一連隊教育隊　行軍五日目　戸来泊
		1	24	五連二大隊　彷徨始まる　鳴沢泊
		1	24	立見師団長　会議出席のため上京
		1	25	三十一連隊教育隊　行軍六日目　三本木泊
		1	25	五連二大隊　神成大尉悲壮の怒号　分裂
		1	25	五連隊将校団送別会

		1	26	三十一連隊教育隊　行軍七日目　増沢泊
		1	26	五連二大隊　神成大尉ら田茂木野目指す
		1	26	五連二大隊　山口少佐、倉石大尉ら大滝泊
		1	26	五連隊捜索隊　営所出発　田茂木野泊
		1	27	三十一連隊教育隊　行軍八日目　田代泊
		1	27	五連隊捜索隊　後藤伍長発見
		1	28	三十一連隊教育隊　行軍九日目　山中
		1	28	三十一連隊教育隊　凍死兵と遭遇
		1	28	五連隊　捜索拠点設置の工事開始
		1	29	東奥日報　五連隊二大隊遭難・凍死報道
		1	29	三十一連隊教育隊　田茂木野経由青森泊
		1	29	五連隊　拠点設置の工事継続
		1	30	三十一連隊教育隊　行軍十一日目　浪岡泊
		1	30	五連隊　現場判断で一部捜索開始
		1	30	日英同盟調印
		1	31	三十一連隊教育隊　行軍十二日目　営所着
		1	31	五連隊　生存者発見
		2	2	五連隊佐藤捜索隊　長谷川特務曹長らを救出
		2	2	五連隊　山口少佐死亡
		2		五連隊　佐藤中尉　父に手紙郵送
		3	14	三十一連隊　福島大尉第四旅団に転任
		5	28	五連隊　最後の行方不明隊員発見
1904	37	2	10	対露宣戦布告（日露戦争）
		11		五連隊　倉石大尉凍傷予防講話（遭難原因）
1905	38	1	25	黒溝台会戦（～1／29）
		1	27	五連隊　倉石大尉戦死
		1	28	三十二連隊　福島大尉戦死
		1	30	倉石大尉の投稿記事掲載（凍傷予防）
		9	5	日露講和条約調印（ポーツマス条約）
1906	39	7	23	雪中遭難記念碑の除幕式（馬立場）

装　丁　三村 淳
カバー写真　「佐藤中尉ご親族」提供
本文写真　「大正四年特別大演習地図」（国会図書館デジタルコレクション）
「八甲田山中酸ヶ湯温泉宿舎」（青森県立図書館デジタルアーカイブ）
「青森衛戍歩兵第五聯隊第二大隊雪中行軍遭難寫眞」
（青森県立図書館デジタルアーカイブ）
「遭難始末　歩兵第五聯隊」（国会図書館デジタルコレクション）
「歩兵第三十一連隊行軍写真」（青森県立図書館デジタルアーカイブ）
「雪中行軍遭難生存者記念写真」
（青森市史別冊　歩兵第五聯隊八甲田山雪中行軍遭難六十周年誌）
「歩兵第五連隊八甲田山遭難写真」（青森県立図書館デジタルアーカイブ）
「歩兵第五連隊雪中行軍遭難記念銅像」（青森県立図書館デジタルアーカイブ）
編　集　神長幹雄（山と溪谷社）
校　正　中井しのぶ
DTP、地図　株式会社千秋社

＊遭難事故当時の陸軍省の文書、新聞、手記、その他参考文献などから引用した文は、カタカナ書きをひらがな書き、常用漢字、現代仮名遣いとし、難読な漢字にはルビを振り、読みやすいように句読点を打ちました。
＊今日の人権意識に照らして考えた場合、不適切と思われる語句や表現がありますが、本著作の時代背景とその文学的価値に鑑み、そのまま掲載してあります。

伊藤 薫（いとう・かおる）

1958年、青森県に生まれる。元自衛官。青森の第5普通科連隊、青森地方連絡部などに勤務。そのため、当時の青森や津軽の事情にも通じている。2012年10月、3等陸佐で退官。その後、八甲田山雪中行軍事故の研究と執筆に専念し、その成果が『八甲田山 消された真実』（2018年）に結実した。ほかに『生かされなかった八甲田山の悲劇』（2019年、ともに山と溪谷社刊）がある。

八甲田山 新たな真実
発見された「佐藤書簡」と「倉石手記」

二〇二五年三月五日　初版第一刷発行

著　者　伊藤 薫
発行人　川崎深雪
発行所　株式会社 山と溪谷社
〒一〇一-〇〇五一
東京都千代田区神田神保町一丁目一〇五番地
https://www.yamakei.co.jp/

■乱丁・落丁、及び内容に関するお問合せ先
山と溪谷社自動応答サービス
電話　〇三-六七四四-一九〇〇
受付時間／十一時～十六時（土日、祝日を除く）
メールもご利用ください。
【乱丁・落丁】service@yamakei.co.jp
【内容】info@yamakei.co.jp

■書店・取次様からのご注文先
山と溪谷社受注センター
電話　〇四八-四五八-三四五五
FAX　〇四八-四二一-〇五一三

■書店・取次様からのご注文以外のお問合せ先
eigyo@yamakei.co.jp

印刷・製本　大日本印刷株式会社

定価はカバーに表示してあります

ISBN978-4-635-17218-9